全国科学技术名词审定委员会

科学技术名词·自然科学卷（全藏版）

15

海峡两岸遗传学名词

海峡两岸遗传学名词工作委员会

国家自然科学基金资助项目

科 学 出 版 社
北 京

内 容 简 介

　　本书是由海峡两岸遗传学专家会审的海峡两岸遗传学名词对照本，是在全国科学技术名词审定委员会公布的遗传学名词的基础上增补修订而成。内容包括总论，经典遗传学，分子遗传学，细胞遗传学，发育遗传学，群体、数量遗传学，进化遗传学，基因组学等，共收词约 5000 条。本书供海峡两岸遗传学界和相关领域的人士使用。

图书在版编目（CIP）数据

　　科学技术名词. 自然科学卷：全藏版 / 全国科学技术名词审定委员会审定.
—北京：科学出版社，2017.1
　　ISBN 978-7-03-051399-1

　　I. ①科…　Ⅱ. ①全…　Ⅲ. ①科学技术–名词术语　②自然科学–名词术语
Ⅳ. ①N61

　　中国版本图书馆 CIP 数据核字（2016）第 314947 号

责任编辑：高素婷 / 责任校对：陈玉凤
责任印制：张　伟 / 封面设计：铭轩堂

科 学 出 版 社 出版
北京东黄城根北街 16 号
邮政编码：100717
http://www.sciencep.com
北京厚诚则铭印刷科技有限公司印刷
科学出版社发行　各地新华书店经销
＊

2017 年 1 月第　一　版　　开本：787×1092 1/16
2017 年 1 月第一次印刷　　印张：20
字数：453 000

定价：5980.00 元（全 30 册）
（如有印装质量问题，我社负责调换）

海峡两岸遗传学名词工作委员会委员名单

召集人：戴灼华

委　　员（按姓氏笔画为序）：

王长城　　王兴智　　安锡培　　孙中生　　杨　晓

张成岗　　周钢桥　　高素婷　　储成才　　戴灼华

召集人：魏耀揮

委　　员（按姓氏筆畫為序）：

王玨嬋　　吳金洌　　吳華林　　周娩源　　高淑慧

曹順成　　程樹德　　趙崇義　　魏耀揮

序

  科学技术名词作为科技交流和知识传播的载体,在科技发展和社会进步中起着重要作用。规范和统一科技名词,对于一个国家的科技发展和文化传承是一项重要的基础性工作和长期性任务,是实现科技现代化的一项支撑性系统工程。没有这样一个系统的规范化的基础条件,不仅现代科技的协调发展将遇到困难,而且,在科技广泛渗入人们生活各个方面、各个环节的今天,还将会给教育、传播、交流等方面带来困难。

  科技名词浩如烟海,门类繁多,规范和统一科技名词是一项十分繁复和困难的工作,而海峡两岸的科技名词要想取得一致更需两岸同仁作出坚韧不拔的努力。由于历史的原因,海峡两岸分隔逾50年。这期间正是现代科技大发展时期,两岸对于科技新名词各自按照自己的理解和方式定名,因此,科技名词,尤其是新兴学科的名词,海峡两岸存在着比较严重的不一致。同文同种,却一国两词,一物多名。这里称"软件",那里叫"软体";这里称"导弹",那里叫"飞弹";这里写"空间",那里写"太空";如果这些还可以沟通的话,这里称"等离子体",那里称"电浆";这里称"信息",那里称"资讯",相互间就不知所云而难以交流了。"一国两词"较之"一国两字"造成的后果更为严峻。"一国两字"无非是两岸有用简体字的,有用繁体字的,但读音是一样的,看不懂,还可以听懂。而"一国两词"、"一物多名"就使对方既看不明白,也听不懂了。台湾清华大学的一位教授前几年曾给时任中国科学院院长周光召院士写过一封信,信中说:"1993年底两岸电子显微学专家在台北举办两岸电子显微学研讨会,会上两岸专家是以台湾国语、大陆普通话和英语三种语言进行的。"这说明两岸在汉语科技名词上存在着差异和障碍,不得不借助英语来判断对方所说的概念。这种状况已经影响两岸科技、经贸、文教方面的交流和发展。

  海峡两岸各界对两岸名词不一致所造成的语言障碍有着深刻的认识和感受。具有历史意义的"汪辜会谈"把探讨海峡两岸科技名词的统一列入了共同协议之中,此举顺应两岸民意,尤其反映了科技界的愿望。两岸科技名词要取得统一,首先是需要了解对方。而了解对方的一种好的方式就是编订名词对照本,在编订过程中以及编订后,经过多次的研讨,逐步取得一致。

  全国科学技术名词审定委员会(简称全国科技名词委)根据自己的宗旨和任务,始终把海峡两岸科技名词的对照统一工作作为责无旁贷的历史性任务。近些年一直本着积极推进,增进了解;择优选用,统一为上;求同存异,逐步一致的精神来开展这项工作。先后接待和安排了许多台湾同仁来访,也组织了多批专家赴台参加有关学科的名词对照研讨会。工作中,按照先急后缓、先易后难的精神来安排。对于那些与"三通"

有关的学科，以及名词混乱现象严重的学科和条件成熟、容易开展的学科先行开展名词对照。

在两岸科技名词对照统一工作中，全国科技名词委采取了"老词老办法，新词新办法"，即对于两岸已各自公布、约定俗成的科技名词以对照为主，逐步取得统一，编订两岸名词对照本即属此例。而对于新产生的名词，则争取及早在协商的基础上共同定名，避免以后再行对照。例如 101～109 号元素，从 9 个元素的定名到 9 个汉字的创造，都是在两岸专家的及时沟通、协商的基础上达成共识和一致，两岸同时分别公布的。这是两岸科技名词统一工作的一个很好的范例。

海峡两岸科技名词对照统一是一项长期的工作，只要我们坚持不懈地开展下去，两岸的科技名词必将能够逐步取得一致。这项工作对两岸的科技、经贸、文教的交流与发展，对中华民族的团结和兴旺，对祖国的和平统一与繁荣富强有着不可替代的价值和意义。这里，我代表全国科技名词委，向所有参与这项工作的专家们致以崇高的敬意和衷心的感谢！

值此两岸科技名词对照本问世之际，写了以上这些，权当作序。

2002 年 3 月 6 日

前　　言

　　科学技术名词在学术交流中具有极为重要的作用，这已成为海峡两岸学者的共识。随着海峡两岸学术交流不断加强，两岸科技名词由于翻译定名的不同带来的不便也日益突显。为此，在全国科学技术名词审定委员会和台湾李国鼎科技发展基金会的组织和推动下，海峡两岸分别邀请有关专家组成"海峡两岸遗传学名词工作委员会"，开展海峡两岸遗传学名词的对照工作。

　　2006年该工作委员会以全国科学技术名词审定委员会审定公布的《遗传学名词》为蓝本开始工作，2006年底台湾专家参考有关资料整理出了《海峡两岸遗传学名词》对照初稿。

　　2007年1月在台湾台北召开了"海峡两岸遗传学名词研讨会"。本着尊重习惯、择优选择、取长补短、求同存异的原则，着重对两岸不一致的名词进行了讨论，使得一些名词得到了统一，对部分约定俗成的名词暂时各自保留。尔后，全国科学技术名词审定委员会和中国遗传学会于2009年5月和12月又共同组织召开了两次大陆专家工作委员会讨论会，对大陆名部分进行审定。同时又邀请台湾学者曹顺成、王玥婵和周娓源等对台湾名部分进行了审核。

　　2009年12月底经过两岸专家进一步核对、增删，对涵义不清的名词进行了修改处理，《海峡两岸遗传学名词》终于定稿。

　　通过对遗传学名词的对照研讨，两岸专家认识到，名词对照统一工作将是一项长期而细致的工作，应该长期地进行下去。这项工作对海峡两岸的学术交流和知识传播都会起到积极的促进作用和支撑作用。特别是随着遗传学的迅速发展，新的名词会不断涌现，今后两岸专家应加强交流和沟通，共同对本学科领域的新名词进行命名，既能使拟定的中文名更合理科学，又免去了以后的许多不便。

　　本书所提供的词条，难免尚有不妥之处，还望海峡两岸广大的遗传学界同仁不吝指正。实际上，对极个别的词条，即使在参与此项工作的专家内部也存在一些不同的见解，我们在最终作决定时可能有取舍不当之处，也有待进一步的验证。

海峡两岸遗传学名词工作委员会

2010年1月

编 排 说 明

一、本书是海峡两岸遗传学名词对照本。

二、本书分正篇和副篇两部分。正篇按汉语拼音顺序编排；副篇按英文的字母顺序编排。

三、本书[ ]中的字使用时可以省略。

正篇

四、本书中祖国大陆和台湾地区使用的科技名词以"大陆名"和"台湾名"分栏列出。

五、本书正名和异名分别排序，并在异名处用(=)注明正名。

六、本书收录的汉文名词对应英文名为多个时(包括缩写词)用","分隔。

副篇

七、英文名对应多个相同概念的汉文名时用","分隔，不同概念的用① ② ③分别注明。

八、英文名的同义词用(=)注明。

九、英文缩写词排在全称后的( )内。

目　　录

序
前言
编排说明

正篇 ···1
副篇 ···151

正 篇

A

大 陆 名	台 湾 名	英 文 名
吖啶橙	吖啶橙	acridine orange，AO
阿[拉伯]糖操纵子，*ara* 操纵子	*ara* 操縱子	*ara* operon
埃德曼降解法	埃特曼降解法	Edman degeneration
埃姆斯试验	阿姆士試驗	Ames test
癌基因	致癌基因	oncogene
癌基因激活	致癌基因活化	oncogene activation
癌基因组解剖计划	癌症基因體分析計畫	cancer genome anatomy project，CGAP
癌胚抗原	癌胚抗原	carcinoembryonic antigen，CEA
癌[症]	癌症	cancer
氨基端(=N 端)		
氨基酸	氨基酸，胺基酸	amino acid
氨基酸取代(=氨基酸置换)		
氨基酸序列	氨基酸序列	amino acid sequence
氨基酸置换,氨基酸取代	氨基酸取代	amino acid substitution
氨基酸置换率	氨基酸取代[速]率	rate of amino acid substitution
氨酰 tRNA	氨醯 tRNA，胺醯 tRNA	aminoacyl tRNA
暗修复	暗修復	dark repair
螯合剂	螯合劑	intercalating agent

B

大 陆 名	台 湾 名	英 文 名
八倍体	八倍體	octoploid
八聚核苷酸元件	八聚核苷酸元件	octermer element
巴尔比亚尼环	巴耳卑阿尼環，巴氏環	Balbiani ring
巴尔比亚尼染色体	巴耳卑阿尼染色體，巴	Balbiani chromosome

大　陆　名	台　湾　名	英　文　名
	氏染色體	
巴氏小体	巴氏小體，巴爾小體	Barr body
靶基因	標的基因，目標基因	target gene
靶突变	標的突變	target mutation
靶位点	標的位點	target site
靶位点重复	標的位點重複	target site duplication
RNA 靶向	RNA 標的	RNA targeting
靶向载体	標的載體	targeting vector
白化病	白化病	albinism
摆动法则	搖擺法則	wobble rule
摆动假说	搖擺假說	wobble hypothesis
斑点印迹(=点渍法)		
斑点杂交	點漬雜交，墨點雜合法	dot blot hybridization
半保留	半保留	semiconservative
半保留复制	半保留複製	semiconservative replication
半倍体	半倍體	hemiploid
半不连续复制	半不連續複製	semidiscontinuous replication
半不育[性]	半不育	semisterility
半单倍体	半單倍體	hemihaploid
半等位基因	半對偶基因，半等位基因	semi-allele
半分化种	半種，超亞種	semispecies
半合子	半合子	hemizygote
半合子基因	半合子基因	hemizygous gene
半加工反转录基因	半加工反轉錄基因	semi-processed retrogene
半配合(=半配生殖)		
半配生殖，半配合	半配合	semigamy
半染色单体转变	半染色分體轉變	half-chromatid conversion
半乳糖操纵子	半乳糖操縱子	*gal* operon
半四分子	半四分子	half-tetrad
半四分子分析	半四分子分析	half-tetrad analysis
半同胞	半同胞	half sib
半同胞交配	半同胞交配	half sib mating
半同源倍体	半同源倍體	hemi-autoploid
半显性	半顯性	semidominant
半显性等位基因	半顯性對偶基因	semidominant allele
半显性基因	半顯性基因	semidominant gene
半异源倍体	半異源倍體	hemi-alloploid

大　陆　名	台　湾　名	英　文　名
半易位	半易位	half-translocation
半致死基因	半致死基因	semi-lethal gene
伴性(=性连锁)		
伴性基因(=性连锁基因)		
伴性显性遗传	性聯顯性遺傳	sex-linked dominant inheritance，XD inheritance
伴性性状(=性连锁性状)		
伴性隐性遗传	性聯隱性遺傳	sex-linked recessive inheritance，XR inheritance
伴性致死(=性连锁致死)		
包载	包載	entrapment
包载载体	包載載體	entrapment vector
包装比(=包装率)		
包装抽提物	包裝萃取物	packing extract
包装率，包装比	[DNA]包裝係數	packaging ratio，packing ratio
包装缺陷突变体	包裝缺陷突變種	package defective mutant
包装细胞株	包裝細胞株	packaging cell line
包装信号	包裝訊號	packaging signal
孢子	孢子	spore
孢子发生	孢子發生	sporogenesis，sporogony
孢子母细胞	孢子母細胞	spore mother cell，sporocyte
孢子体	孢子體	sporophyte
孢子形成	孢子形成	sporulation
胞质分离	胞質分離	cytoplasmic segregation
胞质分裂	胞質分裂	cytokinesis
胞质环流	胞質環流	cyclosis
胞质决定子	胞質決定子	cytoplasmic determinant
[胞]质内小 RNA	小分子細胞質 RNA	small cytoplasmic RNA，scRNA
胞质融合(=质配)		
胞质杂种	胞質雜種	cybrid
饱和诱变	飽和誘變	saturation mutagenesis
保常态选择(=正态化选择)		
保持系	保持系	maintainer line
保守重组	保守重組	conservative recombination

大　陆　名	台　湾　名	英　文　名
保守连锁性	保守性連鎖	conserved linkage
保守同线性	保守共線性	conserved synteny
保守突变	保守突變	conservative mutation
保守型转座	保守性轉位	conservative transposition
保守型转座因子	保守可轉位因子，保守性跳躍基因，保守性轉置子	conservative transposable element
保守性复制	保守複製	conservative replication
保守序列	保守序列	conserved sequence
保守序列标签位点	保守序列標定位點	conserved sequence-tagged site
保守置换	保守取代，保守性置換	conservative substitution
报道基因	報導基因，通訊基因	reporter gene
报道载体	報導載體	reporter vector
爆发式物种形成(=量子式物种形成)		
贝克肌营养不良	貝卡肌肉萎縮	Becker muscular dystrophy
贝叶斯定理	貝氏定理	Bayes theorem
背根神经节	背根神經節	dorsal root ganglia
背景捕获，背景拉拽	背景捕獲	background trapping
背景基因型	背景基因型	background genotype
背景拉拽(=背景捕获)		
背景效应	背景效應	background effect
背景选择	背景選擇	background selection
倍半二倍体	倍半二倍體	sequidiploid
倍性	倍數性	ploidy
被动转座	被動轉位	passive transposition
苯丙酮尿症	苯酮尿症	phenylketonuria，PKU
苯硫脲[尝味]试验	苯硫碳醯胺測試	phenylthiocarbamide testing
比对，排比	比對	alignment，align
比较蛋白质学	比較蛋白質學	comparative proteomics
比较基因定位	比較基因定位	comparative gene mapping
比较基因组	比較基因體	comparative genome
比较基因组学	比較基因體學	comparative genomics
比较基因组杂交	比較基因體雜交	comparative genome hybridization，CGH
闭花受精	閉花受精	cleistogamy
臂	臂	arm
臂间倒位	臂間倒位	pericentric inversion
臂内倒位	臂內倒位	paracentric inversion

大　陆　名	台　湾　名	英　文　名
臂指数	臂指數	arm index
边界元件	邊界元素	boundary element
mRNA 编辑	mRNA 編輯	mRNA editing
RNA 编辑	RNA 編輯	RNA editing
编辑体	編輯體	editosome
编码	編碼	coding，encode，code for
编码比，密码比	編碼比	coding ratio
编码的 DNA 链	DNA 編碼股	coding DNA strand
RNA 编码基因	RNA 編碼基因	RNA encoding gene
编码链	編碼股，密碼股	coding strand
编码区	編碼區	coding region
编码容量	編碼容量	coding capacity
编码三联体	編碼三聯體	coding triplet
编码序列	編碼序列	coding sequence
变构部位(=别构部位)		
变构蛋白(=别构蛋白)		
变构效应(=别构效应)		
变构性(=别构性)		
变构抑制(=别构抑制)		
变态	變態	metamorphosis
变性	變性	denaturation
变性 DNA	變性 DNA	denatured DNA
变性图	變性圖	denaturation map
变性温度	變性溫度	denaturation temperature
变异	變異	variation
变异丢失突变	變異丟失突變	loss of variation mutation
变异体	變異體	variant
变异系数	變異係數	coefficient of variability，coefficient of variation
变异中心	變異中心，歧異中心	variation center，center of diversity
变种	變種	variety
遍在蛋白质(=泛素)		
DNA 标记	DNA 標記	DNA marker
RAPD 标记	隨機放大核酸多態性 DNA 標記	RAPD marker
标记辅助导入	標記輔助導入	marker-assisted introgression
标记辅助选择	標記輔助選擇	marker-assisted selection
标记获救	標記獲救，標誌拯救	marker rescue

大　陆　名	台　湾　名	英　文　名
标记基因	標記基因，標誌基因	marker gene
标记染色体	標記染色體	marker chromosome
标准差	標準[離]差	standard deviation
标准误[差]	標準誤，標準機差	standard error
表达度(=表现度)		
表达盒(=表达组件)		
表达基因座	表達基因座	expression locus
表达克隆	表達克隆，表達選殖	expression cloning
表达连锁拷贝	連鎖複製之表達	expression-linked copy，ELC
表达筛选	表達篩選	expression screening
表达图	表達圖	expression map
表达位点	表達位點	expression site
表达文库	表達文庫	expression library
表达系统	表達系統	expression system
表达序列标签	表達序列標籤	expressed sequence tag，EST
表达序列标签图	表達序列標籤圖	expressed sequence tag map
表达载体	表達型載體	expression vector
表达质粒	表達質體	expression plasmid
表达组件，表达盒	表達盒	expression cassette
表观改变	漸成改變，表現型改變，遺傳外改變	epigenetic change
表观基因组	表觀基因體，外基因體	epigenome
表观基因组学	表觀基因體學，外基因體學	epigenomics
表观遗传变异	表觀遺傳變異，外遺傳變異	epigenetic variation
表观遗传基因调节	外遺傳基因調節	epigenetic gene regulation
表观遗传信息,外遗传基因信息	外遺傳基因信息	epigenetic information
表观遗传学	表觀遺傳學，後生學，外遺傳學	epigenetics，epigenetic inheritance
表现度，表达度	表現度	expressivity
表信息分子	表信息分子	episemantide
表型	表[現]型	phenotype
表型表达	表型表達	phenotypic expression
表型定位[法](=表型作图)		
表型方差	表型變方	phenotypic variance

大　陆　名	台　湾　名	英　文　名
表型分布	表型分佈	phenotype distribution
表型混杂	表型混雜	phenotypic mixing
表型可塑性	表型可塑性	phenotypic plasticity
表型同型交配(=表型选型交配)		
表型伪饰	表型偽飾	phenotypic masking
表型稳定性	表型穩定性	phenotypic stability
表型系统学	表徵系統學	phenetics
[表型]限渠道化,发育稳态	渠限化	canalization
表型相关	表型相關	phenotypic correlation
表型选型交配,表型同型交配	表型同型交配	phenotypic assortative mating
表型选择差	表型選擇差異	phenotypic selection differential
表型延迟	表型遲滯,表現延遲	phenotypic lag
表型异型交配	表型異型交配	phenotypic disassortative mating
表型值	表型值	phenotypic value
表型组学	表型組學	phenomics
表型作图,表型定位[法]	表型定位	phenotype mapping
别构部位,变构部位	變構位點,異位位置	allosteric site
别构蛋白,变构蛋白	作用轉換蛋白質,異位蛋白	allosteric protein
别构效应,变构效应	異作用位置效應,異位[性活化]效應,別構效應	allosteric effect
别构性,变构性	變構性	allostery
别构抑制,变构抑制	別構抑制,異位抑制	allosteric inhibition
并发系数	併發系數	coefficient of coincidence
并联 X 染色体	並連 X 染色體	attached X chromosome
并系群	並系群	paraphyletic group
病毒	病毒	virus
DNA 病毒	DNA 病毒	DNA virus
RNA 病毒	RNA 病毒	RNA virus
病毒癌基因	病毒腫瘤基因	viral oncogene
病毒颗粒	病毒顆粒	virion
病毒样颗粒	類病毒顆粒	virus-like particle，VLP
病毒载体	病毒載體	viral vector

大　陆　名	台　湾　名	英　文　名
病理遗传学	病理遺傳學	pathogenetics
波动测验	波動檢測，波動檢驗	fluctuation test
波伦序列	波倫氏序列	Poland sequence
卟啉症	紫質症	porphyria
补偿基因	補償基因	compensator gene
rDNA 补偿作用	rDNA 補償作用	rDNA compensation
补丁型重组	補丁型重組	patch recombination
补体单元型	補體單元型	complotype
哺乳类人工染色体	哺乳類人工染色體	mammalian artificial chromosome，MAC
cDNA 捕捉	cDNA 捕獲	cDNA capture
不等互换(=不等交换)		
不等交换，不等互换	不等互換，不等交換	unequal crossover，unequal exchange
不等姐妹染色体单体交换	不等姐妹染色分體互換	unequal sister chromatid exchange
不定胚	不定胚	adventitious embryo
不定型卵裂	不定型卵裂	indeterminate cleavage
不分离	不分離，未分離	nondisjunction
不规则显性	不規則顯性	irregular dominance
不精确切离	不精確切離	imprecise excision
不连续变异,非连续变异	不連續變異	discontinuous variation
不连续复制	不連續複製	discontinuous replication
不联会	不聯會	asynapsis
不联会基因	不聯會基因	asynaptic gene
不平衡易位	不平衡易位	unbalanced translocation
不亲和性(=不相容性)		
不外显	[基因]不完全外顯	non-penetrance
不完全变态	不完全變態	incomplete metamorphosis
不完全连锁	不完全連鎖	incomplete linkage
不完全连锁基因	不完全連鎖基因	incompletely linked gene
不完全酶切	不完全酶切	partial digestion，incomplete digestion
不完全冗余	不完全冗餘，不完全豐餘	incomplete redundancy
不完全双列杂交	不完全雙對偶雜交	incomplete diallel cross
不完全外显率	不完全外顯率	incomplete penetrance
不完全显性	不完全顯性	incomplete dominance
不稳定突变等位基因	不穩定突變對偶基因	unstable mutant allele
不稳定序列	不穩定序列	slippery sequence

大　陆　名	台　湾　名	英　文　名
不稳定转染	不穩定轉染	unstable transfection
不相容群	不相容群	incompatible group
不相容性，不亲和性	不親和性	incompatibility
不依赖于 ρ 的终止子	ρ 獨立性終止子	ρ-independent terminator
不育性	不育性，不稔性	sterility
不正常交换	不正常交換	illegitimate crossing-over
部分二倍体	部份二倍體	partial diploid，merodiploid
部分丰余，部分冗余	部份冗餘，部份豐餘	partial redundancy
部分合子	部份合子	merozygote
部分冗余(=部分丰余)		
部分同源染色体	近同源染色體	homeologous chromosome，homoeologous chromosome

C

大　陆　名	台　湾　名	英　文　名
参照标记	參照標記	reference marker
蚕豆病(=葡糖-6-磷酸脱氢酶缺乏症)		
操纵基因	操縱基因	operator，operator gene
操纵基因零点突变	操縱基因零點突變	operator zero mutation
操纵基因组成突变	操縱基因組成突變	operator constitutive mutation
操纵子	操縱子	operon
ara 操纵子(=阿[拉伯]糖操纵子)		
操纵子融合	操縱子融合	operon fusion
操纵子网	操縱子網	operon network
操纵子学说	操縱子學說	operon theory
侧成分，侧体	側體，側成份	lateral element
侧链假说	側鏈假說	side-chain hypothesis
侧体(=侧成分)		
侧抑制	旁側抑制，側抑制	lateral inhibition
侧翼序列(=旁侧序列)		
侧翼元件(=旁侧元件)		
侧中胚层	側中胚層	lateral mesoderm
测交	測交，試交	test cross
测序(=序列测定)		
DNA 测序(=DNA 序		

大　陆　名	台　湾　名	英　文　名
列测定)		
层析,色谱法	層析法,色層分析法	chromatography
插入	插入,嵌入	insertion
插入片段	插入片段	insert
插入失活	插入失活	insertional inactivation
插入体	插入體	insertosome
插入突变	插入突變	insertion mutation
插入位点	插入位點	insertion site
插入[型]载体	插入型載體	insertion vector
插入序列	插入序列,嵌入序列	insertion sequence,IS
插入易位	插入易位	insertional translocation
插入诱变	插入誘變	insertional mutagenesis
插入元件	插入元件,插入元素	insertional element
差别基因表达	差異性基因表達	differential gene expression
差别基因决定	差異性基因決定	differential gene determination
mRNA 差别显示	mRNA 差異性表現, 　mRNA 差異顯示	differential mRNA display
mRNA 差别显示反转 　录 PCR	mRNA 差異性表現反 　轉錄 PCR,mRNA 差 　別顯示技術	differential mRNA display reverse tran- 　scription PCR,DDRT-PCR
差别展示	差異性表現,差異顯 　示,差異表現分析法	differential display
差异表达	差異性表達	differential expression
差异显示分析,代表性 　差别分析	代表性差異分析	representational difference analysis,RDA
缠绕数	扭轉數,纏繞數	writhing number
产前诊断	產前診斷	antenatal diagnosis,prenatal diagnosis
PCR 产物克隆	PCR 產物選殖	PCR products cloning
产物未定读框,未鉴定 　读框	產物未定讀碼框,未定 　義解讀框架	unidentified reading frame,URF
产雄单性生殖	產雄單性生殖	androgenetic parthenogenesis
产雄孤雌生殖	產雄孤雌生殖	arrhenotoky
长末端重复[序列]	長端重複,長端重覆	long terminal repeat,LTR
长区域限制图	長區域限制圖	long range restriction map
长散在重复序列	長散佈重複序列	long interspersed repeated sequence
长散在核元件	長散佈核內元件	long interspersed nuclear element,LINE
常规灭绝	自然滅絕	normal extinction
常居 DNA,居民 DNA	居民 DNA	resident DNA

大　陆　名	台　湾　名	英　文　名
常染色体	常染色體，體染色體	autosome
常染色体疾病	常染色體疾病	autosomal disease
常染色体遗传	常染色體遺傳	autosomal inheritance
常染色体隐性	常染色體隱性，體染色體隱性	autosomal recessive
常染色质	常染色質	euchromatin
超棒眼 (=重棒眼)		
超倍体	超倍體	hyperploid
超倍性	超倍性	hyperploidy
超变区 (=高变区)		
超变小卫星	超變小衛星	hypervariable minisatellite
超表达	過度表達	overexpression
超补体单元型	超補体單元型	supracomplotype
超雌[性]	超雌性	super-female，superfemale
超单元型	超單元型	supratype
超二倍体	超二倍體	hyperdiploid
超二级结构	超二級結構	super secondary structure
超感染	超感染	superinfection
超感染噬菌体	超感染噬菌體	superinfecting phage
超基因	超基因	super-gene，supergene
超基因家族	超基因家族	supergene family
超家族	超族	superfamily
超螺旋	超螺旋	superhelix，supercoil
超螺旋 DNA	超螺旋 DNA	supercoiled DNA
超螺旋密度	超螺旋密度	superhelix density
超前凝聚染色体	早熟凝集染色體，過早染色體濃縮	prematurely condensed chromosome，premature chromosome condensation，PCC
超亲分离	越親分離	transgressive segregation
超亲遗传	越親遺傳	transgressive inheritance
超数染色体	超額染色體	supernumerary chromosome
超显性	超顯性	overdominance，superdominance
超显性基因	超顯性基因	overdominant gene
超显性假说	超顯性假說	overdominance hypothesis
超效等位基因	超[效]對偶基因，超[效]等位基因	hypermorph
超性	超性	supersex
超雄[性]	超雄性	super-male，supermale

大　陆　名	台　湾　名	英　文　名
超氧化物歧化酶	超氧化物歧化酶	superoxide dismutase，SOD
巢式 PCR	巢式 PCR	nested PCR
巢式引物	巢式引子	nested primer
沉降系数	沈降係數	sedimentation coefficient
RNA 沉默	RNA 沈默	RNA silencing
沉默等位基因	默化對偶基因	silent allele
沉默盒	默化盒	silent cassette
沉默基因(=沉默子)		
沉默突变	默化突變	silent mutation
沉默子，沉默基因	沈默子	silencer，silent gene
沉默子序列	沈默子序列	silencer sequence
沉默子元件	沈默子元件	silencer element
成对规则基因	配對法則基因	pair-rule gene
成骨(=骨化)		
成骨细胞	骨原細胞，成骨細胞	osteoblast
成核位置	成核位置	nucleation site
成红血细胞	紅血球母細胞	erythroblast
成肌细胞	成肌細胞，肌母細胞	myoblast
成熟分裂	成熟分裂	maturation division
成熟前有丝分裂	減數分裂前有絲分裂	premeiotic mitosis
成体干细胞	成體幹細胞	adult stem cell
成血管细胞	血管生成細胞	angioblast
成牙本质细胞	成牙質細胞	odontoblast
成羊膜细胞	羊膜細胞	amniogenic cell，amnioblast
成组织细胞	成組織細胞	histoblast
程序性错读	程序性錯讀	programmed misreading
程序性突变	程序性突變	programmed mutation
程序性细胞死亡	程序性細胞死亡	programmed cell death
迟复制 X 染色体	遲複製 X 染色體，晚複製 X 染色體	late replicating X chromosome
持家基因，管家基因	持家基因	housekeeping gene
持续饰变	持續飾變	persisting modification，dauermodification
赤道	赤道	equator
赤道板	赤道板，中期板	equatorial plate，metaphase plate
赤道面	赤道面	equatorial face，equatorial plane
重棒眼，双棒眼，超棒眼	雙棒眼	double bar
重编程	重編程	reprogramming

大　陆　名	台　湾　名	英　文　名
重叠基因	重疊基因	overlapping gene
重叠克隆群	重疊選殖群	overlapping set of cloning
重叠群(=叠连群)		
重叠世代	重疊世代	overlapping generation
重复	重複	duplication
重复 DNA	重複 DNA	repetitive DNA，repeated DNA
重复基因	重複基因	reiterated gene，duplicate gene
重复率	重複率	repeatability
重复序列	重複序列	repetitive sequence，repeated sequence
Alu 重复序列	*Alu* 重複序列	*Alu* repetitive sequence
重复 DNA 序列	重複 DNA 序列	repetitive DNA sequence
重复序列长度多态性	重複序列長度多態性	repeat sequence length polymorphism
重复子	重複子，複製子	duplicon
重排	重排	rearrangement
重退火	再黏合	reannealing
重演	重演	recapitulation
重组	重組	recombination
DNA 重组	DNA 重組	DNA recombination
RNA 重组	RNA 重組	RNA recombination
重组 DNA	重組 DNA	recombinant DNA
重组 RNA	重組 RNA	recombinant RNA
重组错误	重組錯誤	recombination error
重组蛋白质	重組蛋白質	recombinant protein
重组环 PCR	重組環 PCR	recombination circle PCR
重组活性	組合活性	combinatorial activity
重组 DNA 技术	重組 DNA 技術	recombinant DNA technology
重组结	重組節	recombination nodule
FLP 重组酶	FLP 重組酶	flippase recombinase，FLP recombinase
FLP 重组酶靶位点	FLP 重組酶標的位點	FLP recombinase target site，FRT site
重组片段	重組片段	recombination fraction
重组[频]率	重組頻率	recombination frequency
重组期	重組期	recombination stage
重组染色体	重組染色體	recombinant chromosome
重组双链损伤修复模型	雙股斷裂修復重組模型	double-strand break-repair model of recombination
重组体	重組體	recombinant
重组体配子	重組體配子	recombinant gamete
重组系统	重組系統	recombination system

大　陆　名	台　湾　名	英　文　名
重组信号序列	重組訊號序列	recombination signal sequence
重组修复	重組修復	recombination repair
重组选择	重組選擇	recombination selection
重组异倍体	重組異倍體	recombination aneusomy
重组值	重組值	recombination value
重组质粒	重組質體	recombinant plasmid
重组中间体	重組中間體	recombination intermediate
重组子	重組子，交換子	recon
抽样方差	抽樣變方，抽樣變異數	sampling variance
抽样分布	抽樣分佈	sampling distribution
出生缺陷，先天缺陷	先天缺陷	birth defect
初级精母细胞	初級精母細胞	primary spermatocyte
初级卵母细胞	初級卵母細胞	primary oocyte
初级内胚层(=下胚层)		
初级外胚层(=上胚层)		
初级性比	初級性比	primary sex ratio
初级转录物	原始轉錄物	primary transcript
初缢痕(=主缢痕)		
穿梭载体	穿梭載體	shuttle vector
传递途径	傳遞途徑	pathway of transmission
串联重复[序列]	串聯重覆	tandem repeat
串联倒位	串聯倒位	tandem inversion
串联排列	縱線排列，縱列排列	tandem array
串联易位	串聯易位	tandem translocation
垂直传递	垂直傳遞	vertical transmission
纯合变异型	同型合子變異體	homozygous variant
纯合度	純合度	homozygosity
纯合性别	同型合子性別	homozygous sex
纯合子	同型合子	homozygote
纯系	純系	pure line
纯系繁育	純系繁育	pure breeding
纯系理论(=纯系[学]说)		
纯系[学]说,纯系理论	純系理論	pure line theory
纯育，真实遗传	純育	breeding true
纯种	純種	pure breed，purebred
雌核发育(=单雌生殖)		
雌配子	雌配子	female gamete

大　陆　名	台　湾　名	英　文　名
雌性不育突变体	雌性不育突變種，雌性不育突變體	female-sterile mutant
雌性品系	雌性菌株	female strain
雌雄间体，间性	雌雄間體	intersex
雌雄嵌合体，两性体	兩性體，雌雄嵌合體	gynandromorph，gynandromorphism
雌雄同株	雌雄同株	hermaphroditism，androgynism
雌雄异体	雌雄異體	bisexualism
次级附着位点	第二附著點	secondary attachment site
次级精母细胞	次級精母細胞	secondary spermatocyte
次级卵母细胞	次級卵母細胞	secondary oocyte
次级性比	次級性比	secondary sex ratio
次要组织相容性抗原	小組織相容性抗原	minor histocompatibility antigen
次缢痕，副缢痕	次級縊縮，次級收縮，二級縊痕	secondary constriction
从属基因	從屬基因	slave gene
从头合成	新生合成	*de novo* synthesis
从头起始	重新起始	*de novo* initiation
从性性状	從性性狀，從性特質，性別影響性狀	sex-influenced character，sex-conditioned character
从性遗传	從性遺傳	sex-influenced inheritance
粗线期	粗絲期	pachytene，pachynema
促成熟因子	促成熟因子，成熟促進因子	maturation-promoting factor，MPF
促分裂原	有絲分裂原，促細胞分裂素	mitogen
促性腺[激]素	促性腺激素	gonadotropin，gonadotropic hormone
DNA 促旋酶	DNA 迴旋酶	DNA gyrase
醋酸洋红(=乙酸洋红)		
脆[性]X 染色体	脆性 X 染色體	fragile X chromosome
脆性位点	脆性位點	fragile site
脆[性]X 综合征	X 染色體易脆症	fragile X syndrome
存活因子	存活因子	survival factor
错参	錯誤參入	misincorporation
错插	錯誤差入，錯誤插入	misinsertion
错分单倍体	錯分單倍體	misdivision haploid
错配	錯配	mismatching，mispairing
错配修复	錯配修復	mismatch repair
错误表达(=异常表达)		

大　陆　名	台　湾　名	英　文　名
错义	錯義	missense
错义密码子	錯義密碼子	missense codon
错义突变	錯義突變	missense mutation
错义突变体,错义突变型	錯義突變種,錯義突變體	missense mutant
错义突变型(=错义突变体)		
错义抑制(=错义阻抑)		
错义阻抑,错义抑制	錯義抑制,誤義阻遏	missense suppression
错义阻抑因子	錯義抑制因子,誤義阻遏基因	missense suppressor
错译	錯譯,誤義轉譯	mistranslation, misreading
错载	錯載	mischarging

D

大　陆　名	台　湾　名	英　文　名
达尔文适合度	達爾文適應率,達爾文適合度,達爾文適應度	Darwinian fitness
达尔文学说	達爾文主義	Darwinism
大孢子竞争	大孢子競爭	megaspore competition
大肠杆菌噬菌体	大腸桿菌噬菌體	coliphage
大突变	大突變	macromutation
大型染色体	大染色體,巨染色體	megachromosome
代表性差别分析(=差异显示分析)		
带	帶,染色帶	band
C 带,着丝粒异染色质带	C 帶,中節異染色質帶	C-band, centromeric heterochromatin band
Cd 带,着丝粒小点带	Cd 帶	Cd-band
G 带,吉姆萨带	G 帶,吉姆薩帶	G-band, Giemsa band
N 带	N 帶	N-band
Q 带	Q 帶	Q-band
R 带,反带	R 帶	R-band, reverse band
T 带,端粒带	T 帶	T-band
丹佛体制	丹佛系統	Denver system
单倍核	半倍核,單倍核	hemikaryon

大　陆　名	台　湾　名	英　文　名
单倍染色体	單倍染色體	haplochromosome
单倍体	單倍體	haploid
单倍体化	單倍體化	haploidization
单倍体数	單倍體數[目]	haploid number
单倍体组	單倍體組	haploid set
单倍型(=单体型)		
单倍性	單倍性	haploidy
单臂 PCR	單臂 PCR	one-armed PCR，OA-PCR
单边选择	單邊選擇	unilateralism selection
单雌生殖，雌核发育	雌核發育	gynogenesis
单雌系	單雌系	isofemale line
单等位基因表达	單對偶基因表達，單對偶基因表現	monoallelic expression
单核苷酸多态性	單核苷酸多態性	single-nucleotide polymorphism，SNP
单核因子	單核激素	monokine
单回归(=一元回归)		
单基因病	單基因病	monogenic disease
单基因性状	單基因性狀	monogenic character
单[基因]杂种	單性雜種，一對基因雜種	monohybrid
单[基因]杂种杂交	單性雜種雜交，單基因雜交	monohybrid cross
单价体	單價體	univalent，monovalent
单碱基差异	單鹼基差異	singleton
单交换	單交換	single cross over，single exchange
单精入卵，单精受精	單精受精	monospermy
单精受精(=单精入卵)		
单拷贝 DNA	單一拷貝 DNA，單一複製 DNA	single-copy DNA
单拷贝序列	單拷貝序列，單複製序列	single-copy sequence
单拷贝整合法	單複製整合法	single-copy integration method
单链 DNA	單股 DNA	single-stranded DNA，ssDNA
单链 RNA	單股 RNA	single-stranded RNA，ssRNA
单链 DNA 病毒	單股 DNA 病毒	single-stranded DNA virus
单链断裂	單股斷裂	single-strand break，SSB
单链构象多态性	單股構象多態性	single-strand conformation polymorphism，SSCP

大　陆　名	台　湾　名	英　文　名
单链交换	單股交換	single-strand exchange
单链 DNA 结合蛋白	單股 DNA 結合蛋白	single-stranded DNA binding protein
单卵双生(=同卵双生)		
单能性	單能性	unipotency
单亲纯合子	單親同型合子	uniparental homozygote
单亲二体	單親二體	uniparental disomy
单亲遗传	片親遺傳，單親傳遞	monolepsis
单顺反子	單順反子	monocistron
单顺反子 mRNA	單順反子 mRNA	monocistronic mRNA
单态现象(=单态性)		
单态性，单态现象	單型性，單態現象	monomorphism
单体	單染色體的，單體[染色體]的	monosomic
单体[染色体]生物	單染色體，單體[染色體]	monosome
单体型，单元型，单倍型	單[倍]型	haplotype
单体型分型	單倍型分型	haplotyping
单体性	單體性	monosomy
单条染色体基因文库(=单一染色体基因文库)		
单位进化时期	單位進化時期	unit evolutionary period
单位性状	單位性狀	unit character
单系	單源的，單系的	monophyletic，monophyly
单细胞变异体	單細胞變異體	single cell variant
单显性组合	單顯性組合	simplex
单向复制	單向複製	unidirectional replication
单向选择	單向選擇	unidirectional selection
单性合子	單性合子	azygote
单性生殖(=孤雌生殖)		
单性状选择	單性狀選擇	single-trait selection
单雄生殖(=孤雄生殖)		
单一染色体基因文库，单条染色体基因文库	單一染色體基因文庫	unichromosomal gene library
单一序列	單一序列	unique sequence
单一序列 DNA	單一序列 DNA	unique-sequence DNA

大　陆　名	台　湾　名	英　文　名
单元单倍体	單元單倍體	monohaploid
单元型(=单体型)		
单源种	單源種	monophyletic species
单着丝粒染色体	單著絲粒染色體	monocentric chromosome
单祖论	單祖論	monogenism
G 蛋白	G 蛋白	G protein
HMG 蛋白(=高速泳动族蛋白)		
P 蛋白	P 蛋白	P protein
蛋白感染粒(=普里昂)		
蛋白[水解]酶	蛋白酶	protease
蛋白质	蛋白質	protein
蛋白质-核酸相互作用	蛋白質-核酸交互作用	protein-nucleic acid interaction
DNA-蛋白质筛选	Southwestern 篩選	Southwestern screen
RNA-蛋白质筛选	Northwestern 篩選	Northwestern screen
蛋白质印迹法	西方墨點法, 蛋白質轉漬法	Western blotting
蛋白质组	蛋白質體	proteome
蛋白质组学	蛋白質體學	proteomics
CG 岛	CG 島	CG island
CpG 岛	CpG 島	CpG island
GpC 岛	GpC 島	GpC island
岛式模型	島式模型	island model
倒位	倒位	inversion
倒位多态现象	倒位多態現象, 轉化多形現象	inversion polymorphism
倒位环	倒位環	inversion loop
倒位杂合子	倒位異型合子, 倒位異質結合體	inversion heterozygote
得失位	插失	indel
灯刷染色体	刷形染色體, 燈刷染色體	lampbrush chromosome
等臂染色体	等臂染色體	isochromosome
等电聚焦	等電聚焦	isoelectric focusing, IEF
等构抑制	等構抑制, 同位抑制	isosteric inhibition
等基因	同基因	isogene
等基因系	同基因系, 純系基因系	isogenic strain
等基因性	同基因性	isogeneity

大　陆　名	台　湾　名	英　文　名
等位基因	對偶基因，等位基因	allele，allelomorph
等位基因变异	對偶基因變異，等位基因變異	allelic variation
等位基因丢失	對偶基因丢失，等位基因丢失	allelic loss
等位[基因]共享法	對偶基因共享法，等位基因共享法	allele-sharing method
等位[基因]互补	對偶基因互補	allelic complementation
等位基因间重组	對偶基因間重組	interallelic recombination
等位基因间互补	對偶基因間互補	interallelic complementation
等位基因间相互作用	對偶基因間交互作用	interallelic interaction
等位基因连锁分析	對偶基因連鎖分析，等位基因連鎖分析	allele linkage analysis
等位[基因]酶,同种异型酶	異構酶，等位[基因]酶，對偶同功酶	alloenzyme，allozyme
等位[基因]排斥	對偶基因排斥，等位基因排斥	allelic exclusion
等位基因频率	對偶基因頻率，等位基因頻率	allele frequency
等位基因取代	對偶基因取代，等位基因取代	allele replacement
等位基因失活	對偶基因失活，等位基因失活	allelic inactivation
等位基因特异 PCR	特定對偶基因 PCR，特化等位基因 PCR	allele-specific PCR
等位基因特异的寡核苷酸	特定對偶基因寡核苷酸，特化等位基因寡核苷酸	allele specific oligonucleotide，ASO
等位基因特异的寡核苷酸探针	特定對偶基因寡核苷酸探針，特化等位基因寡核苷酸探針	allele-specific oligonucleotide probe，ASO probe
等位基因特异杂交	特定對偶基因雜交，特化等位基因雜交	allele-specific hybridization
等位[基因]系列	對偶基因系列，等位基因系列	allelic series
等位[基因]相互作用	對偶基因相互作用，等位基因相互作用	allelic interaction
等位[基因]型	等位型	allelotype

大 陆 名	台 湾 名	英 文 名
等位[基因]异质性	對偶基因異質性，等位基因異質性	allelic heterogeneity
等位染色单体断裂	對偶染色分體斷裂，等位染色分體斷裂	isochromatid breakage
等位染色单体缺失	對偶染色單體缺失	isochromatid deletion
等位性	對偶性，等位性	allelism
等显性(=共显性)		
等效异位基因	等效異位基因	polymeric gene
低度重复序列	低度重複序列	lowly repetitive sequence
低拷贝数质粒	低套數質體	low-copy-number plasmid
地高辛精系统	地高辛[精]系統	digoxigenin system
地理多态现象	地理多態現象	geographical polymorphism
地理隔离	地理隔離	geographical isolation
地理物种形成，渐进式物种形成	異域性物種形成，地理性物種形成，地理種化	geographic speciation
地理宗	地理[小]種，地理品系，地區品種	geographic race
地中海贫血(=珠蛋白生成障碍性贫血)		
DNA 递送系统，DNA 转移系统	DNA 遞送系統，DNA 轉移系統	DNA delivery system
第二次分裂分离	第二次分裂分離	second division segregation
第二位点突变	第二位點突變	second site mutation
第二信使	第二信使，第二信息	second messenger
第一次分裂分离	第一次分裂分離	first division segregation
颠换	顛換	transversion
点突变	點突變	point mutation
点阵	點矩陣	dot matrix
点阵分析	點矩陣分析	dot-matrix analysis
点渍法，斑点印迹	點漬墨點法，點漬法	dotting blotting，dot blot
电穿孔	電穿透作用	electroporation
电促细胞融合	電促細胞融合	electro-cell fusion
电泳迁移率变动分析	電泳速度變動分析法	electrophoresis mobility shift assay，EMSA
电泳印迹法	電泳轉漬法	electro-blotting
电转化	電促轉化	electro-transformation
奠基者效应(=建立者效应)		

大　陆　名	台　湾　名	英　文　名
叠加效应	叠加效應	duplicate effect
叠连群，重叠群	叠連群	contig，continuous group
顶嵴(=外胚层顶嵴)		
顶交	頂交	top cross
顶体	頂體	acrosome
顶体反应	頂體反應	acrosome reaction
顶体突起	頂體突起	acrosomal process
定点诱变(=位点专一诱变)		
定量反转录 PCR	定量反轉錄 PCR	quantitative reverse transcriptase-mediated PCR，qRT-PCR
定位函数(=作图函数)		
定位候选克隆	定位預測選殖	positional candidate cloning
定位克隆	定位選殖	positional cloning
定位因子	定位因子	positioning factor
定向	定向	orientation
定向插入，同向插入	同向插入	direct insertion
定向减数分裂	定向減數分裂	oriented meiotic division
定向进化(=直生说)		
定向克隆	定向選殖	directional cloning
定向突变	標的突變	targeted mutation
定向显性	定向顯性	directional dominance
定向选择，正选择	定向選擇，直向選擇，正選擇	orthoselection，directional selection
定向诱变	定向誘變	directed mutagenesis
定型	定型，約束	commitment
动基体	動基體	kinetoplast
动基体 DNA	動基體 DNA	kinetoplast DNA
动粒	著絲粒，著絲點	kinetochore
动态等位特异性杂交	動態對偶基因專一性雜交	dynamic allele-spesific hybridization，DASH
动态平衡说	移位平衡說	shifting balance theory
动态突变	動態突變	dynamic mutation
动态选择	動態選擇	dynamic selection
动物极	動物極	animal pole
动物模型	動物模式	animal model
动物遗传学	動物遺傳學	animal genetics
毒理基因组学	毒理基因體學	toxicogenomics

大　陆　名	台　湾　名	英　文　名
毒理遗传学	毒理遺傳學	toxicological genetics
读框	讀碼區，閱讀框構	reading frame
读框重叠	讀碼區重疊	reading-frame overlapping，frame over-lapping
读框突变	讀碼區突變，閱讀框構突變	reading-frame mutation
读框移位	讀碼區移位，[閱讀]框構轉移	reading-frame displacement，reading-frame shift
独立分配(=自由组合)		
独立分配定律(=自由组合定律)		
独立淘汰法	獨立淘汰法	independent culling method
独立性测验	獨立性測驗	test of independence
度量性状	度量性狀	metric trait
C 端，羧基端	羧基端，C 端	carboxyl terminal，C-terminus
N 端，氨基端	N 端，氨基端	N-terminal end，N-terminus
端部联会	端部聯會，端部配對	acrosyndesis
C 端重复七肽	C 端重複七肽	carboxyl-terminal repeating heptamer，CT7n
端化作用	端移作用	terminalization
C 端结构域	C 端結構域	C-terminal domain，CTD
端粒	端粒	telomere
端粒带(=T 带)		
端粒 RNA 基因	端粒 RNA 基因	telomere RNA gene
端粒结合蛋白	端粒結合蛋白	telomere binding protein
端粒酶	端粒酶	telomerase
端着丝粒染色体	端著絲點染色體，末端中節染色體	telocentric chromosome
短补丁	短補丁	short patch
短串联重复	短串聯重複	short tandem repeat，STR
短串联重复序列多态性	短串聯重複[序列]多態性	short tandem repeat polymorphism，STRP
短散在重复序列	短散佈重覆序列	short interspersed repeated sequence
短散在核元件	短散佈核元件	short interspersed nuclear element，SINE
断裂	斷裂	break
[断裂]重接	重接	reunion
断裂基因(=割裂基因)		
断裂剂	致染色體變異物	clastogen

大 陆 名	台 湾 名	英 文 名
断裂热点	斷裂熱點	breakage hot spot
断裂-融合-桥	斷裂-融合-橋	breakage-fusion-bridge，BFB
断裂-融合-桥循环	斷裂-融合-橋循環	breakage-fusion-bridge cycle
断裂愈合假说	斷裂復合假說	breakage and reunion hypothesis
对立等位基因	對立對偶基因	oppositional allele
对数期	對數期	log phase
对数优势比，LOD 记分	對數優勢比	logarithm of the odd score，LOD score
钝端(=平端)		
钝端连接(=平端连接)		
多倍体	多倍體	polyploid
多倍性	多倍性	polyploidy
多叉染色体	多叉染色體	multiforked chromosome
多重 PCR	多重 PCR	multiplex PCR
多雌性(=一雄多雌)		
多次交换	多次互換	multiple crossover
多次起源说	多次起源說	polychronism
多地域进化	多區域演化，多地區[連續]演化，多地域演化	multiregional evolution
多复制子	多複製子	multireplicon
多核苷酸	多核苷酸	polynucleotide
多核苷酸激酶	多核苷酸激酶	polynucleotide kinase
T4 多核苷酸激酶	T4 多聚核苷酸激酶	T4 polynuclotide kinase
多核糖体	多核糖體，多核醣體	polysome
多基因	多基因	polygene
多基因病	多基因病	polygenic disease
多基因混合遗传	多基因混合遺傳	polygene mixed inheritance
多基因家族	多基因族系	multigene family
多基因假说	多基因假說	polygene hypothesis
多基因缺失	多基因缺失	multigenic deletion
多基因系统	多基因系統	polygenic system
多基因学说	多基因學說	polygenic theory
多价体	多價體	multivalent
多接头	多接頭	polylinker
多精入卵	多精入卵	polyspermy
多拷贝	多拷貝	multicopy
多拷贝抑制	多拷貝抑制	multicopy inhibition

大　陆　名	台　湾　名	英　文　名
多克隆位点	多選殖位點	multiple cloning site，MCS
多联体	多聯體，聯結物	concatemer
多联[体]DNA，连环DNA	多聯體 DNA	concatemeric DNA
多列杂交	多對偶基因雜交	polyallele-cross
多能性	多能性	pluripotency，multipotency
多胚性	多胚現象，多胚性	polyembryony
多起始位点	多起始位點	multiple start site
多顺反子	多順反子	polycistron
多顺反子 mRNA	多順反子 mRNA	polycistronic mRNA，multicistronic mRNA
多态基因座	多型基因座，多型位點	polymorphic locus
多态现象(=多态性)		
多态信息含量	多態信息含量	polymorphism information content，PIC
多态性，多态现象	多態性，多型性	polymorphism
DNA 多态性	DNA 多態性	DNA polymorphism
多态性标记	多態性標記	polymorphic marker
多态指数	多態指數	polymorphic index
多体性	多體性	polysomy
多体遗传	多染色體遺傳	polysomic inheritance
多系(=复系)		
多线期	多線期，多絲期	polytene stage
多线染色体	多線染色體，多絲染色體	polytenic chromosome，polytene chromosome
多腺苷酸	多腺苷酸，聚腺苷酸	polyadenylic acid，poly(A)
mRNA 多腺苷酸化	mRNA 聚腺苷酸化	mRNA polyadenylation
多腺苷酸化信号，加 A 信号	多腺苷酸化訊號	polyadenylation signal，poly(A) addition signal
多腺苷酸化[作用]	多腺苷酸化	polyadenylation
多腺苷酸聚合酶	多腺苷酸化聚合酶	polyadenylate polymerase，poly(A) polymerase
多腺苷酸尾	多腺苷酸尾巴	poly(A) tail
多效基因	多效基因	pleiotropic gene
多效性	基因多效性	pleiotropy，pleiotropism
多型现象	多型現象	polytypism
多性状全球评估法	多性狀全球評估法	multiple trait across country evaluation
多性状选择	多性狀選擇	multiple trait selection
多雄性(=一雌多雄)		

大　陆　名	台　湾　名	英　文　名
多序列比对	多序列比對	multiple sequence alignment
多义密码子	多義密碼子	ambiguous codon
多因子病	多因素異常疾病	multifactorial disorder
多因子假说	多因素假說，多基因假說	multiple-factor hypothesis
多因子遗传	多重因子遺傳，多基因遺傳	multifactorial inheritance
多引物	多引子	multiprimer
多元单倍体	多倍單倍體	polyhaploid
多元回归	多元迴歸	multiple regression
多源发生说，多祖论	多元發生說	polygenism
多着丝粒	多著絲粒，多中節	polycentromere
多着丝粒染色体	多著絲點染色體	polycentric chromosome
多祖论(=多源发生说)		

E

大　陆　名	台　湾　名	英　文　名
额外染色体	额外染色體	extrachromosome
二倍化	二倍化	diploidization
二倍体	二倍體	diploid
二倍性	二倍性	diploidy
二次突变假说	努特生雙重打擊假說，努[德]森雙擊假說	Knudson hypothesis，two-hit hypothesis
二点测交	二點測試	two-point test
二分体	二分體	dyad，diad
二价体	兩價體，二價體	bivalent
二联体	二聯體	dyad，diad
二卵双生，异卵双生	異卵雙生	dizygotic twins，fraternal twins
二态性	二型性	dimorphism
二体，双体	二體	disome
二体单倍体	二體單倍體	disomic haploid
二体生物	二體，二染體	disomic
二体遗传	二體遺傳	disomic inheritance
DNA 二维分型	DNA 雙向分型	two-dimensional DNA typing
二显性组合	雙顯性組合	duplex
二元杂种杂交	雙因子雜種雜交	dihybrid cross

F

大　陆　名	台　湾　名	英　文　名
发育	發育	development
发育差时，异时发生	異時性，異時發生	heterochrony
发育场	發育場	developmental field
发育时控基因	發育時控因子	development timing regulator
发育稳态(=[表型]限渠道化)		
发育遗传学	發育遺傳學	developmental genetics
发育噪声	發育雜音	developmental noise
法医物证学(=法医遗传学)		
法医遗传学,法医物证学	法醫遺傳學	medicolegal genetics，forensic genetics
GT-AG 法则	GT-AG 法則	GT-AG rule
发夹环	髮夾環	hairpin loop
发夹结构	髮夾結构	hairpin structure
翻译	轉譯	translation
翻译重编码	轉譯重編碼	translational recoding
翻译错误	轉譯錯誤	translation error
翻译功能	轉譯功能	translation function
翻译合成	轉譯合成	translesion synthesis
翻译后加工	轉譯後加工	post-translational processing
翻译后切割	轉譯後切割	post-translational cleavage
翻译后输入	轉譯後輸入	post-translational import
翻译后修饰	轉譯後修飾	post-translational modification
翻译后转运	轉譯後傳遞	post-translational transport
翻译控制	轉譯控制	translational control
翻译扩增	轉譯放大，轉譯增幅	translational amplification
翻译内含子	轉譯內含子	translational intron
翻译起始	轉譯起始	translation initiation
翻译起始密码子	轉譯起始密碼子	translation initiation codon
翻译起始因子	轉譯起始因子	translation initiation factor
翻译调节	轉譯調節	translation regulation
翻译跳步	轉譯跳步	translational hop
翻译移码	轉譯移碼	translation frameshift，translational frame shifting

大　陆　名	台　湾　名	英　文　名
翻译因子	轉譯因子	translation factor
翻译域	轉譯[區]域	translation domain
翻译增强子	轉譯強化子，轉譯加強子，轉譯促進子	translational enhancer
翻译装置	轉譯裝置	translation machinery
翻译阻遏	轉譯抑制	translation repression
翻译阻遏物	轉譯抑制物	translation repressor
翻译阻抑	轉譯抑制	translational suppression
反编码链	反密碼股	anticoding strand
反带(=R 带)		
反环配对	反環配對	reverse loop pairing
反交	反交	reciprocal cross
反馈环	回饋環	feedback loop
反馈抑制	回饋抑制	feedback inhibition
反馈指令	回饋指令	feedback instruction
反密码子	反密碼子	anticodon
反密码子环	反密碼子迴環	anticodon loop
反求遗传学，替代遗传学	反向遺傳學，反轉遺傳學	reverse genetics，surrogate genetics
反式激活蛋白	反式活化蛋白	trans-activator
反式激活域	反式活化域	trans-activation domain
反式激活[作用]	反式活化	trans-activation
反式剪接	反式剪接	trans-splicing
反式排列	反式排列	trans arrangement
反式切割	反式切割	trans-cleavage
反式调节	反式調節	trans-regulation
反式调节蛋白	反式調節蛋白	trans-regulator
反式显性	反式顯性	trans-dominant
反式相(=互斥相)		
反式杂合子	反式異型合子	trans-heterozygote
反式阻遏物	反式抑制子	trans-repressor
反式阻遏[作用]	反式抑制	trans-repression
反式作用	反式作用	trans-acting
反式作用因子	反式作用因子	trans-acting factor
反突变(=回复突变)		
反向插入	反向插入	inverted insertion
反向重复[序列]	逆位重複[序列]，反轉重複[序列]，轉化重	inverted repeat，IR

大　陆　名	台　湾　名	英　文　名
	覆	
反向分子杂交	反向分子雜交	reverse hybridization
反向剪接，逆剪接	反向剪接	reverse splicing
反向平行链	反向平行股	antiparallel strand，antiparallel chain
反向调节	反向調節	retroregulation
反效等位基因	反效對偶基因，反效等位基因	antimorph
反选择	反向選擇	counter-selection
反义 DNA	反義 DNA	antisense DNA
反义 RNA	反義 RNA	antisense RNA
反义寡核苷酸	反義寡核苷酸	antisense oligonucleotide
反义链	反義股	antisense strand
反义肽核酸	反義肽核酸	antisense peptide nucleic acid，antisense PNA
反应规范	反應規範	reaction norm，norm of reaction
反转电场凝胶电泳	逆變電場凝膠電泳	field inversion gel electrophoresis，FIGE
反转录，逆转录	反轉錄，逆轉錄	reverse transcription
反转录 PCR	反轉錄 PCR	reverse transcription PCR，RT-PCR
反转录病毒,逆转录病毒	反轉錄病毒	retrovirus
反转录假基因	反轉錄偽基因	retropseudogene
反转录酶，逆转录酶	反轉錄酶，逆轉錄酶	reverse transcriptase
反转录因子,逆转录因子	反轉錄因子	retroelement
反转录转座子,逆转座子	反轉錄子，逆轉位子	retrotransposon，retroposon
反转录转座[作用]	反轉錄轉位作用	retrotransposition，retroposition
反转录子	反轉錄子	retron
返祖[现象]	祖型再現，反祖現象	atavism
泛生说	泛生說	theory of pangenesis
泛素，遍在蛋白质	泛素，泛激素	ubiquitin
泛主质粒	泛主質體	promiscuous plasmid
方差	①方差，變方 ②變異	variance
方差分析	變異數分析，變方分析	analysis of variance
方差分析模型	方差分析模式	variance analysis model
方差有效含量	方差有效含量	variance population size
彷徨变异	波動變異	fluctuating variation
纺锤体	紡錘體	spindle

大　陆　名	台　湾　名	英　文　名
纺锤体着生区	紡錘絲附著區	spindle attachment region
放射融合基因转移	放射融合基因轉移	irradiation and fusion gene transfer，IFGT
放射自显影术	放射自顯影術	autoradiography
非保守突变	非保守性突變	nonconservative mutation
非保守性替代	非保守性取代	nonconservative substitution
非编码功能序列	非編碼功能序列	non-coding functional sequence
非编码链	非編碼股，未編碼股	non-coding strand
非编码 DNA 链	非編碼股 DNA，非密碼股 DNA，非譯碼股 DNA	non-coding DNA strand
非编码区	非編碼區	non-coding region，NCR
非编码调控 RNA	非編碼調控 RNA	non-coding regulatory RNA
非编码调控区	非編碼調控區	non-coding regulatory region
非编码序列	非編碼序列	non-coding sequence
非常规重组(=异常重组)		
非常规转录(=异常转录)		
非重叠三联体	非重疊三聯體	non-overlapping triplet
非重复 DNA	非重複 DNA	nonrepetitive DNA
非重复序列	非重複序列	nonrepetitive sequence
非达尔文进化	非達爾文演化，非達爾文進化	non-Darwinian evolution
非单着丝粒染色体	非單著絲點染色體，異數中節染色體	aneucentric chromosome
非等位基因	非對偶基因	non-allele
非等位基因间相互作用	非對偶基因間交互作用	nonallelic interaction
非端着丝粒染色体	非末端中節染色體	atelocentric chromosome
非翻译区	非轉譯區，未轉譯區，不轉譯區	untranslated region，non-translational region，UTR
非翻译序列	非轉譯序列	non-translated sequence
非放射性[基因]探针	非放射性探針	nonradioactive probe
非复制型重组	非相互重組	nonreciprocal recombination
非复制型转座	非複製型轉位	nonreplicative transposition
非回归亲本(=非轮回亲本)		
非加性[等位基因]效	非加成性[對偶基因]	non-additive [allelic] effect

大　陆　名	台　湾　名	英　文　名
应	效應	
非加性遗传方差	非加成性遺傳變方	non-additive genetic variance
非减数分裂	非減數分裂，無減數分裂	ameiosis
非姐妹标记交换	非姐妹標記交換	non-sister label exchange
非姐妹染色单体	非姐妹染色分體	non-sister chromatid
非连续变异(=不连续变异)		
非轮回亲本，非回归亲本	非回歸親本，非輪回親本	non-recurrent parent
非孟德尔比率	非孟德爾比率	non-Mendelian ratio
非孟德尔式遗传	非孟德爾式遺傳	non-Mendelian inheritance
非模板链	非模板股	nontemplate strand
非亲[代]双型四分子，非亲二型四分子	非親型二型四分子	non-parental ditype tetrad
非亲二型(=非亲双型)		
非亲二型四分子(=非亲[代]双型四分子)		
非亲双型，非亲二型	非親型二型，非親本雙型	non-parental ditype，NPD
非染色质	非染色質	achromatin
非染色质像	非染色質像	achromatic figure
非顺序四分子	無順序四分子	unordered tetrad
非随机分配	非隨機分配	nonrandom assortment
非随机交配	非隨機配對	nonrandom mating
非条件性突变	非條件性突變	nonconditional mutation
非同位素标记	非同位素標記	non-isotope labling
非同义突变	非同義突變	nonsynonymous mutation
非同源染色体	非同源染色體	nonchromosome
非细胞自主性	非細胞自主性	non-cell autonomous
非选择性标记	無選擇性標記，非選擇標誌，未經選擇的標識基因	unselected marker
非允许条件	非許可條件，非允許條件，非容許性條件	nonpermissive condition
非允许细胞	非許可細胞，非允許細胞，非容許性細胞	nonpermissive cell
非整倍单倍体	非整倍單倍體	aneuhaploid

大　陆　名	台　湾　名	英　文　名
非整倍体	非整倍體	aneuploid，dysploid
非整倍体细胞系	非整倍體細胞系	aneuploid cell line
非整倍性	非整倍性	aneuploidy
非指定读框(=功能未定读框)		
非专一性配对	非專一性配對	non-specific pairing
非转录间隔区	非轉錄間隙區	nontranscribed spacer
非自主表型	非自主表型，異決表型	allophene
非自主基因	非自主基因	nonautonomous allele
非自主元件	非自主元件	nonautonomous element
非组蛋白(=非组蛋白型蛋白质)		
非组蛋白型蛋白质,非组蛋白	非組蛋白蛋白質	nonhistone protein，NHP
费城染色体	費城染色體	Philadelphia chromosome，Ph chromosome
分化	分化作用	differentiation
分化式物种形成	分化式種化	differentiated speciation
分化中心	分化中心	differentiation center
分节基因	分節基因	segmentation gene
分类单位，分类群	分類單元，分類群	taxon
分类群(=分类单位)		
分离	分離	segregation
分离比率	分離比率	segregation ratio
分离比偏离	分離比變相，分離比偏離	segregation ratio distortion
分离变相	分離變相，分離異常	segregation distortion，SD
分离定律	分離律	law of segregation
分离负荷	分離負荷	segregation load
分离指数	分離指數	segregation index
分离滞后	分離遲滯，分離延遲	segregation lag
分裂后异常	分裂後異常	postsplit aberration
[分裂]末期	[分裂]末期	telophase
分裂选择，歧化选择	分裂選擇，分歧性選擇	disruptive selection，diversifying selection
分泌型载体	分泌型載體	excretion vector
分支点	分支點	branch point
分支发生	系統發生，分支演化，支系發生	cladogenesis
分支迁移	分支遷移	branch migration

大　陆　名	台　湾　名	英　文　名
分支图	分支圖	branch diagram
分支位点	分支位點	branching site
分支系统学(=支序系统学)		
分子伴侣	分子伴護蛋白	molecular chaperone
分子标记	分子標記，分子標誌	molecular marker
分子病	分子病	molecular disease
分子进化	分子演化	molecular evolution
分子进化工程	分子演化工程	molecular evolutionary engineering
分子进化中性学说	分子演化中性學說	neutral theory of molecular evolution
分子克隆	分子選殖	molecular cloning
分子亲缘矩阵	分子親緣矩陣	numerator relationship matrix
分子筛过滤	分子篩過濾	molecular sieve filtration
分子识别	分子識別	molecular recognition
分子系统发生学	分子系統發生學	molecular phylogenetics
分子细胞遗传学	分子細胞遺傳學	molecular cytogenetics
分子遗传学	分子遺傳學	molecular genetics
分子杂交	分子雜交	molecular hybridization
分子钟	分子鐘	molecular clock
丰度	豐度	abundance
丰余 DNA，冗余 DNA	冗餘 DNA，豐餘 DNA	redundant DNA
封闭读框	閉鎖式解讀框架	blocked reading frame
辐射遗传学	輻射遺傳學	radiation genetics
辐射杂种细胞	放射線雜合細胞	radiation hybrid，RH
辐射杂种细胞图	放射線雜合細胞圖	radiation hybrid map，RH map
辐射杂种细胞系	放射線雜合細胞系	radiation hybrid cell line，RH cell line
辐射杂种细胞作图	放射線雜合細胞定位	radiation hybrid mapping
辅酶	輔酶，輔助酵素	coenzyme
辅因子	輔助因子	cofator
辅助病毒	輔助病毒	helper virus
辅助噬菌体	輔助噬菌體	helper phage
辅助细胞	輔助細胞	accessory cell，helper cell
辅助性状	輔助性狀	assistant trait
辅助转录因子	轉助轉錄因子	ancillary transcription factor
辅阻遏物(=协阻遏物)		
父体年龄效应	父親年齡效應	paternal age effect
父体效应基因	父體效應基因	paternal effect gene
父系性比	父系性比	paternal sex ratio

大　陆　名	台　湾　名	英　文　名
父系遗传(=父性遗传)		
父性遗传，父系遗传	父系遺傳	paternal inheritance
负超螺旋	負超螺旋	negative supercoiling，negative supercoil
负干涉	負干擾	negative interference
负互补作用，负基因互补	負互補作用	negative complementation
负基因互补(=负互补作用)		
负近交	負近交	negative inbreeding
负控制	負控制	negative control
负链	負股	negative strand，minus strand
负链 DNA	負股 DNA	minus strand DNA
负调控	負調控	negative regulation
负调控序列	負調控序列	negative regulatory sequence
负调控元件	負調控元件	negative regulatory element，NRE
负选型交配(=异型交配)		
负选择	負選擇	negative selection
负异固缩	負向異固縮，負異常凝縮	negative heteropycnosis
负载	負載	charging
负增强子	負強化子	negative enhancer
附加单倍体	有多餘染色體的單倍體	addition haploid
附加体	游離基因體，附加體	episome
附加系	[染色體數]添加系，加成系	addition line
复等位基因	複對偶基因，多重對偶基因，複等位基因	multiple allele
复发风险(=再现风险)		
复合非整倍体	複合非整倍體	complex aneuploid
复合基因座	複合基因座，複合位點	complex locus
复合突变	複合突變	complex mutant
复合型转座	複合式轉位，複合性移位	composite transposition
复合易位	複合易位	complex translocation
复合杂合子	複合異型合子，混合異質結合體	compound heterozygote

大　陆　名	台　湾　名	英　文　名
复合转座子	複合轉位子，複合式跳躍子，組合式跳躍子	composite transposon
复交叉	複交叉	multiple chiasma
复系，多系	複系群，多系	polyphyly
复性	復性	renaturation
复性动力学	復性動力學	reassociation kinetics
复选择交配	複選交配	multiple choice mating
复杂性	複雜性	complexity
复杂性状	複合性狀	complex trait
复制	複製	replication
RNA 复制	RNA 複製	RNA replication
θ 复制	θ 複製	theta replication
复制策略	複製策略	replication strategy
复制叉	複製叉	replicating fork，replication fork
复制错误	複製錯誤	copy error，replication error
复制带	複製帶	replication band
复制单位	複製單位	replicative unit
复制蛋白 A	複製蛋白 A	replication protein A，RPA
复制倒位	複製倒位	duplicative inversion
复制合成	複製合成	replicative synthesis
复制后错配修复	複製後錯配修復	post-replicative mismatch repair
复制后修复	複製後修復	post-replication repair
复制滑移，复制跳格	複製滑移，複製跳格	replication slipping，replication slippage
复制结合	複製結合	replication banding
复制酶	複製酶	replicase
RNA 复制酶	RNA 複製酶	RNA replicase
复制泡	複製泡	replication bubble
复制起点	複製起點	origin of replication，replication origin
复制起始识别复合体，起始点识别复合体	起點辨識複合物	origin recognition complex，ORC
复制缺陷突变体	複製缺陷突變種，複製缺陷突變體	replication-deficient mutant
复制时区	複製時區	replication time zone
复制体	複製體	replisome
复制跳格(=复制滑移)		
复制型	複製型	replication form
复制型转座	複製轉位	replicative transposition
复制性可转座因子	複製性可轉位因子	replicative transposable element

大　陆　名	台　湾　名	英　文　名
复制许可因子	複製許可因子	replication licensing factor
复制眼	複製眼	replicative eye
复制因子	複製因子，複製基因	replicator
复制因子 C	複製因子 C	replication factor C，RFC
复制中间体	複製中間體，複製中間物	replicative intermediate
复制终止蛋白	複製終止蛋白	replication terminator protein，RTP
复制子	複製子	replicon
复壮	復壯，回春	rejuvenescence
副核	副核，附核	accessory nucleus，nebenkern
副密码子	副密碼子	paracodon
副染色体	副染色體，附染色體	accessory chromosome
副染色质	副染色質	parachromatin
副体节	擬體節，副體節	parasegment
副突变	副突變	paramutation
副缢痕(=次缢痕)		
富含 AU 元件	富含 AU 之元件	AU-rich element，ARE

G

大　陆　名	台　湾　名	英　文　名
RNA 干扰	RNA 干擾	RNA interference，RNAi
干扰范围	干擾範圍	interference range
mRNA 干扰互补 RNA	mRNA 之干擾互補 RNA	mRNA interfering complementary RNA
干扰距离	干擾距離	interference distance
干扰因子	干擾因子	interference factor
干涉	干擾	interference
感染周期	感染週期	infection cycle
感受态	感受態	competence
干细胞	幹細胞	stem cell
干[细胞]系	幹[細胞]系	stem line
冈崎片段	岡崎片段	Okazaki fragment
高变区，超变区	超變區	hypervariable region，HVR
高度重复 DNA	高度重複 DNA	highly repetitive DNA
高度重复序列	高度重複序列	highly repetitive sequence
高尔顿定律	戈耳頓氏法則，高爾頓法則	Galton's law

大　陆　名	台　湾　名	英　文　名
高分辨[染色体]显带	高分辨顯帶	high resolution [chromosome] banding
高分辨显带技术	高分辨顯帶技術	high resolution banding technique
高丰度 mRNA	高豐度 mRNA	abundance mRNA
高密度遗传图	高密度遺傳圖	dense genetic map
高频重组	高頻重組	high frequency of recombination，Hfr
高频重组菌株	高頻重組菌株，高頻菌株	high frequency of recombination strain，Hfr strain
高频转导	高頻轉導	high frequency transduction
高速泳动族蛋白，HMG 蛋白	HMG 蛋白	high-mobility group protein，HMG protein
高通量基因组	高通量基因體	high throughput genome，HTG
高通量基因组测序	高通量基因體定序	high throughput genome sequencing
高效液相层析	高效液相層析	high performance 1iquid chromatography，HPLC
高压液相层析	高效能液相層析法	denaturing high-performance liquid chromatography，DHPLC
戈德堡-霍格内斯框（=TATA 框）		
割裂基因，断裂基因	斷裂基因，阻斷基因，間斷基因	split gene，interrupted gene
隔代遗传	隔代遺傳	skipped generation
隔离	隔離	isolation
隔离估计	隔離估計	isolation estimate
隔离机制	隔離機制，分離機制	isolation mechanism
隔离基因	隔離基因	isolation gene
隔离群	隔離群	isolate
隔离群体	隔離群體	isolated population
隔离指数	隔離指數	isolation index
个体发生，个体发育	個體發生	ontogeny，ontogenesis
个体发育(=个体发生)		
个体选择	個體選擇	individual selection
根癌诱导质粒(=Ti 质粒)		
工业黑化现象	工業黑化現象	industrial melanism
功能互补	功能互補	functional complementation
功能获得突变	功能獲得突變	gain-of-function mutation
功能基因组	功能基因體	functional genome
功能基因组学	功能基因體學	functional genomics，function genomics

大　陆　名	台　湾　名	英　文　名
功能克隆	功能選殖	functional cloning
功能失去突变	功能喪失突變	loss-of-function mutation
功能未定读框,非指定读框	功能未定讀碼區，非指定解讀框架	unassigned reading frame
功能性重复基因序列	功能性重複基因序列	functional repetitive gene sequence
功能性[复制]起点	功能性[複製]起點	functional origin
功能异染色质(=兼性异染色质)		
供体	供體，給體	donor
供体位点	供點，提供點	donor site
共变子	共變子	covarion
共翻译	共轉譯[的]	cotranslation
共翻译分泌	共轉譯分泌	cotranslational secretion
共翻译切割	共轉譯切割	cotranslational cleavage
共翻译糖基化	共轉譯糖基化	cotranslational glycosylation
共翻译移码	共轉譯移碼	cotranslational frameshifting
共翻译整合	共轉譯整合	cotranslational integration
共翻译转移	共轉譯轉移，共同移動的轉移	cotranslational transfer
共翻译转运	共轉譯變位，共同移動的變位	cotranslational translocation
共分离	共分離	co-segregation
共合体	共合體	cointegrant
共价闭合环状 DNA，共价闭环 DNA	共價密環型 DNA	covalently closed circular DNA，cccDNA
共价闭合松弛 DNA	共價密合鬆弛 DNA，共價密環鬆弛 DNA，共價封閉環鬆弛 DNA	covalently closed relaxed DNA
共价闭环	共價密環，共價封閉環	covalently closed circle，CCC
共价闭环 DNA(=共价闭合环状 DNA)		
共价延伸	共價延伸	covalent elongation，covalent extension
共扩增系统	共擴增系統	coamplification system
共亲系数	共親係數，共祖係數	coancestry coefficient
共适应,互适应	共適應，互適應	coadaptation
共同环境效应	共同环境效应	common environmental effect
共同衍征	共同衍徵	synapomorphy

大　陆　名	台　湾　名	英　文　名
共同祖征	共同祖徵	symplesiomorphy
共显性，等显性	等顯性，共顯性	codominance
共显性等位基因	等顯性對偶基因	codominant allele
共线性	共線性	colinearity
共线性转录物	共線性轉錄物	colinear transcript
共抑制(=共阻抑)		
共有序列	一致序列，共有順序	consensus sequence
共整合质粒	共整合質體	cointegrating plasmid
共转变	共轉變	coconversion
共转导	共轉導，互轉導	cotransduction
共转化	共轉化	cotransformation
共转录	共轉錄	cotranscription
共转录调节	共轉錄調節	cotranscriptional regulation
共转录物	共轉錄物	cotranscript
共转染	共轉染	cotransfection
共阻抑，共抑制	共抑制	cosuppression
估计传递力	估計傳遞力	estimated transmit ability
估计育种值	估計育種值	estimated breeding value
孤雌生殖，单性生殖	孤雌生殖，單性生殖	parthenogenesis
孤独基因	孤生基因	orphan gene，orphon
孤雄生殖，雄核发育，单雄生殖	雄性生殖，孤雄生殖	patrogenesis，androgenesis
骨发生	骨質生成	osteogenesis
骨骺生长板	骨骼生成板，骨骼生長板	epiphyseal growth plate
骨化，成骨	骨化作用	ossification
骨细胞	骨細胞	osteocyte
固定等位基因模型	固定對偶基因模型	fixed allele model
固定效应	固定效應	fixed effect
固定效应模型	固定效應模型	fixed effect model
固定指数	固定作用指數	fixation index
固定指数概率	固定作用指數概率	fixation index probability
固定指数时间	固定作用指數時間	fixation index time
固缩	固縮現象	pycnosis，pyknosis
寡核苷酸	寡[聚]核苷酸	oligonucleotide
寡核苷酸定点诱变[作用]	寡核苷酸定點突變	oligonucleotide-directed mutagenesis
寡核苷酸连接测定，寡	寡核苷酸連接測定法	oligonucleotide ligation assay，OLA

大　陆　名	台　湾　名	英　文　名
核苷酸连接分析		
寡核苷酸连接分析 　(=寡核苷酸连接测 　定)		
寡核苷酸探针	寡核苷酸探針	oligonucleotide probe
寡核苷酸诱变	寡核苷酸誘變	oligonucleotide mutagenesis
寡基因	寡基因	oligogene
寡脱氧核苷酸	寡聚去氧核苷酸	oligeodoxynucleotide，ODN
挂锁探针	掛鎖探針	padlock probe
关卡(=检查点)		
关联	配對	association
关联 tRNA	關聯 tRNA	cognate tRNA
冠瘿病	冠瘿病	crown-gall disease
管家基因(=持家基因)		
光复活修复	光致活化修復	photoreactivation repair
广谱宿主范围	廣義宿主範圍	broad host range
广义遗传力(=广义遗 　传率)		
广义遗传率,广义遗传 　力	廣義遺傳率	broad heritability，broad-sense heritability， 　heritability in the broad sense
广义最小二乘	廣義最小平方	generalized least square
归巢内含子和内含肽	自導引内含子和内蛋 　白子	homing intron and intein
归巢 DNA 内切酶	自導引 DNA 内切酶	homing DNA endonuclease
规范化基因一致度 　(=均一化基因一致 　度)		
规范化 cDNA 文库 　(=均一化 cDNA 文 　库)		
规范序列	標準序列	canonical sequence
滚环复制	滾環複製	rolling-circle replication
果实直感	果實直感	metaxenia，ectogeny
过渡型	過渡型	transitional type
过渡性多态现象(=过 　渡性多态性)		
过渡性多态性,过渡性 　多态现象	過渡性多態現象	transient polymorphism

大　陆　名	台　湾　名	英　文　名
过客 DNA	過客 DNA	passenger DNA
过早分裂	過早分裂	precocious division

H

大　陆　名	台　湾　名	英　文　名
哈迪-温伯格法则	哈迪-溫伯格法則	Hardy-Weinberg law
哈迪-温伯格平衡	哈迪-溫伯格平衡	Hardy-Weinberg equilibrium
海拉细胞	海拉細胞，HeLa 細胞	HeLa cell
合胞特化	合胞特化	syncytial specification
合胞体	合胞體	syncytium，syncytia（复）
合并选择	組合選擇	combined selection
合并选择指数	組合選擇指數	combined selection index
合成后期，G_2 期	合成後期	postsynthetic phase，postsynthetic gap$_2$ period，G_2 phase
合成期(=S 期)		
合成前期，G_1 期	合成前期	presynthetic phase，presynthetic gap$_1$ period，G_1 phase
合核	合[子]核，結合核	synkaryon，syncaryon
合核体，融合体	合核體	synkaryon，syncaryon
合线期(=偶线期)		
合子	合子	zygote
合子后隔离	合子後隔離	postzygotic isolation
合子基因	合子基因	zygotic gene
合子前隔离，生殖前隔离	生殖前隔離	prezygotic isolation
合子诱导	合子誘導	zygotic induction
合子作用基因	合子代理基因	zygotically acting gene
核 DNA	核 DNA	nuclear DNA
核 RNA	核 RNA	nuclear RNA
核表型	核表型	nuclear phenotype
核不均一 RNA(=核内异质 RNA)		
核蛋白体(=核糖体)		
核定位序列	核定位序列	nuclear localization sequence，NLS
核分离现象	核分離	nuclear segregation
核分裂	核分裂	karyokinesis，nuclear division
核复制	核複製	nuclear duplication

大　陆　名	台　湾　名	英　文　名
核苷酸	核苷酸	nucleotide
核苷酸插入	核苷酸插入	nucleotide insertion
核苷酸倒位	核苷酸倒位	nucleotide inversion
核苷酸颠换	核苷酸置换	nucleotide transversion
核苷酸对	核苷酸對	nucleotide pair
核苷酸对置换	核苷酸對取代	nucleotide-pair substitution
核苷酸切除修复	核苷酸切除修復	nucleotide excision repair，NER
核苷酸缺失	核苷酸缺失	nucleotide deletion
核苷酸置换	核苷酸取代	nucleotide substitution，nucleotide replacement
核固缩	核固縮	karyopyknosis
核基因组	核基因體	nuclear genome
核基质	核基質	nuclear matrix
[核]基质附着区	基質附著區	matrix attachment region，MAR
核孔	核孔	nuclear pore
核孔复合体	核孔複合體，核孔複合物	nuclear pore complex
核帽	核蓋	nuclear cap
核酶，酶性核酸	核[糖]酶，核糖酵素	ribozyme
核膜	核膜	nuclear membrane
核内倍增，核内复制	核内複製	endoduplication
核内多倍体	核内多倍體	endopolyploid
核内多倍性	核内多倍性	endopolyploidy
核内复制(=核内倍增)		
核内含子	核内含子	nuclear intron
核内流量测定	核内流量測定	nuclear run-off assay
核内小 RNA	核内小 RNA	small nuclear RNA，snRNA
核[内]小核糖核蛋白	微小核酸核糖蛋白	small nuclear ribonucleoprotein，snRNP
核[内]小核糖核蛋白体	核内小核糖核蛋白體	snurposome
核内异质 RNA，核不均一 RNA	不均一核 RNA，異源核 RNA	heterogeneous nuclear RNA，hnRNA
核内有丝分裂	核内有絲分裂	endomitosis
核内再复制	核内再複製	endoreduplication
核配	核融合	karyogamy
核仁	核仁	nucleolus
核仁 DNA	核仁 DNA	nucleolar DNA
核仁核糖核蛋白颗粒	核仁核糖核酸蛋白粒子	nucleolar ribonucleoprotein particle

大　陆　名	台　湾　名	英　文　名
核仁内小 RNA	核仁内小 RNA	small nucleolar RNA，snoRNA
核仁旁染色质	核仁旁染色質	nucleolus associated chromatin
核仁组织区	核仁組織區	nucleolar organizing region，nucleolus organizing region，NOR
核仁组织者	核仁組成者	nucleolus organizer
核溶解	核解	karyolysis
核融合	核融合	karyomixis
核受体	核受體	nuclear receptor
核受体家族	核受體家族	nuclear receptor family
核双型现象,核双型性	核的雙型性	nuclear dimorphism
核双型性(=核双型现象)		
核素	核素	nuclein
核酸	核酸	nucleic acid
核酸分子杂交	核酸[分子]雜交	nucleic acid hybridization
核酸酶	核酸酶	nuclease
S1 核酸酶	S1 核酸酶	S1 nuclease
核酸酶作图	核酸酶定位	nuclease mapping
S1 核酸酶作图	S1 核酸酶定位	S1 nuclease mapping
核酸探针	核酸探針	nucleic acid probe
核酸外切酶(=外切核酸酶)		
核酸外切酶编辑(=外切核酸酶编辑)		
核酸芯片	核酸晶片	nucleic acid chip
核酸序列分析	核酸序列分析	nucleic acid sequence analysis
核酸组蛋白	核組織蛋白	nucleohistone
核碎裂	核斷裂	nuclear fragmentation
核糖	核糖，核醣	ribose
核糖核蛋白	核糖核蛋白	ribonucleoprotein，RNP
核糖核苷	核糖核苷	ribonucleoside
核糖核酸	核糖核酸	ribonucleic acid，RNA
核糖核酸酶	核糖核酸酶	ribonuclease，RNase
核糖核酸酶保护测定	核糖核酸酶保護檢驗	ribonuclease protection assay，RNase protection assay
核糖体,核蛋白体	核糖體，核醣體	ribosome
核糖体 DNA	核糖體 DNA	ribosomal DNA，ribosome DNA，rDNA
核糖体 RNA	核糖體 RNA	ribosomal RNA，rRNA

大　陆　名	台　湾　名	英　文　名
核糖体蛋白	核糖體蛋白	ribosomal protein
核糖体 RNA 基因	核糖體 RNA 基因	ribosomal RNA gene
核糖体结合位点	核糖體結合位點	ribosome binding site
核糖体结合序列	核糖體結合序列	ribosome binding sequence，RBS
核糖体识别位点	核糖體識別位點	ribosome recognition site
核糖体释放因子	核糖體釋放因子	ribosome releasing factor，RRF
核外遗传	核外遺傳	extranuclear inheritance
核外遗传因子	核外遺傳因子	extranuclear genetic element
核小体	核小體，染色質單體	nucleosome
核小体分相	核小體分相	nucleosome phasing
核小体核心	核小體核心	nucleosome core
核小体核心颗粒	核小體核心顆粒	nucleosome core particle
核心 DNA	核心 DNA	core DNA
核心启动子	核心啟動子	core promoter
核心启动子元件	核心啟動子元件	core promoter element
核心序列	核心序列	core sequence
核形态学	核形態學	karyomorphology
核型，染色体组型	染色體組型，核型	karyotype，caryotype
核型分类学	核型分類學	karyotaxonomy
核型分析	核型分析	karyotype analysis，karyotyping
核型模式图	核型模式圖，染色體模式圖	idiogram
核型图	核型圖	karyogram，caryogram
核性别	核性別	nuclear sex
核性别鉴定	核性別鑑定	nuclear sexing
核移植	核移殖	nuclear transplantation
核遗传学	核遺傳學	karyogenetics
核质	核質	nucleoplasm，karyoplasm
核质比	核質比[率]	nucleo-cytoplasmic ratio
核质不亲和性	核質不親和性	nucleo-cytoplasmic incompatibility
核质相互作用	核質相互作用	nucleo-cytoplasmic interaction
核质杂种细胞	核質雜種細胞	nucleo-cytoplasmic hybrid cell
核中裂	核中裂	nuclear disruption
盒式模型，组件模型	盒式模型	cassette model
盒式诱变	盒式誘變	cassette mutagenesis
赫尔希-蔡斯实验	赫希-卻斯實驗	Hershey-Chase experiment
亨廷顿病	亨丁頓舞蹈症	Huntington disease，HD
恒定区	恒定區	constant region

大 陆 名	台 湾 名	英 文 名
宏观进化，越种进化	巨演化，宏觀演化，廣 進化	macroevolution
宏观限制性图谱	巨觀限制圖，巨觀限制 酶圖譜	macrorestriction map
后成说，渐成论	後生說，漸成說	epigenesis
后代	後代，後裔	progeny
后代测验	後代測驗，後代檢測， 後裔測驗	progeny testing
后减数分裂	後減數分裂	postmeiotic division
后期	後期	anaphase
后期促进复合物	後期促進複合體	anaphase-promoting complex，APC
后期滞后	後期遲延	anaphase lag
后随链	延遲股，間歇股	lagging strand
后验概率	後概率	posterior probability
后缘区	後緣區	posterior marginal zone
候选基因	候選基因	candidate gene
候选基因分析	候選基因分析	candidate gene approach
琥珀密码子	琥珀密碼子	amber codon
琥珀突变	琥珀突變，琥珀校正	amber mutation
琥珀突变体，琥珀突变 型	琥珀突變體	amber mutant
琥珀突变型(=琥珀突 变体)		
琥珀突变抑制基因 (=琥珀突变阻抑基 因)		
琥珀突变阻抑基因，琥 珀突变抑制基因	琥珀[型]突變基因，琥 珀校正基因	amber suppressor
互变异构体	異構互變體	tautomer
互变异构移位	轉位異構互變	tautomeric shift
互补	互補	complementary
α 互补	α 互補	alpha complemention，α-complementation
互补 DNA	互補 DNA	complementary DNA，cDNA
互补 RNA	互補 RNA	complementary RNA，cRNA
互补测验	互補測驗	complementation test
互补分析	互補分析	complementation analysis
互补基因	互補基因	complementary gene
互补碱基	互補鹼基	complementary base

大　陆　名	台　湾　名	英　文　名
互补交配	互補交配	complementary mating
互补决定区	互補決定區	complementary-determining region，CDR
互补链	互補股	complementary chain，complementary strand
互补群	互補群	complementation group
互补 DNA 探针	互補 DNA 探針	complementary DNA probe，cDNA probe
互补图	互補圖	complementation map
互补 DNA 文库,cDNA 文库	互補 DNA 文庫,cDNA 文庫	complementary DNA library，cDNA library
互补效应	互補效應	complementary effect
互补性	互補性	complementarity
互补转录物	互補轉錄物	complementary transcript
互补作用	互補作用	complementation
互斥相，反式相	互斥相	repulsion phase
互适应(=共适应)		
互引相，顺式相	相引相	coupling phase
互作效应	交互作用效應	interaction effect
花斑	花斑[現象]	variegation
花斑染色体	雜色染色體	harlequin chromosome
花斑位置效应	花斑位置效應，混雜位置效應	variegated position effect
滑动钳(=滑卡)		
滑卡，滑动钳	滑動鉗	sliding clamp
化生(=组织转化)		
化学测序法	Maxam-Gilbert 法	Maxam-Gilbert method，chemical method of DNA sequencing
化学基因组学	化學基因體學	chemical genomics
化学进化	化學演化，化學進化	chemical evolution
坏死	壞死	necrosis
环	環	loop
D 环，替代环	D 環	displacement loop，D loop
R 环	R 環	R loop
环境方差	環境變方，環境變異數	environmental variance
环境基因组计划	環境基因體計畫	environmental genome project
环境基因组学	環境基因體學	environmental genomics
环境相关[性]	環境相關性	environmental correlation
环境效应	環境效應	environmental effect
环境协方差	環境協變方	environmental covariance

大　陆　名	台　湾　名	英　文　名
环状 DNA	環狀 DNA	circular DNA
环状结构域	環狀結構域	loop domain
环状染色体	環狀染色體，環形染色體	ring chromosome
R 环作图	R 環定位	R loop mapping
恢复系	恢復系，回復系	restorer
回复突变，反突变	回復突變	back mutation，reverse mutation，reversion
回复[突变]体	回復突變種，回復突變體	revertant，reversible mutant
回归方程	回歸方程	regression equation
回归分析	回歸分析	regression analysis
回归亲本(=轮回亲本)		
回归系数	回歸係數	regression coefficient
回交	回交，反交	backcross，back cross，back crossing
回交亲本	回交親本，反交親本	backcross parent
回文对称(=回文序列)		
回文序列，回文对称	迴文[序列]，旋轉對稱序列	palindrome，palindromic sequence
混倍体	混倍體	mixoploid
混倍性	混倍性	mixoploidy
混合多倍体	混合多倍體	poikiloploid
混合感染	混合感染	mixed infection
混合家系	混合家系	mixed family
混合模型	混合模型	mixed model
混合模型方程组	混合模型方程式	mixed model equations，MME
混合选择	混合選擇	mass selection
混合遗传，融合遗传	融合遺傳	blending inheritance
活体外基因治疗,先体外后体内基因治疗	活體外基因治療	*ex vivo* gene therapy
活体外基因转移,先体外后体内基因转移	活體外基因轉移	*ex vivo* gene transfer
活性部位，活性中心	活性部位，活性中心	active site，active center
活性盒	活性盒	active cassette
活性染色质	活性染色質	active chromatin
活性中心(=活性部位)		
获得性状	後天性狀，獲得性狀	acquired character
获得性状遗传	獲得性狀遺傳	inheritance of acquired character
获能	精子獲能過程	capacitation

大　陆　名	台　湾　名	英　文　名
霍尔丹法则	海爾登氏法則	Haldane's rule
霍利迪结构	何氏結構	Holliday structure
霍利迪连接体	何氏連接體	Holliday junction
霍利迪模型	何氏模型	Holliday model

J

大　陆　名	台　湾　名	英　文　名
肌管	肌[小]管	myotube
肌红蛋白	肌紅蛋白，肌紅素	myoglobin
奇[数]多倍体	奇[數]多倍體，不定數多倍體	anisopolyploid
基本种	基本種	elementary species
基础水平元件	基礎水平元件	basal level element，BLE
基础转录	基礎轉錄	basal transcription
基础转录因子	基礎轉錄因子	basal transcription factor
基础转录装置	基礎轉錄裝置	basal transcription apparatus
基底细胞癌	基底細胞癌	basal cell carcinoma
基因	基因	gene
C 基因	C 基因	constant gene，C gene
cI 基因	*cI* 基因	*cI* gene
D 基因	D 基因	diversity gene，D gene
Hox 基因	*Hox* 基因	*Hox* gene
J 基因	J 基因	joining gene，J gene
nod 基因(=结瘤基因)		
V 基因	V 基因	variable gene，V gene
基因靶向(=基因打靶)		
基因倍增(=基因重复)		
基因表达	基因表達，基因表現	gene expression
基因表达系列分析	基因表達系列分析	serial analysis of gene expression，SAGE
[基因]表达子	表達子	expressor
基因捕获	基因捕獲，基因捕抓，基因陷阱	gene trap
基因捕获载体	基因捕獲載體	gene trap vector
基因裁剪	基因裁剪	gene tailor
基因操作(=遗传操作)		
基因沉默	基因默化	gene silencing
基因重复，基因倍增	基因重複	gene duplication

大　陆　名	台　湾　名	英　文　名
基因重组	基因重組	gene recombination
基因簇	基因簇，基因群	gene cluster
基因打靶，基因靶向	基因標的	gene targeting
基因定位	基因定位	gene localization
基因定位图	基因定位圖	gene based map
基因多态性	基因多態性	gene polymorphism
基因多效性	基因多效性	gene pleiotropism
基因多样性	基因多樣性，基因多歧性	gene diversity
基因非翻译区	基因非轉譯區	non-translational region of gene
基因分化	基因分化	gene differentiation
基因分化系数	基因分化係數	coefficient of gene differentiation
基因分析	基因分析	gene analysis
基因丰余，基因冗余	基因冗餘，基因豐餘	gene redundancy
基因复合体	基因綜合體	gene complex
基因跟踪	基因追蹤	gene tracking
基因工程(=遗传工程)		
基因构建体	基因構建體	gene construct
基因固定	基因固定	gene fixation，fixation of gene
基因回收	基因回收	gene eviction
基因混编	基因混編	gene shuffling
基因活化(=基因激活)		
基因激活，基因活化	基因活性	gene activation
基因剂量	基因劑量	gene dosage
基因家族	基因[家]族	gene family
基因间 DNA	基因間 DNA	intergenic DNA
基因间重组	基因間重組	intergenic recombination
基因间区	基因區間	intergenic region，IG
基因间序列	基因間序列	intergenic sequence
基因间抑制(=基因间阻抑)		
基因间阻抑，基因间抑制	基因間抑制	intergenic suppression
基因间阻抑突变	基因間抑制突變	intergenic suppressor mutation
基因剪接	基因剪接	gene splicing
基因介导的细胞死亡	基因切割細胞死亡	gene directed cell death
基因聚类分析	基因聚類分析	gene clustering
基因拷贝	基因複製	gene copy

大 陆 名	台 湾 名	英 文 名
基因克隆	基因繁殖	gene cloning
基因库	基因庫	gene pool
基因扩增	基因增殖，基因擴大	gene amplification
基因流	基因流[動]	gene flow
基因密度	基因密度	gene density
基因免疫	基因免疫	gene immunization
基因内重组	基因內重組	intragenic recombination
基因内互补	基因內互補	intragenic complementation
基因内回复	基因內回復	intragenic reversion
基因内基因	基因內基因	gene within gene
基因内交换	基因內交換	intragenic crossing-over
基因内启动子	基因內啟動子	intragenic promoter
基因内删除	基因內刪除	intragenic deletion
基因内抑制(=基因内阻抑)		
基因内阻抑，基因内抑制	基因內阻遏，基因內抑制	intragenic suppression
基因内阻抑突变	基因內阻遏突變，基因內抑制突變	intragenic suppressor mutation
基因偶联	基因耦聯	coupling of gene
基因片段	基因片段	gene segment
C 基因片段	C 基因片段	C gene segment
D 基因片段	D 基因片段	D gene segment
V 基因片段	V 基因片段，可變區基因片段	V gene segment
基因频率	基因頻率	gene frequency
基因频率分布	基因頻率分佈	gene frequency distribution
基因频率随机变化	基因頻率的隨機變化	stochastic change of gene frequency
基因频率稳定分布	基因頻率穩定分佈	gene frequency stationary distribution
基因频率稳定衰退分布	基因頻率穩定衰退分佈	gene frequency steady decay distribution
基因平衡	基因平衡	genic balance
基因平均置换时间	基因平均置換時間	average gene substitution time
基因破坏	基因破壞	gene disruption
基因敲除，基因剔除	基因剔除	gene knockout
基因敲减，基因敲落	基因沖減，基因弱化	gene knockdown
基因敲落(=基因敲减)		
基因敲入	基因標的轉殖	gene knockin

大　陆　名	台　湾　名	英　文　名
基因趋异	基因趨異	gene divergence
基因融合	基因融合	gene fusion
基因冗余(=基因丰余)		
基因失活	基因失活	gene inactivation
基因树	基因樹	gene tree
基因顺序	基因順序	gene order
基因探针	基因探針	gene probe
基因特异性转录因子	基因特異性轉錄因子	gene-specific transcription factor
基因剔除(=基因敲除)		
基因调节	基因調節	gene regulation
基因同一性(=基因一致性)		
基因突变	基因突變	gene mutation
基因图[谱]	基因圖	gene map
基因网络	基因網絡	gene network
基因文库	基因文庫，基因圖書館	gene library，gene bank
基因线	基因線	genonema，genophore
基因相互作用	基因交互作用，基因相互作用	gene interaction
基因型	基因型	genotype
基因型比值	基因型比率	genotypic ratio
基因型表达	基因型表現	genotypic expression
基因型方差	基因型方差，基因型變方	genotypic variance
基因型分型	基因型分型	genotyping
基因型混合	基因型混合	genotypic mixing
基因型距离	基因型距離	genotypic distance
基因型频率	基因型頻率	genotypic frequency
基因型与环境互作	基因型與環境交互作用	genotype by environment interaction
基因型值	基因型值	genotypic value
基因学说	基因學說	gene theory
基因一致性，基因同一性	基因一致性	gene identity
基因遗迹	基因遺跡	gene relics
基因疫苗	基因疫苗	gene vaccine
基因增强	基因增殖，基因擴增	gene augmentation
基因增强治疗	基因增殖治療	gene augmentation therapy
基因诊断	基因診斷	gene diagnosis

大　陆　名	台　湾　名	英　文　名
基因指纹(=遗传指纹)		
基因治疗	基因治療	gene therapy
基因置换	基因取代，基因代換，基因替換	gene substitution，gene replacement
基因置换率	基因取代[速]率	rate of gene substitution
基因转变，基因转换	基因轉變，基因轉換	gene conversion，conversion
基因转换(=基因转变)		
基因转移	基因轉移	gene transfer，transgenosis
基因转座	基因轉座，基因轉位	gene transposition
基因组	基因體，基因組	genome
基因组 DNA	基因體 DNA	genomic DNA
基因组不等价	基因體不等價	genomic nonequivalence
基因组错配扫描	基因體錯配掃描	genome mismatch scanning，GMS
基因组当量	基因體當量	genome equivalent
基因组等价	基因體等價	genomic equivalence
基因组多样性计划	基因體多樣性計畫	genome diversity program
基因组复杂度	基因體複雜度，複雜度基因體	genome complexity
基因组扫描	基因體掃描	genome scanning
基因组探针	基因體探針	genomic probe
基因组文库	基因體[文]庫，基因體資料庫	genomic library
基因组信息学	基因體資訊學	genome informatics
基因组序列草图	基因體初稿序列	draft genome sequence
基因组学	基因體學	genomics
基因组印记	基因體印痕，基因體印記，基因體指紋效應	genomic imprinting
基因组原位杂交	基因體原位雜交	genomic *in situ* hybridization，GISH
基因组指纹图	基因體指紋圖	genome fingerprinting map
基因组作图	基因體定位，基因體圖譜，基因組輿圖	genomic mapping
基因作用	基因作用	gene action
基因座	基因座，位點	locus
HLA 基因座	HLA 基因座	HLA locus
MAT 基因座	交配型座位，接合型座位	MAT locus
基因座控制区	基因座控制區	locus control region，LCR
基因座连锁分析	基因座連鎖分析	locus linkage analysis

大　陆　名	台　湾　名	英　文　名
基因座异质性	基因座異質性	locus heterogenicity
畸变	異常	aberration
畸变率	變異率	aberration rate
畸胎癌	畸胎癌	teratocarcinoma, teratoma
畸形	畸形, 畸型	malformation
激活-解离系统, Ac-Ds 系统	Ac-Ds 系統, 活化基因-離異基因系統, 自動轉位子-被動轉位子系統	activator-dissociation system, Ac-Ds system
激活因子	活化因子	activator, Ac
激酶	激酶	kinase
激素应答元件	激素反應元[件], 激素反應要素	hormone response element
吉姆萨带(=G 带)		
级进杂交	級進雜交	grading up
级联反应	級聯反應	cascade response
即早期基因	速發早期基因, 迅早期基因, 即早期基因	immediate early gene
极化子	極化子	polaron
极帽	極帽	polar cap
极体	極體	polar body
极细胞	極細胞	pole cell
极性活性区	極化活動區, 極化活性區	zone of polarizing activity, ZPA
极性突变	極性突變	polarity mutation
极性突变体, 极性突变型	極性突變型, 極性突變體	polarity mutant
极性突变型(=极性突变体)		
疾病基因组学	疾病基因體學	disease genomics
集落杂交(=菌落杂交)		
集群灭绝	動物相滅絕	mass extinction
集团选择	混合選擇	bulk selection
脊索中胚层	脊索中胚層	chorda mesoderm
脊柱裂	脊柱裂	spina bifida, rachischisis
嵴数	皮脊紋數, 紋數	ridge count
嵴线	紋線	ridge line
计算蛋白质组学	計算蛋白質體學	computational proteomics

大　陆　名	台　湾　名	英　文　名
计算基因组学	計算基因體學	computational genomics
LOD 记分(=对数优势比)		
ClB 技术	ClB 技術	ClB technique
剂量补偿效应	劑量代償效應	dosage compensation effect
剂量补偿作用	劑量代償作用	dosage compensation
剂量效应	劑量效應	dosage effect
季节隔离，时间隔离	季節隔離	seasonal isolation，temporal isolation
加倍剂量	加倍劑量	doubling dosage
加工	加工	processing
mRNA 加工	mRNA 加工	mRNA processing
RNA 加工	RNA 加工	RNA processing
加工蛋白酶	加工蛋白酶	processing protease
加工信号	加工訊號	processing signal
加帽	罩蓋現象	capping
mRNA 加帽	mRNA 加帽	mRNA capping
RNA 加帽	RNA 加帽	RNA capping
加帽 mRNA	加帽的 mRNA	capped mRNA
加帽位点	加帽位點	cap site
加尾	加尾	tailing
AT 加尾	AT 加尾	A-T tailing
GC 加尾	GC 加尾	G-C tailing
加 A 信号(=多腺苷酸化信号)		
加性变异	累加性變異，加成變異	additive variance
加性重组	累加性重組，加成重組	additive recombination
加性[等位基因]效应	累加[對偶基因]效應	additive [allelic] effect
加性定律	加性定律	additive theorem
加性方差	累加性變方	additive variance
加性基因	累加性基因，加性基因	additive gene
加性基因作用	累加性基因作用	additive gene action
加性遗传方差,育种值差	累加性遺傳變方	additive genetic variance
加性遗传值模型	累加性遺傳值模型	additive genetic value model
夹心法杂交	夾心雜交	sandwich hybridization
家谱(=系谱)		
家谱分析(=系谱分析)		
家系内选择	科內育種，家系內選擇	within family selection

大　陆　名	台　湾　名	英　文　名
家系选择	家系選擇	family selection
家族	家族	family
Alu 家族	*Alu* 家族	*Alu* family
CEPH 家族(=人类多态研究中心家系)		
家族性结肠癌基因	家族性結腸癌基因	familial colon cancer gene，FCC gene
家族性状	家族性狀	familial trait
Dam 甲基化	Dam 甲基化	Dam methylation
DNA 甲基化	DNA 甲基化	DNA methylation
甲基化酶	甲基化酶	methylase
甲基化[作用]	甲基化	methylation
甲胎蛋白，α 胎蛋白	甲型胎兒蛋白，α 胎兒蛋白	alpha fetoprotein，AFP
假病毒	假病毒，偽病毒	pseudovirus
假常染色体区	假常染色體區	pseudoautosomal region
假常染色体区段,拟常染色体区段	假常染色體區段	pseudoautosomal segment
假超显性	假超顯性	pseudo-overdominant
假单倍体	偽單倍體	pseudohaploid
假多倍体	假多倍體，擬多倍體	pseudopolyploid，agmatoploid
假多倍性	擬多倍性，偽多倍性	agmatoploidy
假多价体	偽多價體	pseudomultivalent
假二倍体	假二倍體，偽二倍體	pseudodiploid
假二价体	假二價體	pseudobivalent
假基因，拟基因	偽基因	pseudogene
假极性	假極性	pseudopolarity
假连锁	假連鎖，偽連鎖	pseudolinkage
假两性畸形(=假两性同体)		
假两性同体,假两性畸形	假兩性畸形	pseudo-hermaphroditism
假染色体遗传	假染色體遺傳	pseudoautosomal inheritance
假双着丝粒染色体	假雙著絲點染色體	pseudodicentric chromosome
假同臂染色体	假同臂染色體	pseudoisochromosome
假显性，拟显性	擬顯性，偽顯性	pseudodominance
假孕	假懷孕	pseudopregnancy
间插序列	插入序列，介入序列，間隔順序	intervening sequence，IVS

大　陆　名	台　湾　名	英　文　名
间充质	间質	mesenchyme
间充质细胞	间質細胞	mesenchyme cell
间带	间帶	interband
间带区(=染色粒间区)		
间介中胚层(=中段中胚层)		
间期	间期	interphase
间期复制	间期複製	interreduplication
间期核	间期核	interphase nucleus
间期周期	細胞间期循環	interphase cycle
间线	间絲	internema
间性(=雌雄间体)		
兼性异染色质,功能异染色质	兼性異染色質	facultative heterochromatin
减量调节,下调	減效調節	down regulation
减量调节物,下调物	減效調節物	down regulator
减色效应	減色效應	hypochromic effect
减数分裂	減數分裂	meiosis,reduction division
减数分裂Ⅰ	減數分裂Ⅰ	meiosis Ⅰ
减数分裂Ⅱ	減數分裂Ⅱ	meiosis Ⅱ
C减数分裂	C-減數分裂	C-meiosis
减数分裂重组	減數分裂重組	meiotic recombination
减数[分裂]后融合	減數後融合	postmeiotic fusion
减数分裂期	減數分裂期	reduction division phase
减数分裂驱动	減數分裂驅動	meiotic drive
减数分裂作图	減數分裂作圖	meiotic mapping
减数后分离	減數後分離	postmeiotic segregation
减效突变	減效突變	down mutation
剪接	剪接	splicing
mRNA 剪接	mRNA 剪接	mRNA splicing
RNA 剪接	RNA 剪接	RNA splicing
tRNA 剪接	tRNA 剪接	tRNA splicing
剪接变体	剪接變異體	splice variant
剪接复合体	剪接複合體	splicing complex
剪接供体	剪接供體	splice donor
剪接供体位点	剪接供體位點	donor splicing site
剪接接纳体(=剪接受体)		

大　陆　名	台　湾　名	英　文　名
剪接接纳位(=剪接受体位)		
剪接接头,剪接[衔接]点	剪接接頭	splice junction
剪接酶	剪接酶	splicing enzyme
剪接前导序列	剪接先導序列	spliced leader sequence，spliced leader
剪接前导序列 RNA	剪接先導序列 RNA	spliced leader RNA
剪接前体,前剪接体	前剪接體	prespliceosome
剪接受体,剪接接纳体	剪接受體	splice acceptor
剪接受体位,剪接接纳位	剪接受體位點	splice acceptor site
剪接体	剪接體	spliceosome
剪接体循环(=剪接体周期)		
剪接体周期,剪接体循环	剪接體週期	spliceosome cycle
剪接突变	剪接突變	splicing mutation
剪接位点	剪接位點	splicing site
剪接[衔接]点(=剪接接头)		
剪接信号	剪接訊號	splicing signal
剪接型重组	剪接型重組	splice recombination
剪接因子	剪接因子	splicing factor
mRNA 剪接因子	mRNA 剪接因子	mRNA splicing factor
RNA 剪接因子	RNA 剪接因子	RNA splicing factor
剪接载体	剪接載體	splicing vector
剪接增强子	剪接強化子	splicing enhancer
剪切	剪切	shear
检查点,关卡	檢查點	checkpoint
简并密码子	簡併密碼子,簡併字碼子	degenerate codon
简并[性]	簡併化	degeneracy
简单重复序列	簡單重覆序列	simple repeated sequence，SRS
简单重复序列多态性	簡單序列重覆多態性	simple sequence repeat polymorphism，SSRP
简单序列 DNA	簡單序列 DNA,單一順序 DNA	simple sequence DNA
简单序列长度多态图	簡單序列長度多態圖	simple sequence length polymorphism

大　陆　名	台　湾　名	英　文　名
		map，SSLP map
简单序列长度多态性	簡單序列長度多態性	simple sequence length polymorphism， SSLP
简单遗传	簡單遺傳	simple inheritance
简单易位	簡單易位	simple translocation
简捷法	簡捷法	short-cut method
简约法	高度節省原理，最簡約 原則	parsimony，parsimony principle
碱基	鹼基，氮基	base
碱基比	鹼基比	base ratio
碱基插入	鹼基插入	base insertion
碱基堆积	鹼基堆積	base stacking
碱基对	鹼基對，氮基對	base pair，bp
碱基类似物，类碱基	鹼基類似物	base analogue
碱基配对	鹼基配對	base pairing
碱基配对法则	鹼基配對法則	base pairing rule
碱基取代(=碱基置换)		
碱基缺失	鹼基缺失	base deletion
碱基置换，碱基取代	鹼基取代	base substitution
碱性磷酸酶	鹼性磷酸酶	alkaline phosphatase
碱性螺旋-环-螺旋	鹼性螺旋-環-螺旋	basic helix-loop-helix，bHLH
间断平衡	間斷平衡，中斷平衡	punctuated equilibrium
间断平衡说，中断平衡 进化说	中斷平衡演化說	punctuated equilibrium theory
间隔 DNA	間隔 DNA，間隙 DNA	spacer DNA
间隔区	間隔序列區	space region，spacer region
间接选择	間接選擇	indirect selection
建立者效应，奠基者效 应	建立者效應	founder effect
渐成论(=后成说)		
渐进式进化	漸進式演化	progressive evolution
渐进式物种形成(=地 理物种形成)		
渐渗杂交	漸滲雜交，趨中雜交	introgressive hybridization，introgressive crossing
浆细胞	漿細胞	plasma cell
交叉	交叉	chiasma，chiasmata(复)
交叉单面说	交叉單面說	one-plane theory of chiasma

大　陆　名	台　湾　名	英　文　名
交叉定位(=交叉局部化)		
交叉端化	交叉端化	chiasma terminalization，terminalization of chiasma
交叉干涉	交叉干擾	chiasma interference
交叉局部化,交叉定位	交叉局部化	localization of chiasma
交叉双面说	交叉雙面說	two-plane theory of chiasma
交叉位置干涉	交叉位置干擾	chiasma position interference
交叉型假说	交叉型假說	chiasma type hypothesis
交叉遗传	交叉遺傳	criss-cross inheritance
交叉中心化	交叉中心化	chiasma centralization
交错切割(=交错切口)		
交错切口，交错切割	錯開切割	staggered cut
交换	交換	crossover，crossing over
交换固定	交換固定	crossover fixation
交换配对	交換配對	exchange pairing
交换图	交換圖	crossing-over map
交换位点	交換位點	exchange site
交换抑制因子(=交换阻抑因子)		
交换值	交換值	crossing-over value
交换阻抑因子,交换抑制因子	交換抑制因子	crossover suppressor
交配	交配	mating
交配群	交配群	mating continuum
交配系统	交配系統	mating system
交配型，接合型	交配型，接合型	mating type，MAT
交配型转换	交配型轉換	mating type switching
矫正交配	矯正配種	corrective mating
校读(=校正)		
校正，校读	校讀	proofreading
校正突变	校正突變	correct mutation
酵母单杂交系统	酵母單雜交系統	yeast-one-hybridsystem
酵母附加体质粒	酵母附加型質體	yeast episomal plasmid，YEp
酵母复制型质粒	酵母複製型質體	yeast replicating plasmid，YRp
酵母克隆载体	酵母選殖載體	yeast cloning vector
酵母人工染色体	人造酵母染色體	yeast artificial chromosome，YAC
酵母整合型质粒	酵母整合型質體	yeast integrative plasmid，YIp

大 陆 名	台 湾 名	英 文 名
酵母中心粒质粒	酵母中心粒質體	yeast centromeric plasmid，YCp
阶梯等位基因	階梯對偶基因	step allele，step allelomorph
接触导向	接觸導向	contact guidance
接触抑制	接觸抑制	contact inhibition
接合 DNA 合成	接合 DNA 合成	conjugational DNA synthesis
接合后体	接合後體，後體接合	exconjugant
接合体	接合體	conjugant
接合型(=交配型)		
接合质粒	接合質體	conjugative plasmid
接合子	接合子	conjugon
接合[作用]	接合[作用]	conjugation
接纳茎	接納莖	acceptor stem
接纳位(=受[体]位)		
接头 DNA，连接 DNA	連接 DNA	linker DNA
接头片段	連接片段，連結子，連接體	linker fragment
节段单倍性	節段單倍性	segmental haploidy
节段异源多倍体	節段異源多倍體	segmental allopolyploid
θ 结构	θ 結構	θ-structure
结构纯合子	結構同型合子	structural homozygote
结构基因	結構基因	structural gene，structure gene
结构基因组学	結構基因體學	structural genomics
结构畸变	結構畸變	structural aberration
结构性异染色质(=组成性异染色质)		
结构域	結構域	structural domain
结构域倍增	結構域複製	domain duplication
结构域混编	結構域混编	domain shuffling
结构杂合子	結構異型合子	structural heterozygote
结瘤基因，*nod* 基因	結瘤基因，*nod* 基因	nodulation gene，*nod* gene
截短基因	截短基因	truncated gene
截短基因片段	截短基因片段	truncated gene fragment
截断选择	截斷選擇	truncation selection
姐妹染色单体，姊妹染色单体	姐妹染色分體，姊妹染色分體	sister chromatid
姐妹染色单体交换	姐妹染色分體互換	sister chromatid exchange，SCE
解读	解讀	reading
解离酶	分解酶，解離酶，分辨	resolvase

大　陆　名	台　湾　名	英　文　名
	酶	
解离位点	解離位點	resolution site
解离因子	解離因子	dissociator，Ds
解链温度	解鏈溫度	melting temperature
解码(=译码)		
DNA 解旋酶	DNA 解鏈酶，DNA 解旋酶	DNA helicase
界标	地標	landmark
金属硫蛋白	金屬巯基蛋白，金屬結合蛋白，金屬硫蛋白	metallothionein，MT
金属应答元件	金屬反應元[件]，金屬反應要素	metal response element，MRE
近侧区	近端區	proximal region
近侧序列元件，近端序列元件	近側序列元件	proximal sequence element，PSE
近等基因系	同源品系	coisogenic strain
近端序列元件(=近侧序列元件)		
近端着丝粒染色体，亚端着丝粒染色体	近端著絲點染色體	subtelocentric chromosome，acrocentric chromosome
近交	近交，近親交配，近親繁殖	inbreeding
近交衰退	近交衰退	inbreeding depression
近交系	近交[品]系	inbred strain，inbred line，I line
近交系数	近交係數	inbreeding coefficient，coefficient of inbreeding
近交有效含量	近交有效量	inbreeding effective size
近启动子转录物(=启动子近侧转录物)		
近亲	近親	consanguinity
近亲婚配	近親婚配	consanguineous marriage
近亲交配	近親交配	consanguineous marriage
近亲系数	近親係數，親緣係數	coefficient of consanguinity，coefficient of coancestry
近上皮细胞	近上皮細胞	adepithelial cell
近中着丝粒染色体，亚中着丝粒染色体	亞中央著絲點染色體，近中位中節染色體	submetacentric chromosome
近轴细胞	近軸細胞	adaxial cell

大　陆　名	台　湾　名	英　文　名
进化，演化	演化，進化	evolution
进化负荷	演化負荷	evolutional load
进化基因组学	演化基因體學	evolution genomics
进化节奏	演化節奏	tempo of evolution
进化论，演化论	演化論	evolutionism，evolutionary theory
进化趋势	演化趨勢	trend of evolution
进化趋异	演化趨異，演化分歧，趨異演化	evolutionary divergence
进化适应性	演化可塑性	evolutionary plasticity
进化树(=支序图)		
进化速率	演化速率	evolutionary rate
进化稳态	演化穩定	evolutionary homeostasis
[进化]系统树	系統樹	phylogenetic tree，family tree，dendrogram
进化遗传学	演化遺傳學	evolutionary genetics
进化枝	進化支，分化支，進化枝	clade
进化钟	演化鐘，進化鐘	evolutionary clock
进行性假肥大性肌营养不良	杜氏持續性肌肉萎縮症	Duchenne muscular dystrophy
经济加权值	經濟加權值	economic weight
精核(=雄核)		
精母细胞	精母細胞	spermatocyte
精确切离	精確切離	precise excision
精确性	精確性	precision
精原细胞	精原細胞	spermatogonium
精子	精子	sperm
精子发生	精子生成	spermatogenesis
精子缺乏症因子基因座	精子缺乏症因子基因座	azoospermia factor locus，AZF locus
精子细胞	精[子]細胞	spermatid
精子形成	精子形成	spermiogenesis
竞争定量 PCR	競爭性定量 PCR	competitive quantitative PCR
竞争反转录 PCR	競爭性反轉錄 PCR	competitive reverse transcription PCR
竞争排斥	競爭排斥	competitive exclusion
竞争排斥原理	競爭排斥原理	competitive exclusion principle
竞争[性]PCR	競爭性 PCR	competitive PCR
竞争选择	競爭選擇	competitive selection
居民 DNA(=常居		

大　陆　名	台　湾　名	英　文　名
DNA）		
局部控制区	局部控制區	local control region，LCR
局部随机诱变	局部隨機誘變	localized random mutagenesis
局限[性]转导	限制性轉導	restricted transduction，specialized transduction
巨大染色体	巨染色體	giant chromosome
巨型 RNA	巨 RNA	giant RNA
巨质粒	巨大質體	megaplasmid
聚丙烯酰胺凝胶	聚丙烯醯胺凝膠	polyacrylamide gel
聚丙烯酰胺凝胶电泳	聚丙烯醯胺凝膠電泳	polyacrylamide gel electrophoresis，PAGE
聚合酶	聚合酶	polymerase
DNA 聚合酶	DNA 聚合酶	DNA polymerase
DNA 聚合酶 I	DNA 聚合酶 I	DNA polymerase I
DNA 聚合酶 II	DNA 聚合酶 II	DNA polymerase II
DNA 聚合酶 III	DNA 聚合酶 III	DNA polymerase III
DNA 聚合酶 α	DNA 聚合酶 α	DNA polymerase α
DNA 聚合酶 γ	DNA 聚合酶 γ	DNA polymerase γ
DNA 聚合酶 δ	DNA 聚合酶 δ	DNA polymerase δ
RNA 聚合酶	RNA 聚合酶	RNA polymerase
RNA 聚合酶 I	RNA 聚合酶 I	RNA polymerase I
RNA 聚合酶 II	RNA 聚合酶 II	RNA polymerase II
RNA 聚合酶 III	RNA 聚合酶 III	RNA polymerase III
Taq DNA 聚合酶	*Taq* DNA 聚合酶	*Taq* DNA polymerase
T4 DNA 聚合酶	T4 DNA 聚合酶	T4 DNA polymerase
聚合酶链[式]反应	聚合酶連鎖反應	polymerase chain reaction，PCR
Alu-Alu 聚合酶链[式]反应	*Alu-Alu* 聚合酶連鎖反應	*Alu-Alu* PCR
聚合作用	聚合作用	polymerization
决定	决定作用	determination
决定子	决定子	determinant
绝缘位点	絕緣位點	insulator site
绝缘子	絕緣子	insulator
均等分裂	均等分裂	equational division
均等分裂期	均等分裂期	equational division phase
均染区(=均匀染色区)		
均一化基因一致度,规范化基因一致度	正規化基因一致性	normalized identity of gene
均一化 cDNA 文库,	標準化 cDNA 基因庫,	normalized cDNA library

大 陆 名	台 湾 名	英 文 名
规范化 cDNA 文库	正規化 cDNA 文庫	
均一化作用	均一化作用	homogenization
均匀染色区，均染区	均匀染色區	homogeneous staining region，HSR
菌落杂交，集落杂交	菌落雜交	colony hybridization
菌株	菌株	strain

K

大 陆 名	台 湾 名	英 文 名
卡巴粒[子]	卡巴粒	kappa particle
卡隆载体	夏隆載體	charon vector
开关基因	開關基因，轉換基因	switch gene
开环	開環	open circle
抗癌基因	抗癌基因	antioncogene
抗反馈突变体	抗回饋突變種，抗回饋突變體	feedback resistant mutant
抗生素抗性	抗生素抗性	antibiotic resistance
抗生素抗性基因	抗生素抗性基因	antibiotic resistance gene
抗生素抗性基因筛选	抗生素抗性基因篩選	antibiotic resistance gene screening
抗生物素蛋白,亲和素	卵白素，抗生物素蛋白	avidin
抗体工程	抗體工程	antibody engineering
抗体酶，酶性抗体	催化性抗體	abzyme
抗体文库	抗體文庫	antibody library
抗突变基因	抗突變基因	antimutator
抗性基因	抗性基因	resistant gene
抗性突变	抗性突變	resistant mutation
抗性质粒(=R 质粒)		
抗性转移因子,R 因子	抗性轉移因子	resistant transfer factor，RTF，R factor
H-Y 抗原(=组织相容性 Y 抗原)		
Rh 抗原	Rh 抗原	Rh antigen
抗原变异	抗原變異	antigenic variation
抗原呈递(=抗原提呈)		
抗原呈递细胞(=抗原提呈细胞)		
抗原决定簇	抗原決定簇，抗原決定子	antigenic determinant
抗原提呈，抗原呈递	抗原表達，抗原呈現	antigen presenting

大　陆　名	台　湾　名	英　文　名
抗原提呈细胞,抗原呈递细胞	抗原提示細胞,抗原呈現細胞	antigen presenting cell，APC
抗原性漂移	抗原性漂移	antigenic drift
抗原性转变	抗原更換	antigenic shift
抗终止子	抗終止子	antiterminator
抗终止作用	抗終止[作用]，反終止[作用]	antitermination
抗转录终止[作用]	轉錄抗終止作用	transcriptional antitermination
抗阻遏物	抗阻抑物,抗抑制物	antirepressor
拷贝数	複製數目,拷貝數	copy number
拷贝数依赖型基因表达	套數依賴型基因表達	copy-number dependent gene expression
科扎克共有序列	Kozak 共有序列	Kozak consensus suquence
颗粒遗传	顆粒遺傳	particulate inheritance
可变表现度	變異表現度	variable expressivity
可变等位基因模型	可變對偶基因模型	variable allele model
可变剪接(=选择性剪接)		
可变剪接 mRNA(=选择性剪接 mRNA)		
可变 RNA 剪接(=选择性 RNA 剪接)		
可变剪接因子(=选择性剪接因子)		
可变转录(=选择性转录)		
可变转录起始(=选择性转录起始)		
可变区	可變區	variable region
可变数目串联重复	串聯重覆變數,可變數目串聯重複	variable number tandem repeat，VNTR
可动遗传因子	流動遺傳成份,流動遺傳元件	mobile genetic element
可读框	開放讀碼區	open reading frame，ORF
可见突变	可見突變	visible mutation
可突变性	可突變性	mutability
可移动基因	可移動基因	movable gene
[可]诱导噬菌体	誘導噬菌體	inducible phage

大　陆　名	台　湾　名	英　文　名
克列诺片段	克萊諾片段	Klenow fragment
克隆	無性繁殖系，克隆	clone
DNA 克隆	DNA 選殖	DNA clone
克隆变异	無性繁殖[系]變異	clonal variation
克隆变异体	無性繁殖[系]變異體	clonal variant
克隆重叠图谱(=克隆叠连群图)		
克隆叠连群图，克隆重叠图谱	選殖重疊圖	overlapping cloning map
克隆叠连群作图	無性繁殖疊群定位，無性繁殖系連續體輿圖	clone contig mapping
TA[克隆]法	TA 選殖法	T's and A's method
克隆化	選殖	cloning
cDNA 克隆化	cDNA 選殖	cDNA cloning
克隆率	選殖率	cloning efficiency
克隆位点	選殖位點	cloning site
克隆选择学说	純系選擇理論，無性[繁殖]系選擇理論	clonal selection theory
克隆载体	選殖載體	cloning vector，cloning vehicle
空间隔离	空間隔離	spatial isolation
空位	空位	gap
空位罚分	空位罰分	gap penalty
空载反应	空載反應	idling reaction
控制基因	控制基因	controlling gene
控制区	調控區	control region
控制元件	控制因子，控制因素	controlling element
扣除克隆(=消减克隆)		
扣除杂交(=消减杂交)		
快停突变体	快停突變種，快停突變體	fast-stop mutant
框	框架	frame
CA[A]T 框	CA[A]T 框	CA[A]T box
GC 框	GC 框	GC box
TATA 框,戈德堡-霍格内斯框	TATA 框	TATA box，Goldberg-Hogness box
TATA 框结合蛋白	TATA 序列結合蛋白	TATA-binding protein，TBP
扩散性位置效应	散佈位置效應	spreading position effect
扩增	增殖作用	amplification

大　陆　名	台　湾　名	英　文　名
DNA 扩增	DNA 擴增	DNA amplification
rDNA 扩增	rDNA 放大，rDNA 擴大作用	rDNA amplification
扩增片段长度多态性	增殖片段長度多型性	amplified fragment length polymorphism，AFLP
扩增受阻突变系统	增殖阻礙突變系統	amplification refractory mutation system，ARMS
扩增[引]物	增殖引物	amplimer
扩增子	擴增子，複製子	amplicon

L

大　陆　名	台　湾　名	英　文　名
拉马克学说	拉馬克學說	Lamarckism
莱昂假说	萊昂氏假說	Lyon hypothesis
莱昂作用	萊昂氏作用	Lyonization
莱施-奈恩综合征，自毁性综合征	萊-納二氏綜合症	Lesch-Nyhan syndrome，hypoxanthine guanine phosphoribosyl transferase deficiency，HGPRT deficiency
赖特平衡	賴特平衡	Wright equilibrium
赖特效应	賴特效應	Wright effect
蓝-白斑筛选	藍白篩選	blue-white selection
累积超显性	累積超顯性	cumulative overdominance
类别转换	類別轉換	class switch，class switching
类病毒	類病毒，擬病毒	viroid
类蛋白质	類蛋白質	proteinoid
类等基因系,同类品系	同類品系	congenic strain
类核(=拟核)		
类碱基(=碱基类似物)		
类群选择	集體選擇，群體選擇	group selection
类染色体	擬染色體	chromosomoid
类似 DNA 的 RNA	擬 DNA 之 RNA，似 DNA 之 RNA	DNA like RNA，D-RNA，dRNA
类显性(=准显性)		
冷敏感突变体,冷敏感突变型	冷敏突變種，冷敏感突變體	cold sensitive mutant
冷敏感突变型(=冷敏感突变体)		

大　陆　名	台　湾　名	英　文　名
厘摩	分摩	centimorgan，cM
离散性随机变量	離散性隨機變量	discrete random variable
离征(=衍征)		
离子交换层析	離子交換色譜，離子交換層析法	ion exchange chromatography
理想群体	理想群體	idealized population
利他行为	利他行為，利他現象	altruism
连点探针	連接探針，連結探針	linking probe
连读，通读	通讀	readthrough
连读突变	通讀突變	readthrough mutation
连环 DNA(=多联[体] DNA)		
连环数(=连接数)		
连接	連接	ligation
连接 DNA(=接头 DNA)		
DNA 连接	DNA 連接	DNA ligation
VDJC 连接	VDJC 連接	VDJC joining
VJC 连接	VJC 連接	VJC joining
连接扩增	連接擴增	ligation amplification
连接酶	連接酶	ligase
DNA 连接酶	DNA 連接酶	DNA ligase
RNA 连接酶	RNA 連接酶	RNA ligase
T4 RNA 连接酶	T4 RNA 連接酶	T4 RNA ligase
连接酶链[式]反应	連接酶連鎖反應	ligase chain reaction，LCR
连接数，连环数	連環數，連結數	linking number
连接数悖理,连接数颠倒现象	連接數顛倒現象	linking number paradox
连接数颠倒现象(=连接数悖理)		
连接文库	連接文庫	linking library
连接物	承接物，連接物	adapter，adaptor
连接物假说	承接物假說	adapter hypothesis
连锁	連鎖	linkage
X 连锁	X 連鎖	X linkage
Y 连锁	Y 連鎖	Y linkage
连锁不平衡	連鎖不平衡	linkage disequilibrium
连锁定律	連鎖定律	law of linkage

大　陆　名	台　湾　名	英　文　名
连锁分析	連鎖分析，鏈結分析	linkage analysis
连锁基因	連鎖基因，連接基因	linked gene
连锁平衡	連鎖平衡	linkage equilibrium
连锁群	連鎖群	linkage group
连锁体	連鎖體	hormogone
连锁图	連鎖圖譜	linkage map
连锁相	連鎖相	linkage phase
X 连锁遗传	X 連鎖遺傳	X-linked inheritance
Y 连锁遗传	Y 性聯顯性遺傳	Y-linked inheritance
X 连锁隐性	X 連鎖隱性	X-linked recessive
连锁值	連鎖值	linkage value
连锁作图	連鎖定位	linkage mapping
连续变异	連續變異	continuous variation
连续物种形成	連續性物種形成	successional speciation
连续性随机变量	連續性隨機變量	continuous random variable
连续性状	連續性狀	continuous character，continuous trait
联合超显性	聯合超顯性	associative overdominance
联会	聯會	synapsis
联会复合体	聯會複合體	synaptonemal complex，SC
镰状细胞贫血	鐮刀形細胞貧血症	sickle cell anemia
镰状细胞性状	鐮刀形細胞特徵，鐮刀形細胞性狀	sickle cell trait
α 链	α 鏈	α-chain
β 链	β 鏈	β-chain
链滑动	股滑動	strand-slippage
链霉抗生物素蛋白，链霉亲和素	鏈黴卵白素	streptavidin
链霉亲和素(=链霉抗生物素蛋白)		
链起始密码子	鏈起始密碼子	chain initiation codon
链终止	鏈終止	chain termination
链终止法	鏈終止法	chain termination technique
链终止密码子	鏈終止密碼子	chain termination codon
链终止突变	鏈終止突變	chain termination mutation
链终止子	鏈終止子	chain terminator
两步连接	兩步連接	two-step ligation
两性生殖	雙性生殖	bisexual reproduction
两性体(=雌雄嵌合体)		

大　陆　名	台　湾　名	英　文　名
两性同体	兩性同體現象	hermaphroditism，androgynism
两性现象	兩性現象	bisexuality
亮氨酸拉链	白氨酸拉鏈，亮胺酸拉鏈	leucine zipper
量子式进化	量子[式]演化，快速進化	quantum evolution，tachytelic evolution
量子式物种形成，爆发式物种形成	量子式物種形成	quantum speciation
烈性噬菌体	烈性噬菌體	virulence phage，virulent phage
裂解反应	溶解反應，溶菌反應	lytic response
裂解性感染	裂性感染，溶裂感染，溶解性感染	lytic infection
裂解周期	溶解性週期，溶菌週期，裂解循環	lytic cycle
裂隙基因	間隙基因	gap gene
裂隙相	間隙相	gap phase
邻地物种形成(=邻域物种形成)		
邻接法	鄰近連接法	neighbor-joining method
邻接基因综合征	鄰接基因症候群	contiguous gene syndrome
邻近分布	鄰近分佈	adjacent distribution
邻近相互作用	鄰近交互作用	proximate interaction
邻近依赖性调节	鄰近依賴型調控	context-dependent regulation
邻域物种形成，邻地物种形成	鄰域種化	parapatric speciation
临床细胞遗传学	臨床細胞遺傳學	clinical cytogenetics
临床遗传学	臨床遺傳學	clinical genetics
流产溶原性	流產溶原性	abortive lysogeny
流产转导	流產[性]轉導	abortive transduction
流式核型分型	流式核型分析	flow karyotyping
流式细胞术	流式細胞術	flow cytometry
六倍体	六倍體	hexaploid
氯霉素乙酰转移酶	氯黴素乙醯轉移酶	chloramphenicol acetyltransferase，CAT
氯霉素乙酰转移酶[活性]测定	氯黴素乙醯轉移酶測定	CAT assay
孪生斑	孿生斑	twin spot
卵	卵	ovum
卵黄囊	卵黄囊	yolk sac

大 陆 名	台 湾 名	英 文 名
卵裂	分裂，卵裂	cleavage
卵裂球	分裂球，分溝細胞	blastomere
卵配(=卵式生殖)		
卵式生殖，卵配	異配生殖	oogamy
卵原细胞	卵原細胞	oogonium
卵子发生	卵生成，卵子發生	oogenesis
伦纳效应	倫納氏效應，雷納氏效應	Renner effect
伦施法则	倫施法則	Rensch rule
轮回亲本，回归亲本	輪迴親本	recurrent parent
罗伯逊裂解	羅伯遜裂解	Robertsonian fission
罗伯逊易位	羅伯遜易位	Robertsonian translocation
螺线管结构	螺線管結構	solenoid structure
螺线管模型	螺線管模型	solenoid model
α 螺旋	α 螺旋	alpha helix，α-helix
螺旋-环-螺旋	螺旋-環-螺旋	helix-loop-helix
螺旋-环-螺旋模体	螺旋-環-螺旋基序	helix-loop-helix motif
螺旋结构	螺旋結構	helical structure
螺旋-转角-螺旋	螺旋-轉角-螺旋	helix-turn-helix
螺旋-转角-螺旋模体	螺旋-轉角-螺旋基序	helix-turn-helix motif

M

大 陆 名	台 湾 名	英 文 名
马方综合征	馬方氏症候群	Marfan syndrome
麦胚系统	小麥胚系統	wheat-germ system
脉冲电场凝胶电泳	脈衝電場凝膠電泳	pulsed field gel electrophoresis，PFGE
慢停突变体	慢停突變種，慢停突變體	slow-stop mutant
猫叫综合征	貓叫綜合症，貓哭症	cri du chat syndrome，5p syndrome，cat's cry syndrome
毛根诱导质粒(=Ri 质粒)		
锚定 PCR	錨定聚合酶連鎖反應，錨式 PCR	anchored PCR
锚定基因	錨式基因	anchor gene
帽	帽	cap
帽结合蛋白质	帽結合蛋白	cap binding protein，CBP

大　陆　名	台　湾　名	英　文　名
DNA 酶(=脱氧核糖核酸酶)		
酶标记探针	酶標記探針	enzyme-labeled probe
酶错配剪接(=酶错配切割)		
酶错配切割,酶错配剪接	酶錯配切割,酶錯配剪接	enzyme mismatch cleavage，EMC
DNA 酶高敏位点	DNA 酶高敏感位點	DNase high sensitive site
酶性核酸(=核酶)		
酶性抗体(=抗体酶)		
DNA 酶足迹法	DNA 酶足跡法，DNA 酶足印技術	DNase footprinting
DNA 酶Ⅰ足迹法	DNA 酶Ⅰ足跡法，DNA 酶Ⅰ指紋鑑定術	DNase Ⅰ footprinting
孟德尔比率	孟德爾比率	Mendelian ratio
孟德尔抽样	孟德爾抽樣	Mendelian sampling
孟德尔抽样离差	孟德爾抽樣離差	Mendelian sampling deviation
孟德尔第二定律	孟德爾的第二定律	Mendel's second law
孟德尔第一定律	孟德爾的第一定律	Mendel's first law
孟德尔基因座	孟德爾基因座	Mendelian locus
孟德尔式群体	孟德爾群體	Mendelian population
孟德尔性状	孟德爾性狀	Mendelian character
孟德尔遗传	孟德爾遺傳	Mendelian inheritance
孟德尔遗传定律	孟德爾遺傳定律	Mendel's law of inheritance
孟买型	孟買型	Bombay phenotype
弥散着丝粒	全著絲點	holocentromere
密度梯度离心	密度梯度離心	density gradient centrifugation
密码比(=编码比)		
[密码]错编	錯誤編碼	miscoding
密码简并	密碼簡併	code degeneracy
密码子	密碼子，字碼子	codon
密码子家族	密碼子家族	codon family
密码子偏倚	密碼子偏倚	codon bias
密码子识别	密碼子識別	codon recognition
密码子使用(=密码子选用)		
密码子适应指数	密碼子適應指數	codon adaptation index，CAI

大　陆　名	台　湾　名	英　文　名
密码子选用，密码子使用	密碼子選擇	codon usage
免疫距离	免疫距離	immunological distance
免疫遗传学	免疫遺傳學	immunogenetics，immunological genetics
免疫应答	免疫反應	immune response
免疫应答基因	免疫反應基因	immune response gene，Ir gene
灭绝	滅絕，消光	extinction
敏感期	敏感期	sensitive period
敏感突变	敏感突變	sensitizing mutation
命运	命運	fate
命运图	囊胚發育圖，發育趨勢圖譜	fate map
模拟突变体	模擬突變種，模擬突變體	mimic mutant
模式生物	模式生物	model organism
膜内成骨	膜内骨化	intramembranous ossification
摩尔根单位	摩根單位	morgan unit
末端标记	末端標記	end labeling
末端蛋白	末端蛋白	terminal protein，TP
末端倒位	末端倒位	terminal inversion
末端反向重复	反向末端重複[序列]，反轉末端重複[序列]，末端轉化重覆	inverted terminal repeat
末端丰余，末端冗余	末端冗餘，末端豐餘	terminal redundancy
cDNA 末端快速扩增法	cDNA 端點快速增量法，cDNA 端點快速放大法	rapid amplification of cDNA end，RACE
末端缺失	末端缺失	terminal deletion
末端冗余(=末端丰余)		
RNA 末端腺苷酸转移酶	RNA 末端腺苷酸轉移酶	RNA terminal riboadenylate transferase
末端易位	末端易位	terminal translocation
末端转移酶	末端轉移酶	terminal transferase
模板	模板	template
模板链	模板股	template strand
模板选择	複製選擇，樣模選擇	copy choice
模板选择假说	複製選擇假說	copy choice hypothesis
母体年龄效应	母體年齡效應	maternal age effect

大　陆　名	台　湾　名	英　文　名
母体效应	母體效應	maternal effect
母体效应基因	母體效應基因	maternal effect gene
母体遗传	母體遺傳，母本遺傳	maternal inheritance
母体影响	母體遺傳	maternal influence
目标性状	標的性狀	target trait，objective trait

N

大　陆　名	台　湾　名	英　文　名
囊胚	囊胚	blastula
囊胚层	囊胚層	blastoderm
囊胚腔	囊胚腔	blastocoel
囊胚形成	囊胚形成	blastulation
内部分解位点	内部分辨位點	internal resolution site
内部核糖体进入位点	内部核糖體進入位點	internal ribosome entry site，IRES
内部节点	内部節點	internal node
内部启动子	内部啟動子	internal promoter
内部指导序列	内部引導序列	internal guide sequence，IGS
内毒素	内毒素	endotoxin
内共生	内共生	endosymbiosis
内共生学说	内共生學說	endosymbiont theory
内含肽	蛋白内含子	intein，internal protein fragment
内含子	内含子，插入序列	intron
tRNA 内含子	tRNA 内含子	tRNA intron
内含子迟现	内含子遲現	intron late
内含子归巢	内含子返巢	intron homing
内含子结合位点	内含子結合部位	intron-binding site，IBS
内含子套索	内含子套索	intron lariat
内含子移动	内含子移動	intron mobility
内含子早现	内含子早現	intron early
内含子转座	内含子轉位	intron transposition
内环境稳定(=[体内]稳态)		
内基因子	内基因子	endogenote
内螺旋	内螺旋	internal coiling
内膜系统	内膜系統	endomembrane system
内胚层	内胚層	endoderm
内切核酸酶	核酸内切酶	endonuclease

大　陆　名	台　湾　名	英　文　名
内细胞团	内細胞團，内細胞群	inner cell mass，ICM
内陷	内陷，内褶	invagination
内源基因	内生基因	endogenous gene
内在适合度	内含適合度，概括適合度，整體適合度	inclusive fitness
内在终止子	内在終止子	intrinsic terminator
能育[力]	稔性	fertility
拟表型	擬表型	phenocopy
拟病毒	擬病毒	virusoid
拟常染色体区段(=假常染色体区段)		
拟等位基因	擬對偶基因，偽等位基因	pseudoallele
拟核，类核	擬核，核心	nucleoid
拟回复突变	擬回復突變	pseudoreversion
拟基因(=假基因)		
拟基因型	擬基因型	genocopy
拟连锁(=准连锁)		
拟连锁不平衡(=准连锁不平衡)		
拟配子	擬配子	agamete
拟染色体	擬染色體	chromatoid body
拟显性(=假显性)		
逆剪接(=反向剪接)		
逆进化	逆演化	counter-evolution
逆适应	逆適應	counter-adaptation
逆向转座	逆向轉位	inverse transposition
逆转录(=反转录)		
逆转录病毒(=反转录病毒)		
逆转录酶(=反转录酶)		
逆转录因子(=反转录因子)		
逆转座子(=反转录转座子)		
匿名 DNA	匿名 DNA	anonymous DNA
匿名标记	匿名標記	anonymous marker
黏端(=黏性末端)		

大　陆　名	台　湾　名	英　文　名
黏端质粒(=黏粒)		
黏粒，黏端质粒	黏接質體	cosmid
黏性末端，黏端	黏性末端，黏著端	sticky end，cohesive end，cohesive terminus
黏性位点，cos 位点	cos 位點	cos site
念珠理论	念珠理論	bead theory
念珠模型	染色質珠串模型	beads-on-a-string model
鸟枪[测序]法	霰彈槍定序法	shotgun sequencing method
尿黑酸尿症	尿黑酸尿，黑尿症	alcaptonuria，alkaptonuria
尿囊绒膜	尿囊絨毛膜	chorioallantoic membrane
凝胶层析	凝膠色譜技術	gel chromatography
凝胶电泳	凝膠電泳	gel electrophoresis
凝胶过滤层析	凝膠過濾色譜技術	gel filtration chromatography
凝胶酶	凝膠酶	gelase
凝胶渗透层析	凝膠滲透色譜技術，凝膠滲透色層分析	gel permeation chromatography
凝胶阻滞测定，凝胶阻滞分析	凝膠阻滯測試	gel retarding assay
凝胶阻滞分析(=凝胶阻滞测定)		
凝聚染色质	凝聚染色質	condensed chromatin
扭转数	扭轉數，纏繞數	twisting number
浓缩期(=终变期)		

O

大　陆　名	台　湾　名	英　文　名
偶然变异	偶然變異	accident variation
偶线期，合线期	偶絲期	zygotene，zygonema

P

大　陆　名	台　湾　名	英　文　名
排比(=比对)		
排斥作图	排斥定位	exclusion mapping
庞纳特方格法,棋盘法	龐尼特方格法	Punnett square method
旁侧序列，侧翼序列	側翼序列	flanking sequence
旁侧元件，侧翼元件	側翼元件	flanking element

大　陆　名	台　湾　名	英　文　名
旁观者效应	旁觀者效應	bystander effect
旁系同源基因(=种内同源基因)		
胚层	胚層	embryonic layer，germ layer
胚盾	胚盾	embryonic shield
胚内体腔	胚內體腔	intraembryonic coelomic cavity
胚囊	胚囊	embryonic sac
胚囊竞争	胚囊競爭	embryonic sac competition
胚囊母细胞	胚囊母細胞	embryonic sac mother cell
胚盘	胚盤	embryonic disc，blastodisc
胚泡	胚泡	blastocyst
胚乳	胚孔	blastopore
胚胎	胚胎	embryo
胚胎癌性细胞	胚胎癌性細胞	embryonal carcinoma cell，EC cell
胚胎发生	胚胎形成	embryogenesis
胚胎发育	胚胎發育	embryonic development
胚胎干细胞	胚胎幹細胞	embryonic stem cell，ES cell
胚胎干细胞嵌合体	胚胎幹細胞嵌合體	ES cell chimera
胚系突变(=种系突变)		
胚状体	胚狀體	embryoid
配对	配對	pairing
配对框	配對框	paired box，Pax
配合力	組合力	combining ability
配体	配體	ligand
配原细胞	配原細胞	gametogonium
配子	配子	gamete
配子不亲和性	配子不親和性	gametic incompatibility
配子单性生殖	配子單性生殖	gameto toky
配子发生	配子發生	gametogenesis，gametogeny
配子[分离]比	配子比	gametic ratio
配子克隆变异	配子選殖變異	gametoclonal variation
配子模型	配子模型	gametic model
配子母细胞	配子母細胞	gametocyte
配子囊	配子囊	gametocyst
配子染色体数	配子染色體數	gametic chromosome number
配子融合	配子融合，配子生殖	gametogamy
配子生殖	配子生殖	gametogony
配子体	配子體	gametophyte

大　陆　名	台　湾　名	英　文　名
配子选择	配子選擇	germinal selection
配子印记	配子印痕	gametic imprinting
匹配概率	匹配機率，配對概率	matching probability
偏爱密码子	偏愛密碼子	favorable codon
偏父遗传	偏父遺傳	patroclinal inheritance
偏母遗传	母系遺傳	matrocliny，matroclinal inheritance
偏向分离(=优先分离)		
偏性比	偏性比	biased sex ration
β片层	貝他摺板，β片層，β摺板	beta sheet，β-sheet
片段	片段	fragment
J片段	J片段	joining segment
α片段	α片段	alpha fragment，α-fragment
片段定位[法]	染色體斷裂作圖	fragmentation mapping
漂变	漂變，漂移	drift
频率不相关适应	頻率不相關適應	frequency-independent fitness
频率分布	頻率分布	frequency distribution
频率相关适应	頻率相關適應	frequency-dependent fitness
频率依赖选择，依频选择	頻率依賴選擇	frequency-dependent selection
品系	品系	strain
品种	品種	variety，breed(动物)，cultivar(植物)
平端，钝端	鈍端	blunt end
平端连接，钝端连接	鈍端連接	blunt end ligation
平衡多态现象(=平衡多态性)		
平衡多态性，平衡多态现象	平衡多態性，平衡多態現象	balanced polymorphism
平衡负荷	平衡負荷	balanced load
平衡连锁	平衡連鎖	balanced linkage
平衡群体	平衡群體	equilibrium population
平衡染色体	平衡染色體	balancer chromosome
平衡染色体频率	平衡染色體頻率	equilibrium chromosome frequency
平衡选择	平衡選擇	balancing selection
平衡异核体	平衡雜核體，均衡異核體	balanced heterokaryon，balanced heterocaryon
平衡易位	平衡易位	balanced translocation
平衡原种	平衡原種	balanced stock

大　陆　名	台　湾　名	英　文　名
平衡致死	平衡致死	balanced lethal
平衡致死基因	平衡致死基因	balanced lethal gene
平衡致死系	平衡致死系統	balanced lethal system
平均适合度	平均適合度	mean fitness
平行进化	平行演化	parallel evolution
平行进化同源染色体片段	平行演化同源染色體片段	paralogous chromosome segment
平行螺旋	平行螺旋	paranemic coiling, paranemic spiral
瓶颈效应	瓶頸效應	bottle neck effect
破骨细胞	破骨細胞	osteoclast
葡糖-6-磷酸脱氢酶缺乏症，蚕豆病	葡萄糖-6-磷酸脱氫酶缺乏症，葡萄糖六磷酸鹽去氫缺乏症	glucose-6-phoshate dehydrogenase deficiency，G-6-PD
普遍性转导	普遍性轉導	generalized transduction
普里昂，朊病毒，蛋白感染粒	病原性蛋白顆粒，普里昂蛋白	prion，proteinaceous infectious particle
普里布诺框	普里布諾區	Pribnow box

Q

大　陆　名	台　湾　名	英　文　名
栖息地隔离	生境隔離，棲地孤立，棲地隔離	habitat isolation
G_1 期(=合成前期)		
G_2 期(=合成后期)		
M 期(=有丝分裂期)		
S 期，合成期	S 期	S phase
M 期促进因子	M 期促進因子	M phase-promoting factor
期外 DNA 合成	期外 DNA 合成，不按時的 DNA 合成	unscheduled DNA synthesis
歧化选择(=分裂选择)		
棋盘法(=庞纳特方格法)		
启动子	啟動子，發動子，促進子	promoter，P
启动子捕获	啟動子捕捉，啟動子捕獲	promoter trap
启动子封堵	啟動子封堵	promoter occulsion

大　陆　名	台　湾　名	英　文　名
启动子减弱突变体	啟動子減效突變種，啟動子減效突變體	down-promoter mutant
启动子减弱[作用]	啟動子減弱作用	promoter damping
启动子减效突变，启动子下调突变	啟動子減效突變	down-promoter mutation
启动子近侧序列	啟動子近側序列	promoter-proximal sequence
启动子近侧元件	啟動子近側元件	promoter-proximal element
启动子近侧转录物，近启动子转录物	啟動子近側轉錄物	promoter-proximal transcript
启动子可及性	啟動子可及性	promoter accessibility
启动子清除	啟動子清除	promoter clearance
启动子上调突变(=启动子增效突变)		
启动子突变	啟動子突變	promoter mutation
启动子下调突变(=启动子减效突变)		
启动子抑制(=启动子阻抑)		
启动子元件	啟動子元件	promoter element
启动子增强突变体	啟動子增效突變種，啟動子增效突變體	up-promoter mutant
启动子增效突变，启动子上调突变	啟動子增效突變	up-promoter mutation
启动子阻抑，启动子抑制	啟動子抑制	promoter suppression
起始	引發，起始	initiation
起始 DNA	起始 DNA	initiator DNA，iDNA
起始 RNA	起始 RNA	initiator RNA
起始 tRNA	起始 tRNA	initiator tRNA
起始点识别复合体(=复制起始识别复合体)		
起始复合物	起始複合物，起始複合體	initiation complex
起始密码子	起始密碼子	start codon，initiation codon，initiator
起始位点	起始位點	initiation site
起始信号	起始訊號，起始訊息	initiation signal
起始因子	起始因子	initiation factor

大　陆　名	台　湾　名	英　文　名
起源中心学说	起源中心學說	theory of center of origin
器官发生	器官發生	organogenesis
千碱基对	千鹼基對	kilobasepair，kb
迁入	遷移	immigration
迁移	遷移，遷棲	migration
迁移负荷	遷移負荷	immigration load
迁移率	遷移率	immigration rate，mobility
迁移率变动分析	位移[遲滯]分析法	mobility shift assay
迁移系数	遷移係數	immigration coefficient
迁移选择	遷移選擇	immigration selection
迁移压力	遷移壓力	immigration pressure
前病毒(=原病毒)		
前导链	先導股	leading strand
前导链-后随链模型	先導股-延遲股模型	leading strand-lagging strand model
前导区	先導區，前導區	leader region
前导肽	先導肽	leader peptide
前导序列	先導序列，前導序列	leader sequence
前分裂	前分裂	predivision
前概率(=先验概率)		
前核糖体 RNA，前[体]rRNA	前核醣體 RNA，前rRNA	pre-ribosomal RNA，precursor rRNA，pre-rRNA
前基因组	前基因體	pregenome
前基因组 mRNA	前基因體 mRNA	pregenomic mRNA
前减数分裂	前減數分裂	prereductional division
前剪接体(=剪接前体)		
前进[性]进化	前進[性]演化	anagenesis
前联会	前聯會	presynapsis
前期	前期	prophase
前起始复合体	前起始複合體	preinitiation complex，PIC
前神经孔	前神經孔	anterior neuropore
前适应	預先適應	preadaptation
前体 RNA，RNA 先驱物	RNA 先驅物	precursor RNA
前[体]mRNA(=前信使 RNA)		
前[体]rRNA(=前核糖体 RNA)		
tRNA 前体	tRNA 前體	tRNA precursor

大　陆　名	台　湾　名	英　文　名
前突变	前突變	premutation
前信使 RNA，前[体] mRNA	前信使 RNA，前 mRNA，信息前 RNA	pre-messenger RNA, pre-mRNA, precursor mRNA
前转移 RNA	運轉前 RNA	pre-transfer RNA
潜能	潛能	potency
嵌合 DNA	嵌合 DNA	chimeric DNA
嵌合蛋白	嵌合蛋白	chimeric protein
嵌合基因	嵌合基因	chimeric gene
嵌合抗体	嵌合抗體，複合抗體	chemeric antibody
嵌合性	嵌合性	chimerism
强迫性杂交繁殖	強迫性遠親繁殖	enforced outbreeding
强启动子	強啟動子	strong promoter
强直性肌营养不良	強直性肌失養症，強直性肌肉萎縮症	myotonic dystrophy
强制克隆	強迫選殖法	forced cloning
强制异核体	強迫異核體	forced heterocaryon
桥裂合桥循环	橋裂合橋循環	bridge-breakage-fusion-bridge cycle
切除	切除	excision
切除酶	切除酶	excisionase，exicisionase
切除修复	切補修復	excision repair
切口	切口，切割	nick
切口平移，切口移位	切口移位	nick translation
切口移位(=切口平移)		
切离	切離	excision
亲本印记	親代印痕，親本印痕	parental imprinting
亲本组合	親代組合	parental combination
亲代	親代	parental generation
亲代双型，亲二型	親型二型，親本雙型	parental ditype，PD
亲代双型四分子，亲二型四分子	親型二型四分子	parental ditype tetrad
亲二型(=亲代双型)		
亲二型四分子(=亲代双型四分子)		
亲和标记	親和標記	affinity labeling
亲和层析	親和色譜法，親和層析法	affinity chromatography
亲和力	親和力	affinity
亲和素(=抗生物素蛋		

大　陆　名	台　湾　名	英　文　名
白)		
亲权认定	親子鑑定	paternity test
亲属选择	親緣選擇	kin selection
亲缘系数，血缘系数	親緣係數，血緣係數，近親係數	relationship coefficient，coefficient of relationship
亲子关系	親子關係	paternity
青霉素富集法	青黴素增殖法	penicillin enrichment technique
轻链	輕鏈	light chain
轻链启动子	輕鏈啟動子，輕股啟動子	light-strand promoter，LSP
琼脂糖凝胶	瓊脂凝膠，洋菜膠	agarose gel
琼脂糖凝胶电泳	瓊脂膠體電泳	agarose gel electrophoresis
秋水仙碱，秋水仙素	秋水仙素，秋水仙鹼	colchicine
秋水仙碱效应，C 效应	秋水仙素效應	colchicine effect
秋水仙素(=秋水仙碱)		
球状蛋白质	球狀蛋白	globular protein
区别种	區別種	differential species
区室	分室	compartment
区室化，区室作用	分室作用，間隔化	compartmentation
区室作用(=区室化)		
区域定位图	區域定位圖	regional map
驱动蛋白	驅動蛋白，傳動素	kinesin
趋同	趨同，集聚	convergence
趋同进化	趨同演化	convergent evolution
趋同伸展	趨同延伸	convergent extention
趋同性	趨同性	homoplasy
趋异	趨異	divergence
趋异进化	趨異演化	divergent evolution
渠限性状	渠限性狀	canalized character
取代(=置换)		
η 取向	η 取向	eta orientation，η orientation
μ 取向	μ 取向	mu orientation，μ orientation
去分化，脱分化	反分化，解除分化，逆分化	dedifferentiation
去稳定元件	去穩定元件	destabilizing element
去雄	去雄	emasculation
去阻遏作用	去阻遏作用	derepression
全表达谱	全表達譜	global expression profile

大　陆　名	台　湾　名	英　文　名
全合子	全合子	holozygote
全局调节子	全局調節子	global regulon
全局调控	全局調節，全面性基因轉錄調控	global regulation
全能性	全能性	totipotency
全色盲	全色盲	achromatopsia
全同胞	全同胞	full-sib
全同胞交配	全同胞交配	full-sib mating
全突变	全突變	full mutation
缺倍体	缺倍體	nulliploid
缺对[染色体]生物	缺對生物	nullisome
缺对性	缺對性	nullisomy
缺口	間隙，缺口	gap
缺口修复	間隙修復，缺隙修復	gap repair
缺失	缺失	deletion，deficiency
缺失纯合子	缺失同型合子	deletion homozygote
缺失定位(=缺失作图)		
缺失复合体	缺失複合體	deletion complex
缺失环	缺失環	deletion loop，deficiency loop
缺失体	缺失體	deletant
缺失突变	缺失突變	deletion mutation
缺失杂合子	缺失異型合子	deletion heterozygote
缺失作图，缺失定位	缺失定位	deletion mapping
缺体	缺對體，缺對染色體[的]	nullisomic
缺体单倍体	缺對單倍體	nullisomic haploid
缺体四体补偿现象	缺對四體補償現象	nulli-tetra compensation
群落遗传学	演替生態學	syngenetics
群体	群體，族群，種群	population
群体动态	族群動態，種群動態	population dynamics
群体细胞遗传学	族群細胞遺傳學，種群細胞遺傳學	population cytogenetics
群体遗传学	群體遺傳學，族群遺傳學，種群遺傳學	population genetics

R

大　陆　名	台　湾　名	英　文　名
染色单体	染色分體	chromatid
染色单体不分离	染色分體不分離	chromatid nondisjunction
染色单体断裂	染色分體斷裂	chromatid breakage
染色单体分离	染色分體分離	chromatid segregation
染色单体干涉	染色分體干擾	chromatid interference
染色单体互换	染色分體互換	chromatid interchange
染色单体畸变	染色分體畸變，畸變染色分體，子染色體變異	chromatid aberration
染色单体间隙	染色分體間隙	chromatid gap
染色单体粒	染色分體粒	chromatid grain
染色单体桥	染色分體橋	chromatid bridge
染色单体易位	染色分體易位	chromatid translocation
染色单体转变	染色分體轉換，染色分體轉變	chromatid conversion
染色粒	染色粒	chromomere
染色粒间区，间带区	帶間	interchromomere
染色体	染色體	chromosome
A 染色体	A 染色體	A chromosome
B 染色体	B 染色體	B chromosome
W 染色体	W 染色體	W chromosome
X 染色体	X 染色體	X chromosome
Y 染色体	Y 染色體	Y chromosome
Z 染色体	Z 染色體	Z chromosome
染色体 RNA	染色體 RNA	chromosomal RNA，cRNA
染色体臂	染色體臂	chromosome arm
[染色体]臂比	臂比	arm ratio
染色体病	染色體疾病	chromosomal disorder，chromosome disease，chromosome aberration syndrome
染色体不分离	染色體不分離	chromosome nondisjunction
染色体不平衡	染色體不平衡	chromosome imbalance
染色体不稳定综合征	染色體不穩定症候群	chromosome instability syndrome
染色体不育	染色體不稔性	chromosome sterility
染色体步查，染色体步移	染色體步移	chromosome walking

大　陆　名	台　湾　名	英　文　名
染色体步移(=染色体步查)		
染色体重复	染色體重覆	chromosome duplication
染色体重建	染色體重建	chromosome reconstitution
染色体重排	染色體重排	chromosomal rearrangement
染色体脆性	染色體脆性	chromosome fragility
染色体带	染色體帶	chromosomal band
[染色体]带型	[染色體]帶型	banding pattern
染色体丢失(=染色体消减)		
染色体断裂	染色體斷裂	chromosome breakage
染色体断裂点	染色體斷裂點	chromosome breakpoint
染色体断裂综合征	染色體斷裂綜合症	chromosome breakage syndrome
染色体多态性	染色體多態性	chromosomal polymorphism
染色体多样性	染色體多樣性	chromosome multiformity
染色体分离	染色體分離	chromosome disjunction
染色体分选	染色體分類	chromosome sorting
染色体粉碎	染色體粉碎，染色體粉末化	chromosome pulverization
染色体干涉	染色體干擾	chromosomal interference
染色体工程[学]	染色體工程	chromosome engineering
染色体构型	染色體構形	chromosome configuration
染色体互换	染色體互換	chromosome interchange
染色体基数	染色體基數	chromosome basic number，basic number of chromosome
染色体基质	染色體基質	chromosome matrix
染色体畸变	染色體畸變，染色體變異，染色體異常	chromosomal aberration，chromosome aberration
染色体加倍	染色體加倍	chromosome doubling
染色体间重组	染色體間重組	interchromosomal recombination
染色体交叉	染色體交叉	chromosomal chiasma，chromosome chiasmata
染色体结	染色體結	chromosome knob
[染色体]结构杂种	結構雜種	structural hybrid
染色体介导的基因转移	染色體介導之基因轉移	chromosome-mediated gene transfer，CMGT
染色体联合	染色體聯合	chromosome association
染色体裂隙	染色體間隙	chromosome gap

大 陆 名	台 湾 名	英 文 名
染色体螺旋	染色體螺旋	chromosome coiling
染色体内重组	染色體內重組	intrachromosomal recombination
染色体内畸变	染色體內異常	intrachromosomal aberration
染色体浓缩	染色體濃縮	chromosome condensation
染色体配对	染色體配對	chromosome pairing
染色体嵌合体	染色體嵌合體	chromosome chimaera
染色体桥	染色體橋	chromosome bridge
染色体取代(=染色体 置换)		
染色体缺失	染色體缺失	chromosome deletion
染色体群	染色體群	chromosome complex
染色体融合	染色體融合	chromosome fusion
Y 染色体上 RNA 识别 模体基因	Y 染色體上 RNA 識別 基序基因	Y-located RNA recognition motif gene, YRRM gene
X 染色体失活	X 染色體失活現象，X 染色體去活性	X chromosome inactivation
X 染色体失活特异转 录因子	X 染色體失活專一轉錄 因子	X inactive specific transcription factor, XIST
染色体收缩	染色體收縮	chromosome contraction
染色体疏松	染色體部分擴展，染色 體疏鬆，染色體部分 膨鬆	chromosomal puff, chromosome puff
染色体数	染色體數目	chromosome number
染色体随体	染色體隨體	chromosome satellite
染色体跳查，染色体跳 移	染色體跳躍	chromosome jumping
染色体跳查文库	染色體跳躍文庫	chromosome jumping library
染色体跳移(=染色体 跳查)		
染色体突变	染色體突變	chromosomal mutation，chromosome mutation
染色体图	染色體圖	chromosome map
染色体涂染	染色體塗染	chromosome painting
染色体外 DNA	核外染色體 DNA	exchromosomal DNA
染色体外遗传	染色體外遺傳	extrachromosomal inheritance
染色体微管	染色體小管	chromosomal tubule
染色体文库	染色體文庫	chromosome library
染色体显带	染色體顯帶	chromosome banding

大　陆　名	台　湾　名	英　文　名
染色体显带技术	染色體顯帶技術	chromosome banding technique
染色体镶嵌	染色體鑲嵌	chromosomal mosaic
染色体消减,染色体丢失	染色體丟失	chromosome elimination，chromosome loss
染色体型	染色體型	chromosomal pattern
Y 染色体性别决定区	Y 染色體性別決定區	sex-determining region of Y
染色体学	染色體學	chromosomology，chromosomics
染色体移动	染色體移動,染色體流動	chromosome mobilization，chromosome movement
染色体遗传	染色體遺傳	chromosomal inheritance
染色体原位抑制杂交 (=染色体原位阻抑杂交)		
染色体原位杂交	染色體原位雜交	*in situ* chromosomal hybridization
染色体原位阻抑杂交,染色体原位抑制杂交	染色體原位抑制雜交	chromosomal *in situ* suppression hybridization，CISS hybridization
染色体杂色化	染色體雜色化	chromosome mottling
染色体再复制	染色體再複製	chromosome reduplication
染色体整合位点	染色體整合位點	chromosomal integration site
染色体支架	染色體支架	chromosome scaffold
染色体置换,染色体取代	染色體置換	chromosome substitution
染色体中板集合	染色體中板集合	chromosome congression
染色体周期	染色體週期	chromosome cycle
染色体轴	染色體軸,染色體核心	chromosome core
染色体着陆	染色體著陸	chromosome landing
染色体组	染色體組,染色體組成	chromosome set, chromosome complement
染色体组型(=核型)		
染色体作图	染色體作圖,染色體定位圖	chromosome mapping
染色线	染色線,染色[質]絲	chromonema
染色质	染色質	chromatin
X 染色质	X 染色質	X chromatin
Y 染色质	Y 染色質	Y chromatin
染色质重塑	染色質重建,染色質復舊	chromatin remodeling，chromatin reconstitution
染色质凝聚	染色質凝集	chromatin agglutination，chromatin con-

大　陆　名	台　湾　名	英　文　名
		densation
染色质膨胀	染色質膨脹	chromatin expansion
染色质桥	染色質橋	chromatin bridge
染色质球	染色質球	chromatic sphere
染色质丝	染色質絲	chromatic thread
染色质消减	染色質消減	chromatin diminution
染色质消失	染色質消失	chromatin elimination
染色质小体	染色質小體	chromotosome
染色质压缩模式	染色質壓縮模式	model of chromatin packing
染色中心	染色中心，染色中之	chromosome center，chromocenter
热点	熱點	hot spot
热激	熱休克	heat shock
热激蛋白	熱休克蛋白	heat shock protein
热激反应	熱休克反應	heat-shock response
热激基因,热休克基因	熱休克基因	heat shock gene
热激应答元件	熱休克反應元件	heat shock response element，HSE
DNA 热解链曲线	DNA 熱解股流程	thermal melting profile of DNA
热休克基因(=热激基因)		
人工染色体载体	人工染色體載體	artificial chromosome vector
人工授精	人工授精	artificial insemination
人工同步化	人工同步化	artificial synchronization
人工选择	人擇，人工選擇	artificial selection
人[类]白细胞抗原	人類白血球[表面]抗原	human leucocyte antigen，HLA
人类多态研究中心家系，CEPH 家族	CEPH 家族	Centre d'Etude du Polymorphisme Humain family，CEPH family，CEPH pedigree
人类基因组	人類基因體	human genome
人类基因组计划	人類基因體計畫	Human Genome Project，HGP
人类人工染色体	人類人工染色體	human artificial chromosome，HAC
人类遗传学	人類遺傳學	human genetics
溶菌酶	溶菌酶	lysozyme
溶原化	溶原化	lysogenization
溶原性	溶原性	lysogeny
溶原性噬菌体	溶原性噬菌體	lysogenic phage
融合蛋白	融合蛋白	fusion protein
融合基因	融合基因	fusion gene
融合体(=合核体)		

大 陆 名	台 湾 名	英 文 名
融合遗传(=混合遗传)		
融合子	融合子	fusant
冗余 DNA(=丰余 DNA)		
乳白密码子	乳白密碼子	opal codon
乳白型突变	乳白型突變	opal mutation
乳糖操纵子	乳糖操縱子	lactose operon，*lac* operon
朊病毒(=普里昂)		
软骨发生	軟骨生成	chondrogenesis
软骨发育不良	軟骨發育不全症	hypochondroplasia
软骨发育不全	軟骨發育不全，軟骨發育不良	chondrodysplasia，achondroplasia
软骨内成骨	軟骨內骨化	endochondral ossification
弱化子	減弱子	attenuator
弱化[作用]，衰减作用	衰減	attenuation

S

大 陆 名	台 湾 名	英 文 名
萨慎法(=DNA 印迹法)		
三倍体	三倍體	triploid
三倍性	三倍性	triploidy
三叉点	三叉點	triradius
三点测交	三點測交	three-point test
三股螺旋	三股螺旋	triple helix
三核苷酸扩展	三核苷酸擴展	trinucleotide expansion
三价体	三價體	trivalent
三碱基对重复扩充	三鹼基對重複之擴充，三鹼基對重覆之擴充	expansion of three-base-pair repeat
三联体	三聯體	triplet
三联体密码	三聯體密碼	triplet code
三列杂交	三裂雜交	tri-allel cross
三亲杂交	三親交配	triparental cross
三体[染色体]生物	三[染色]體的	trisome，trisomic
三体性	三體性	trisomy
13 三体综合征	13-三體綜合症，13-三體症候群	trisomy 13 syndrome，Patau syndrome

大　陆　名	台　湾　名	英　文　名
18 三体综合征	18-三體綜合症，18-三體症候群	trisomy 18 syndrome，Edwards syndrome
21 三体综合征(=唐氏综合征)		
三显性组合	三顯性組合	triplex
三元杂种杂交	三元雜種雜交	trihybrid cross
散乱复制	散亂複製	dispersive replication
散在重复序列	散佈重複	interspersed repeat sequence
散在基因家族	散佈基因家族	interspersed gene family
桑格-库森法	桑格-庫森法	Sanger-Coulson method
桑椹胚	桑椹胚	morula
色氨酸操纵子	色氨酸操縱子，*trp* 操縱子	*trp* operon
色氨酸启动子	色氨酸啟動子，*trp* 啟動子	*trp* promotor
色盲	色盲	color blindness
色谱法(=层析)		
上胚层，初级外胚层	上胚層	epiblast
上皮-间充质相互作用	上皮-間質交互作用	epithelial-mesenchymal interaction
上调(=增量调节)		
上调物(=增量调节物)		
上位方差	上位變方	epistatic variance
上位基因	上位基因	epistatic gene
上位效应	上位效應	epistatic effect
上位性	強性，上位	epistasis
上游	上游	upstream
上游表达序列	上游表達序列	upstream expressing sequence，UES
上游刺激因子	上游活化因子	upstream stimulating factor，USF
上游激活序列	上游活化序列	upstream activating sequence，UAS
上游结合因子	上游結合因子	upstream binding factor，UBF
上游可读框	上游開放讀碼區	upstream open reading frame，uORF
上游控制元件	上游控制元件	upstream control element，UCE
上游启动子元件	上游啟動子元件	upstream promoter element，UPE
上游调节序列	上游調節序列	upstream regulatory sequence
上游调控子	上游調控子	upstream regulator
上游序列	上游序列	upstream sequence
上游因子刺激活性	上游因子刺激活性	upstream factor stimulatory activity，USA
上游诱导序列	上游誘導序列	upstream inducing sequence，UIS

大　陆　名	台　湾　名	英　文　名
上游阻遏序列	上游抑制序列	upstream repressing sequence，URS
尚邦法则	Chambon 法则	Chambon's rule
少汗性外胚层发育不良	少汗性外胚層發育不全症，少汗性外胚層發育不良，無汗症	hypohidrotic ectodermal dysplasia
少数优势	少數優勢	minority advantage
少突胶质细胞	少突神經膠質細胞	oligodendrocyte
奢侈基因	旺勢基因，奢侈基因，非必需基因	luxury gene
神经板	神經板	neural plate
神经管	神經管	neural tube
神经嵴	神經嵴	neural crest
神经胚	神經胚	neurula
神经遗传学	神經遺傳學	neurogenetics
肾上腺脑白质营养不良	腎上腺腦白質失養症	adrenoleukodystrophy，Addison-Schilder disease
渗漏突变	滲漏突變	leaky mutation
渗漏突变体，渗漏突变型	滲漏突變種，滲漏突變體	leaky mutant
渗漏突变型(=渗漏突变体)		
生存竞争	生存競爭	struggle for existence
生存力	生存力	viability
生存率	存活率	survival rate
生存值	生存值	survival value
生化多态性	生化多態性	biochemical polymorphism
生化突变体，生化突变型	生化突變體，生化突變種，生化突變型	biochemical mutant
生化突变型(=生化突变体)		
生化遗传学	生化遺傳學	biochemical genetics
生活力	生命力，成活力	vitality
生理[基因]组	生理基因體	physiome
生理遗传学	生理遺傳學	physiological genetics
生态多态现象	生態多態性	ecological polymorphism
生态隔离	生態隔離	ecological isolation
生态平衡	生態平衡	ecological balance，ecological equilibrium
生态位，生态小境	生態地位	ecological niche

大　陆　名	台　湾　名	英　文　名
生态小境(=生态位)		
生态遗传学	生態遺傳學	ecological genetics, ecogenetics
生统遗传学	生物統計遺傳學,生統遺傳學	biometrical genetics
生物多样性	生物多樣性	biodiversity
生物发生说(=生源说)		
生物反应器	生物反應器	bioreactor
生物技术	生物技術	biotechnology
生物伦理学	生物倫理學	bioethics
生物素	生物素	biotin
生物素标记探针	生物素標記探針	biotinylated probe
生物素[化]DNA	生物素 DNA	biotinylated DNA
生物芯片	生物晶片	biochip
生物信息学	生物資訊學	bioinformatics
生物型	同型小種,生物型,生物小種	biotype
生育率	生育力	fertility
生源说,生物发生说	生源說	biogenesis
生长谱法	營養要求決定法	auxanography
生长阻抑基因	生長抑制基因	growth suppressor gene
生殖隔离	生殖隔離	reproduction isolation
生殖隔离机制	生殖隔離機制	reproduction isolating mechanism
生殖核	生殖[細胞]核	generative nucleus, germ nucleus
生殖力	生殖力	fecundity
生殖前隔离(=合子前隔离)		
生殖细胞(=种质细胞)		
生殖细胞基因治疗	生殖細胞基因治療	germ line gene therapy
生殖腺发育不全,性腺发育不全	生殖性腺發育不全,性腺發育不良,性腺發生不全	gonadal dysgenesis
生殖质(=种质)		
剩余值	剩餘值	residual value
失活 X 假说	惰化 X 假說	inactive X hypothesis
失活染色质	失活染色質	inactive chromatin
失活中心	失活中心,惰化中心	inactivation center
X 失活中心	X 失活中心	X inactivation center, XIC
失控复制	失控複製	runaway replication

大　陆　名	台　湾　名	英　文　名
失控质粒载体	失控質體載體	runaway plasmid vector
十字形环	十字型環	cruciform loop
时间隔离(=季节隔离)		
时序基因	時序基因	temporal gene
时序调节	時序調節	temporal regulation
时序调控基因	時序調控基因	heterochronic chronogene
识别位点	識別位點	recognition site
识别序列	識別序列	recognition sequence
实际等位基因数	實際對偶基因數	actual number of allele
实时荧光[标记]PCR	實時螢光標定 PCR	real-time fluorescence PCR
实现遗传力(=实现遗传率)		
实现遗传率，实现遗传力	實現遺傳力	realized heritability
实现遗传相关	實現遺傳相關	realized genetic correlation
始祖保守区	始祖保留區	ancient conserved region，ACR
世代	世代	generation
世代间隔	世代間距	generation interval
世代交替	世代交替	alternation of generation
示踪物	示踪元素	tracer
视网膜母细胞瘤	視網膜母細胞瘤	retinoblastoma
适合度	適合度	fitness
适合度测验	適合度測驗	test of goodness of fit
适应	適應	adaptation
适应峰	適應[高]峰	adaptive peak
适应辐射	適應輻射	adaptive radiation
适应谷	適應谷	adaptive valley
适应规范	適應規範	adaptive norm
适应进化	適應演化	adaptive evolution
适应扩散	適應擴散	adaptive dispersion
适应力	適應力	adaptedness
适应面	適應面	adaptive surface
适应型	適應型	adaptive type，adaptive pattern
适应性	適應性	adaptability
适应性地形图	適應性地形圖	adaptive topography
适应性选择	適應性選擇	adaptive selection
适应值	適應值，適應度	adaptive value
适者生存	適者生存	survival of the fittest

大　陆　名	台　湾　名	英　文　名
释放因子	釋放因子，釋放基因	release factor
噬[菌]斑	噬菌斑，溶菌斑	plaque
噬[菌]斑原位杂交	溶菌斑原位雜交	*in situ* plaque hybridization
噬[菌]斑杂交	噬菌斑雜交	plaque hybridization，Benton-Davis hybridization technique
噬[菌]粒	噬質體	phasmid，phagemid
噬菌体	噬菌體	bacteriophage，phage
M13 噬菌体	M13 噬菌體	M13 bacteriophage，M13 phage
Mu 噬菌体	Mu 噬菌體	Mu bacteriophase
P1 噬菌体	P1 噬菌體	P1 phage
λ 噬菌体	λ 噬菌體	λ phage
噬菌体人工染色体	噬菌體人工染色體	phage artificial chromosome，PAC
P1 噬菌体人工染色体	P1 噬菌體人工染色體	P1 phage artificial chromosome
[噬菌体]先导蛋白	先導蛋白質	pilot protein
噬菌体展示	噬菌體展示	phage display
噬菌体展示文库	噬菌體展示文庫	phage display library
收缩环	收縮環	contractile ring
受精	受精[作用]	fertilization
受精卵	受精卵	fertilized ovum，oosperm
受体	受體	receptor
cAMP 受体蛋白	cAMP 受體蛋白	cAMP receptor protein，CRP
受[体]位，接纳位	接受位	acceptor site
RNA 疏松	RNA 疏鬆	RNA puff
RNA 输出	RNA 輸出	RNA export
属典型种	屬典型種	generitype
数量性状	數量性狀	quantitative character，quantitative trait
数量性状基因座	數量性狀基因座	quantitative trait locus，QTL
数量遗传	數量遺傳	quantitative inheritance
数量遗传学	數量遺傳學	quantitative genetics
[数学]期望	數學期望	mathematical expectation
衰减作用(=弱化[作用])		
衰老端粒学说	老化端粒學說	telomeric theory of aging
双棒眼(=重棒眼)		
双重杂合子	雙[重]異型合子	double heterozygote
双单倍体	雙單倍體	dihaploid，amphihaploid
双单体	雙單體	dimonosomic
双多倍体	雙多倍體	amphipolyploid

大　陆　名	台　湾　名	英　文　名
双二倍体	雙二倍體，複二倍體	amphidiploid
双二倍性	雙二倍性	amphidiploidy
双二价体	雙兩價體，雙二價體	amphibivalent
双分染色体	雙分染色體	diplochromosome
双感染	雙重感染	double infection
双功能载体	雙功能載體	bifunctional vector
双功能质粒	雙功能質體	bifunctional plasmid
双交换	雙互換，雙交換	double crossing-over，double exchange
双精入卵	雙精入卵	dispermy
双抗体	雙抗體	diabody
双链 DNA	雙股 DNA	double-stranded DNA，dsDNA
双链 RNA	雙股 RNA	double-stranded RNA，dsRNA
双链断裂	雙股斷裂	double-strand break，DSB
双链体	複式體	duplex
双链体 DNA	複式體 DNA	duplex DNA
双列杂交	全互交	diallel cross
双卵受精	雙雌性	digyny
双螺旋	雙螺旋	double helix
双螺旋模型	雙螺旋模型	double helix model
双潜能期	雙潛能期	bipotential stage
双亲合子	雙親合子	biparental zygote
双亲遗传	雙親遺傳	biparental inheritance
双亲中值	兩親本平均值	midparent value
双三体	雙三體	ditrisomic
双三体性	雙三體性	ditrisomy
双生子法	孿生[子]研究法	twin method
双生子卵性诊断	合子型式診斷	zygosity diagnosis
双受精	雙受精	double fertilization
双顺反子 mRNA	雙順反子 mRNA	bicistronic mRNA
双体(=二体)		
双脱氧测序	雙去氧定序	dideoxy sequencing
双脱氧法	雙去氧法	dideoxy technique
双微染色体	雙微染色體	double minute chromosome，DMC
双微体	雙微體	double minute，DM
双线期	雙絲期	diplotene，diplonema
双向复制	雙向複製	bidirectional replication
双向基因	雙向基因	bidirectional gene

大　陆　名	台　湾　名	英　文　名
双雄受精	雙雄性	diandry
双义基因组	雙義基因體	ambisense genome
双因子杂种率	雙因子雜種率	dihybrid ratio
双杂交测试	雙雜交測試	two-hybrid assay
双杂交系统	雙雜交系統	two-hybrid system
双转化	雙轉化	double transformation
双着丝粒桥	雙著絲點橋，二中節染色體橋	dicentric bridge
双着丝粒染色体	雙著絲點染色體	dicentric chromosome
水平传递	水平傳遞	horizontal transmission
水平基因转移	水平基因傳遞	horizontal gene transfer
顺反测验	順反試驗，順反測驗	cis-trans test
顺反位置效应	順反位置效應	cis-trans position effect
顺反子	順反子，作用子	cistron
顺反子内互补	順反子內互補	intracistronic complementation
顺反子内互补测验	順反子內互補測驗	intracistronic complementation test
顺式剪接	順式剪接	cis-splicing
顺式排列	順式排列	cis-arrangement
顺式显性	順式顯性	cis-dominance
顺式相(=互引相)		
顺式杂基因子	順式異型結合基因	cis-heterogenote
顺式作用	順式作用[的]	cis-acting
顺式作用基因座	順式作用基因座	cis-acting locus
顺式作用序列	順式作用序列	cis-acting sequence
顺式作用元件	順式作用元件	cis-acting element
顺序四分子	順序四分子	ordered tetrad
顺序四分子分析	順序四分子分析	ordered tetrad analysis
顺序选择法	順序選擇	tandem selection
瞬时表达	瞬時表達	transient expression
瞬时转染	瞬時轉染	transient transfection
丝状噬菌体	絲狀噬菌體	filamentous bacteriophage
四倍体	四倍體	tetraploid
四倍性	四倍性	tetraploidy
四分染色单体	染色分體四分子	chromatid tetrad
四分染色体	四分染色體	quadruple chromosome
四分体	四分體	tetrad
四分型	四分子分離型式	tetrad segregation type
四分子	四分子	tetrad

大　陆　名	台　湾　名	英　文　名
四分子分析	四分子分析法	tetrad analysis
四价体	四價體	quadrivalent
四碱基对限制酶	四鹼基對限制酶	four base pair cutter
四体[染色体]生物	四體	tetrasome
四体性	四體性	tetrasomy
四显性组合	四顯性[基因]組合	quadriplex，quadruplex
四线双交换	四股雙互換	four strand double crossing over
四型	四型	tetratype
松弛 DNA	鬆弛 DNA	relaxed DNA
松弛控制	放鬆控制	relaxed control
松弛型突变体	鬆弛型突變體，鬆弛型突變種	relaxed mutant
松弛型质粒	鬆弛型質體	relaxed plasmid
松环 DNA	鬆環 DNA	relaxed circular DNA
速溶突变体，速溶突变型	速溶突變種，速溶突變體	rapid lysis mutant
速溶突变型(=速溶突变体)		
溯祖理论	溯祖理論	coalescence theory
溯祖时间	溯祖時間	coalescence time
酸性品红	酸性品紅	acid fuchsin
酸性脂酶缺乏症	酸性脂酶缺乏症	acid lipase deficiency，Wolman disease
随机变量	隨機變量	random variable
随机分配	隨機分配	random assortment
随机固定	隨機固定，逢機固定	random fixation
随机婚配	隨機婚配	random mating，panmixis
随机交配	隨機交配，逢機交配	random mating，panmixis
随机交配群体	隨機交配群體，逢機交配集團	random mating population
随机扩增多态性 DNA	隨機放大核酸多態性 DNA	randomly amplified polymorphic DNA，RAPD
随机模型	隨機效應模型	random model
随机漂变	隨機漂變	random drift
随机取样	隨機取樣，逢機取樣	random sample
随机效应	隨機效應	random effect
随机遗传漂变	隨機遺傳漂變，逢機遺傳漂變	random genetic drift
随机引物	隨意引子，隨機引子	random primer，arbitrary primer

大　陆　名	台　湾　名	英　文　名
随机引物 PCR	随意引子 PCR	arbitrarily primed polymerase chain reaction，AP-PCR
随机诱变	隨機誘變	random mutagenesis
随机整合	隨機整合	random integration
随体	隨體	satellite
随体联合	隨體聯合	satellite association
随体区	隨體區	satellite zone，SAT-zone
随体染色体	隨體染色體	satellite chromosome，SAT-chromosome
DNA 损伤	DNA 損傷	DNA damage
羧基端(=C 端)		

T

大　陆　名	台　湾　名	英　文　名
α 胎蛋白(=甲胎蛋白)		
α 肽	α 肽	alpha peptide，α-peptide
探针	探針	probe
DNA 探针	DNA 探針	DNA probe
RNA 探针	RNA 探針	RNA probe
唐氏综合征，21 三体综合征	唐氏症候群，唐氏症	Down syndrome，trisomy 21 syndrome
糖基化	糖基化作用，醣[基]化作用	glycosylation
DNA 糖基化酶	DNA 糖基化酶	DNA glycosylase
糖皮质激素应答元件	糖皮質激素反應要素，糖皮質素反應元，類皮質糖反應要素	glucocorticoid response element，GRE
套叠基因	巢式基因	nested gene
套索 RNA	套索 RNA	lariat RNA
套索结构	套索結構	lariat，lariat structure
套索中间体	套索中間體	lariat intermediate
特定等位基因 PCR 扩增	特定對偶基因 PCR 放大，特定對偶基因 PCR 增量法	PCR amplification of specific allele，PASA
特化	特化	specification
特纳综合征(=先天性卵巢发育不全)		
特殊配合力	特殊配合力	specific combining ability

大　陆　名	台　湾　名	英　文　名
特异性修饰因子	特殊修飾因子	specific modifier
特征序列	特徵序列	signature sequence
体壁中胚层	體壁中胚層	somatic mesoderm，parietal mesoderm
体节	體節	segment
体节极性基因	體節極性基因	segment polarity gene
体内	[生物]體內	*in vivo*
[体内]稳态，内环境 　　稳定	體內平衡	homeostasis
体内足迹法	體內足跡法	*in vivo* footprinting
体外	[生物]體外	*in vitro*
体外包装	體外包裝	*in vitro* packaging
体外标记基因	體外標誌基因	*in vitro* marker
体外表达克隆	離體表達無菌繁殖法	*in vitro* expession cloning，IVEC
体外翻译	[活]體外轉譯，試管內 　　轉譯	*in vitro* translation
体外互补	體外互補	*in vitro* complementation
体外受精	體外受精	*in vitro* fertilization，IVF
体外遗传分析	體外遺傳分析	*in vitro* genetic assay
体外诱变	體外誘變	*in vitro* mutagenesis
体外转录	體外轉錄	*in vitro* transcription
体细胞	體細胞	somatic cell
体细胞超变	體細胞超變	somatic hypermutation
体细胞重组	體細胞重組	somatic recombination
体细胞获得性染色体 　　突变	體細胞獲得性染色體 　　突變	somatic acquired chromosome mutation
体细胞基因治疗	體細胞基因治療	somatic cell gene therapy
体细胞克隆变异，体 　　细胞无性系变异	體細胞選殖變異	somaclonal variation
体细胞[染色体]分离	體細胞染色體分離	somatic segregation
体细胞[染色体]交换	體細胞互換，體細胞交 　　換	somatic crossing over
体细胞[染色体]联会	體細胞染色體聯會	somatic synapsis
体细胞[染色体]配对	體細胞染色體配對	somatic pairing
体细胞融合	體細胞融合	somatic cell fusion
体细胞突变	體細胞突變	somatic mutation
体细胞无性系变异 　　(=体细胞克隆变 　　异)		

大　陆　名	台　湾　名	英　文　名
体细胞遗传学	體細胞遺傳學	somatic cell genetics
体细胞杂交	體細胞雜交	somatic hybridization
体细胞杂种	體細胞雜種	somatic cell hybrid
替代单倍体(=置换单倍体)		
替代环(=D 环)		
替代遗传学(=反求遗传学)		
替换负荷(=置换负荷)		
替换率	替換率	replacement rate
填充片段	填充片段	stuffer fragment
条件基因	條件基因	conditional gene
条件基因打靶	條件基因標的，條件式基因標的	conditional gene targeting
条件基因敲除，条件基因剔除	條件基因剔除	conditional gene knockout
条件基因剔除(=条件基因敲除)		
条件特化	條件特化	conditional specification
条件突变	條件突變	conditional mutation
条件突变体	條件突變種，條件型突變體	conditional mutant
条件致死	條件致死	conditional lethal
条件致死突变	條件致死突變	conditional lethal mutation
调节基因	調節基因	regulatory gene，regulator gene
调节位点	調節位點	regulatory site
调节元件	調節元件	regulatory element
调节子	調節子，調節元	regulon
调控小 RNA	調控小 RNA	small regulatory RNA
调谐密码子	調節密碼子	modulating codon
调谐子	調節基因	modulator
跳查文库	跳躍文庫，跳躍集合庫，跳查資料庫	hopping library，jumping library，flying library
跳码	跳碼	frame hopping
跳跃复制	跳躍式複製	saltetory replication
跳跃基因	跳躍基因	jumping gene
贴壁依赖性	固著依賴性	anchorage dependence
铁离子应答元件	鐵離子反應元件，鐵回	iron-responsive element

大　陆　名	台　湾　名	英　文　名
	應兀	
通读(=连读)		
通径分析	通徑分析	path analysis
通径系数	通徑係數	path coefficient
通用密码	通用密碼	universal code
通用启动子	通用啟動子	generic promoter
通用选择指数	一般選擇指數	general selection index
通用转录因子	通用轉錄因子	general transcription factor
同胞	同胞	sibling，sib
同胞对分析	同胞對分析	sib-pair analysis
同胞对照法	同胞對照法，同胞對聯法	paired sib method
同胞分析	同胞分析	sib analysis
同胞交配	同胞交配	sib mating，adelphogamy
同胞配对法	同胞配對法	sib-pair method
同胞群	同胞群	sib group，sibship
同胞选择	同胞選擇	sib selection
同胞种，姊妹种	隱蔽種，同胞種	sibling species
同倍体	同倍體	homoploid
同表型交配	同表型交配	isophenogamy
同步化	同步化	synchronization
同等位基因	同對偶基因，同等位基因	iso-allele
同地分布(=同域分布)		
同地物种形成(=同域物种形成)		
同点等位基因，同质等位基因	同質對偶基因，同等位基因	homoallele
同工 tRNA	同功 tRNA	isoacceptor tRNA
同工酶	同功酶	isoenzyme，isozyme
同合子	自體接合子，同源同型結合子	autozygote
同核体	同核體	homokaryon，homocaryon
同基因移植(=同系移植)		
同基因子	同基因子	homogenotic
同[接]合性	自體接合性，同源同型結合性	autozygosity

大　陆　名	台　湾　名	英　文　名
同聚体(=同聚物)		
同聚物，同聚体	同聚物，同聚體	homopolymer
同聚物加尾	同聚物加尾	homopolymer tailing
同聚物尾	同聚物尾	homopolymer tail
同聚序列	同聚序列	homopolymeric stretch
同类品系(=类等基因系)		
同卵双生，单卵双生	同卵雙生，單卵雙生	monozygotic twins，identical twins
同配生殖	同配生殖	isogamy，homogamy
同配性别	同配性別	homogametic sex
同切点酶	同切酶，同裂酶	isoschizomer
同系交配	同系交配	endogamy
同系移植,同基因移植	同型移殖	syngraft，syngeneic graft
同系移植物	同基因移殖物，同種移殖物	isograft
同线基因	同線基因	syntenic gene
同线检测	同線檢測	syntenic test
同线性	同線性	synteny
同向插入(=定向插入)		
同向重复[序列]	同向重複	direct repeat
同形二价体	同形二價體	homomorphic bivalent
同形染色体	同形染色體	homomorphic chromosome
同型	同型	homotype
同型分裂	同型分裂	homotypic division
同型基因化	同核基因型	homogenotization
同型交配,正选型交配	正選型交配	positive assortative mating
同型种	同型種	phenon
同型转化	同源轉化	autogenic transformation
同义密码子	同義密碼子	synonymous codon，synonym
同义突变	同義突變	samesense mutation，synonymous mutation
同域分布，同地分布	同域分佈	sympatric distribution，sympatry
同域物种形成，同地物种形成	同域種化，同域物種形成	sympatric speciation
同域杂交	同域雜交	sympatric hybridization
同域种	同域種	sympatric species
同源 tRNA	同源 tRNA	homogeneric tRNA
同源倍体	同源倍體	autoploid

大 陆 名	台 湾 名	英 文 名
同源重组	同源重組	homologous recombination
同源多倍单倍体	同源多倍單倍體	autopolyhaploid
同源多倍体	同源多倍體	autopolyploid
同源多倍性	同源多倍性	autopolyploidy
同源二倍化	同源二倍化	autodiploidization
同源二倍体，自体二倍体	同源二倍體	autodiploid
同源二价[染色]体	同源二價體，同質二價[染色]體	autobivalent
同源辅助质粒	同源輔助質體	homologous helper plasmid
同源基因	同源基因	homologous gene
K 同源结构域	K 同源結構域	K-homology domain
同源克隆	同源無性生殖法	homology cloning
同源框序列	同源框序列	homoeobox sequence
同源联会	同源聯會	autosyndesis，autosynapsis
同源片段	同源片段	homologous fragment
[同源]嵌合体	鑲嵌體	mosaic
同源区段	同源區段	homology segment
同源染色体	同源染色體	homologous chromosome
同源[染色体]配对	同源配對	autosyndetic pairing，isosyndetic
同源双链	同源雙股	homoduplex
同源四倍体	同源四倍體	autotetraploid
同源四倍性	同源四倍性	autotetraploidy
同源相同基因	同源相同基因	gene identical by descent
同源性	同源現象	homology
同源依赖基因沉默	同源依賴基因默化	homology-dependent gene silencing
同源异倍体	同源異倍體	autoheteroploid
同源异倍性	同源異倍性	autoheteroploidy
同源异形	同源異型，同源轉化	homeosis，homoeosis
同源异形复合体	同源異型複合體	homeotic complex，HOM-C
同源[异形]框	同源框，同源區	homeobox，homoeobox，Hox
同源[异形]框基因	同源區基因	homeobox gene，homeotic gene
同源异形突变	同源異型突變	homeotic mutation
同源异形突变体	同源異型突變體	homoeotic mutant
同源异形选择者基因	同源異型選擇者基因	homeotic selector gene
同源[异形]域	同源域，同源結構區	homeodomain
同源异源多倍体	同源異源多倍體	autoallopolyploid
同源异源体	同源異源體	autoalloploid

大　陆　名	台　湾　名	英　文　名
同质部分合子	同源部份合子	homogenotic merozygote
同质等位基因(=同点等位基因)		
同质群体	同質群體	homogeneous population
同质性	同質性	homogeneity
同种型	同型[抗原]	isotype
同种[型]排斥	同型排斥	isotypic exclusion
同种[异体]移植	異源移殖，同種異體移殖	allograft，allogeneic graft
同种异型	異性模式標本，同種異型	allotype
同种异型基因表达	同種異型基因表現	allotropic gene expression
同种[异型]抗原	同種異體抗原	alloantigen
同种异型酶(=等位[基因]酶)		
同株异花受精	同株異花受精	geitonogamy
同组异序 DNA 序列	同組異序 DNA 序列	isometric DNA sequence
统计量	統計量，統計數字	statistic
统计遗传学	統計遺傳學	statistical genetics
透明带	透明帶	zona pellucida
透明带反应	透明帶反應	zona reaction
突变	突變	mutation
突变蛋白	突變蛋白	mutein
突变负荷	突變負荷	mutational load
突变固定	突變固定	mutation fixation
突变基因	突變基因	mutant gene
突变基因寿命	突變基因壽命	age of mutant gene
突变距离	突變距離	mutation distance
突变率	突變率	mutation rate，rate of mutation
突变频率	突變頻率	mutation frequency
突变谱	突變譜	mutational spectrum
突变区	突變區	mutant sector
突变热点	突變熱點	mutation hotspot
突变筛选	突變篩選	mutation screening
突变体，突变型	突變種，突變體，突變型	mutant
突变体等位基因	突變型對偶基因	mutant allele
突变[位]点	突變位置	mutation site

大　陆　名	台　湾　名	英　文　名
突变协同作用	突變協同作用	mutational synergism
突变型(=突变体)		
突变性状	突變性狀	mutant character
突变[学]说	突變說	mutation theory，mutationism
突变压[力]	突變壓力	mutation pressure
突变延迟	突變延遲，突變遲滯	mutational lag
突变诱导	突變誘導	mutation induction
突变育种	突變育種	mutation breeding
突变子	突變子	muton
突出末端	突出末端	protruding terminus
图距	圖距	map distance
图距单位	圖距單位	map unit
图式形成	模型結構，模式形成	pattern formation
SOS 途径	SOS 途徑	SOS pathway
退化	退化	degeneration
退化种	退化種	regressive species
退火	煉，退火	annealing
退行演化	退行性演化	regressive evolution
脱氨作用	脫胺基作用，脫氨作用	deamination
脱分化(=去分化)		
脱辅[基]酶	脫輔基酶	apoenzyme
脱嘧啶核酸	無嘧啶核酸	apyrimidinic acid
脱嘌呤核酸	無嘌呤核酸	apurinic acid
脱嘌呤作用	脫嘌呤作用，去嘌呤作用	depurination
脱氧[核糖]核苷	脫氧[核糖]核苷，去氧[核糖]核苷	deoxy[ribo]nucleoside
脱氧[核糖]核苷酸	脫氧[核糖]核苷酸，去氧[核糖]核苷酸	deoxy[ribo]nucleotide
脱氧核糖核酸	脫氧核糖核酸，去氧核糖核酸	deoxyribonucleic acid，DNA
脱氧核糖核酸酶，DNA 酶	脫氧核糖核酸酶，去氧核糖核酸酶	deoxyribonuclease，DNase
脱氧胸苷	脫氧胸苷，去氧胸苷	deoxythymidine
DNA 拓扑异构酶	DNA 拓撲異構酶	DNA topoisomerase
唾腺染色体	唾腺染色體	salivary gland chromosome
[唾腺染色体]疏松区	疏鬆區	puff zone

大　陆　名	台　湾　名	英　文　名
外基因子	外基因子	exogenote
外节点	外節點	external node
外胚层	外胚層	ectoderm，ectoblast
外胚层顶嵴，顶嵴	頂端外胚層脊	apical ectodermal ridge，AER
外切核酸酶，核酸外切酶	核酸外切酶	exonuclease
外切核酸酶编辑，核酸外切酶编辑	核酸外切酶编輯	exonuclease editing
外显率	外顯率	penetrance
外显子	外顯子	exon
外显子捕获	外顯子補獲	exon trapping
外显子捕获法	外顯子補獲法	exon trapping method
外显子捕获系统	外顯子補獲系統	exon trapping system
外显子重复	外顯子重複，外顯子重覆	exon duplication
外显子互换	外顯子互換	exon exchange
外显子滑动	外顯子滑動	exon sliding
外显子混编，外显子洗牌	外顯子混編	exon shuffling
外显子结合位点	外顯子結合部位	exon-binding site，EBS
外显子扩增	外顯子擴增法	exon amplifiation
外显子跳读	外顯子跳接	exon skipping
外显子洗牌(=外显子混编)		
外遗传基因信息(=表观遗传信息)		
外源 DNA	外源 DNA	foreign DNA
外源基因	外生基因	exogenous gene
外阻抑基因	外抑制子	external suppressor
外祖父法	外祖父法	grandfather method
外祖父模型	母體外祖父模型	maternal grandsire model
完全连锁	完全連鎖	complete linkage
完全双列杂交	全互交	complete diallel cross
完全外显率	完全外顯率	complete penetrance
完全显性	完全顯性	complete dominance

大　陆　名	台　湾　名	英　文　名
完全选择	完全選擇	complete selection
烷化剂	烷化劑	alkylating agent
挽回系统	修復系統，檢索系統	retrieval system
挽回载体	修正載體，檢索載體	retriever vector
晚重组结	晚重組節	late recombination nodule
晚期基因	晚期基因	late gene
危害系数	危害係數	coefficient of injury
微 RNA	微 RNA	microRNA
微观进化，种内进化	微小演化	microevolution
微管组织中心	微管組織中心	microtubule organizing center，MTOC
微核	微核	micronucleus
微核效应	微核效應	micronucleus effect
微克隆	微選殖	microcloning
微生物遗传学	微生物遺傳學	microbial genetics
微突变	微突變	micromutation
微卫星 DNA	微衛星 DNA	microsatellite DNA
微卫星标记	微衛星標記	microsatellite marker
微卫星不稳定性	微衛星不穩定性	microsatellite instability，MIN
微卫星多态性	微衛星多態性	microsatellite polymorphism
微细胞	微細胞	microcell
微小染色体	微小染色體	minute chromosome
微效基因	微效基因	minor gene
微型染色体	微型染色體	mini-chromosome
微阵列	微陣列，微矩陣	microarray
DNA 微阵列	DNA 微陣列	DNA microarray
尾随序列	尾隨序列	tailer sequence
卫星	衛星	satellite
卫星 DNA	衛星 DNA，從屬 DNA	satellite DNA
卫星病毒	衛星病毒	satellite virus
卫星核酸	衛星核酸	satellite nucleic acid
α 卫星 DNA 家族	α 衛星 DNA 家族	alpha satellite DNA family，α-satellite DNA family
卫星区域	衛星區域	satellite region
未减数孢子生殖	未減數孢子生殖，無減數無配子生殖，不完全減數分裂	apomeiosis
未鉴定读框(=产物未定读框)		

大　陆　名	台　湾　名	英　文　名
位点	位點，位置	site
chi 位点	chi 位點	chi site
cos 位点(=黏性位点)		
P 位点	P 位點	P site
位点特异性重组(=位点专一重组)		
位点特异性重组系统(=位点专一重组系统)		
位点专一重组，位点特异性重组	定點重組	site-specific recombination
位点专一重组系统，位点特异性重组系统	定點重組系統	site-specific recombination system
位点专一诱变，定点诱变	定點誘變	site-specific mutagenesis，site-directed mutagenesis
位置效应	位置效應	position effect
位置信息	位置信息	positional information
位置值	位置值	positional value
魏斯曼学说	魏斯曼主義	Weismannism
温度敏感基因	溫度敏感基因	temperature-sensitive gene，ts gene
温度敏感突变体，温度敏感突变型	溫度敏感突變體，溫度敏感突變種	temperature-sensitive mutant
温度敏感突变型(=温度敏感突变体)		
温和噬菌体	溫和型噬菌體	temperate phage
温和相	溫和相	template phase
温控型表达	溫控型表達	temperature-regulated expression
温控型启动子	溫控型啟動子	temperature-regulated promoter
cDNA 文库(=互补DNA 文库)		
DNA 文库	DNA 文庫	DNA library
稳定多态现象(=稳定多态性)		
稳定多态性，稳定多态现象	穩定多態性	stable polymorphism
稳定核 RNA	穩定核 RNA	stable nuclear RNA
稳定[化]选择	穩定[化]選擇	stabilizing selection

大　陆　名	台　湾　名	英　文　名
稳定型位置效应	穩定型位置效應	stable type position effect
稳定整合	穩定整合	stable integration
稳定转染	穩定轉染	stable transfection
稳态 mRNA	穩態 mRNA	steady-state mRNA
稳态 RNA	穩態 RNA	steady-state RNA
稳态转录	穩態轉錄	steady-state transcription
沃森-克里克碱基配对	華生-克里克鹼基配對	Watson-Crick base pairing
沃森-克里克模型	華生-克里克模型	Watson-Crick model
无孢子生殖	無孢子形成	apospory
无辅助病毒包装细胞	無輔助病毒包裹細胞	helper-free packaging cell
无父后代	單親後代	impaternate offspring
无功能重复基因序列	無功能重覆基因序列	nonfunctional repetitive gene sequence
无功能基因	無功能基因	nonfunctional gene
无过氧化酶血症	無過氧化酶血症	acatalasemia
无嘧啶位点	無嘧啶部位	apyrimidinic site
无配[子]生殖	無配子生殖	apogamy
无偏估计量，无偏估计值	無偏估計值	unbiased estimate
无偏估计值(=无偏估计量)		
无嘌呤嘧啶位点	無嘌呤嘧啶部位，缺鹼基位	apurinic apyrumidinic site，AP site
无嘌呤位点	無嘌呤部位	apurinic site
无融合	無融合	amixis
无融合结实	無融合結實	apogamogony
无融合生殖	無融合生殖	apomixis，apomixia
无生源说(=自然发生说)		
无丝分裂	無絲分裂	amitosis
无细胞抽提液，无细胞提取物	無細胞抽取液，無細胞萃取液	cell-free extract
无细胞翻译	無細胞轉譯	cell-free translation
无细胞提取物(=无细胞抽提液)		
无细胞系统	無細胞系統	cell-free system
无细胞转录	無細胞轉錄	cell-free transcription
无显性组合	無顯性組合	nulliplex
无限群体	無限群體	infinite population

大 陆 名	台 湾 名	英 文 名
无效 DNA	無效 DNA	null DNA
无效纯合子	無效同型合子	nullizygote
无效等位基因	無效對偶基因	null allele，amorph allele
无效突变	無效突變	null mutation
无性生殖	無性生殖	asexual reproduction
无性杂交	無性雜交	asexual hybridization
无义密码子	無意義密碼子	nonsense codon
无义突变	無意義突變	nonsense mutation
无义突变体	無意義突變體	nonsense mutant
无义抑制(=无义阻抑)		
无义阻抑，无义抑制	無意義抑制，無意義阻遏	nonsense suppression
无义阻抑因子	無意義抑制因子，無意義阻遏基因	nonsense suppressor
无用 DNA	垃圾 DNA	junk DNA
无着丝粒倒位	無著絲點倒位	akinetic inversion
无着丝粒断片	無著絲點片段	acentric fragment，akinetic fragment
无着丝粒环	無著絲點環	acentric ring
无着丝粒染色体	無著絲點染色體	acentric chromosome，akinetic chromosome
无着丝粒-双着丝粒易位	無著絲點-雙著絲點易位	acentric-dicentric translocation
物理图	物理圖	physical map
物理选择	物理選擇	physical selection
物理作图	物理定位	physical mapping
物种	種	species
物种恒定学说	物種恒定學說	theory of fixity of species
物种起源	物種起源	origin of species
物种形成	物種演變，物種形成	speciation

X

大 陆 名	台 湾 名	英 文 名
系列同源	系列同源	serial homology
系谱，家谱	譜系	pedigree
系谱分析，家谱分析	譜系分析	pedigree analysis
系谱图	系譜圖	pedigree diagram
系数矩阵	系數矩陣	coefficient matrix

大　陆　名	台　湾　名	英　文　名
Ac-Ds 系统(=激活-解离系统)		
Cre-loxP 系统	重組酵素系統，Cre-loxP 重組系統	Cre-loxP system
SPM 系统	SPM 系统	suppressor-promoter-mutator system，SPM system
系统地理学(=系统发生生物地理学)		
系统发生，种系发生	系統發生	phylogeny，phylogenesis
系统发生生物地理学，系统地理学	親緣地理學	phylogeography
系统发生学	系統發生學	phylogenetics
KB 细胞	KB 細胞	KB cell
细胞癌基因	細胞癌基因	cellular oncogene
细胞凋亡	細胞凋亡	apoptosis
细胞分化	細胞分化	cell differentiation，cytodifferentiation
细胞分类器(=细胞分选仪)		
细胞分裂	細胞分裂	cell division
细胞分裂后期	細胞分裂後期	anaphase of cell division
细胞分裂素，细胞激动素	細胞分裂素，細胞激動素	cytokinin，kinetin，kinin
细胞分裂中期	細胞分裂中期	metaphase of cell division
细胞分裂周期基因	細胞分裂週期基因	cell division cycle gene，CDC gene
细胞分选仪，细胞分类器	細胞分選儀	cell sorter
细胞骨架	細胞骨架	cytoskeleton
细胞核学	細胞核學	karyology，caryology
细胞激动素(=细胞分裂素)		
细胞计量术	細胞計數法	cytometry
细胞决定	細胞決定	cell determination
细胞库	細胞庫	cell bank
细胞内介导物	細胞内介導物	intracellular mediator
细胞黏附分子	細胞黏連分子	cell adhesion molecule，CAM
细胞谱系	細胞譜系	cell lineage
细胞器	[細胞]胞器	organelle
细胞器 DNA	[細胞]胞器 DNA	organelle DNA

大　陆　名	台　湾　名	英　文　名
细胞器基因组	胞器基因體	organelle genome
细胞器遗传学	胞器遺傳學	organelle genetics
细胞器质粒	胞器質體	organelle plasmid
细胞迁移	細胞遷移	cell migration
细胞融合	細胞融合	cell fusion
细胞外基质	細胞外基質	extracellular matrix，ECM
细胞系	細胞系，細胞株	cell line
细胞学图	細胞學圖	cytological map
细胞遗传学	細胞遺傳學	cytogenetics
细胞遗传学变化	細胞遺傳變化	cytogenetic change
细胞遗传学图	細胞遺傳學圖	cytogenetic map
细胞[异源]嵌合体	細胞質嵌合體	cytochimera
细胞因子	[細]胞激素	cytokine
细胞原位杂交	細胞原位雜交	*in situ* cytohybridization
细胞杂交	細胞雜交	cell hybridization
[细]胞质	[細]胞質	cytoplasm
[细]胞质基因	[細]胞質基因	plasma gene，cytogene
[细]胞质基因组	卵胞體漿遺傳因子，細胞質基因	plasmon
[细]胞质突变	[細]胞質突變	cytoplasmic mutation
[细]胞质雄性不育	胞質雄性不育，[細]胞質雄性不孕，細胞質雄性不稔	cytoplasmic male sterility
[细]胞质遗传	[細]胞質遺傳	cytoplasmic inheritance
细胞周期	細胞週期	cell cycle
[细胞]周期蛋白	細胞週期調節蛋白，週期素	cyclin
细胞株	細胞品系	cell strain
细胞滋养层	細胞滋養層	cytotrophoblast
细胞自主性	細胞自主性	cell autonomy
细菌人工染色体	細菌人工染色體	bacterial artificial chromosome，BAC
细菌遗传学	細菌遺傳學	bacterial genetics
细线期	細線期，細絲期	leptotene，leptonema
狭缝印迹杂交，狭线印迹杂交	狹縫點墨雜交，點墨雜交	slot blot hybridization
狭线印迹杂交(=狭缝印迹杂交)		
狭义遗传力(=狭义遗		

大　陆　名	台　湾　名	英　文　名
传率）		
狭义遗传率，狭义遗传力	狹義遺傳率	narrow heritability，heritability in the narrow sense
下胚层，初级内胚层	下胚層	hypoblast
下调(=减量调节)		
下调物(=减量调节物)		
下位	下位[性]	hypostasis
下位基因	下位基因	hypostatic gene
下效[等位]基因	下位基因	hyparchic gene
下游	下游	down stream，downstream
下游启动子元件	下游啟動子元件	downstream promoter element，DPE
下游序列	下游序列	downstream sequence
夏格夫法则	查卡夫法則	Chargaff's rule
先成论(=先成说)		
先成说，先成论	先成說	preformation theory
RNA 先驱物(=前体RNA)		
先熟说	先熟說	precocity theory
先体外后体内基因治疗(=活体外基因治疗)		
先体外后体内基因转移(=活体外基因转移)		
先天缺陷(=出生缺陷)		
先天性代谢缺陷	先天性代謝障礙，先天性代謝缺陷	inborn error of metabolism
先天性疾病	先天性疾病	congenital disease
先天性卵巢发育不全，特纳综合征	透納氏症	Turner syndrome
先天性肾上腺皮质增生	先天性腎上腺皮質增生症	congenital adrenal cortical hyperplasia
先验概率，前概率	前概率	prior probability
先证者	先證者，原發病患	propositus，proband，index case
纤维荧光原位杂交	纖維螢光原位雜交技術	fiber fluorescence *in situ* hybridization，fiber FISH
衔接子	衔接子，衔接頭	adapter，adaptor
Ag 显带	Ag 顯帶	Ag-banding

大　陆　名	台　湾　名	英　文　名
Q 显带	Q 顯帶	Q-banding
T 显带	T 顯帶	terminal banding
显带技术	鑑別性染色技術，鑑別染色法	differential staining technique
显示杂合子	顯性異型合子	manifesting heterozygote
显微操作	顯微操作	micromanipulation
显微切割术	顯微切割技術	microdissection
[显]微注射	顯微注射	microinjection
显性	顯性	dominance
显性等位基因	顯性對偶基因	dominant allele
显性度	顯性度，優勢度	degree of dominance
显性方差	顯性變量	dominance variance
显性负调控	顯性抑制調控	dominant negative regulation
显性负效突变	顯性抑制突變	dominant negative mutation
显性负效应	顯性抑制效應	dominant negative effect
显性关系	顯性關係	dominance relationship
显性基因	顯性基因	dominant gene
显性上位	顯性上位現象，顯性上位性，顯性上位效應	dominance epistasis
显性突变	顯性突變	dominant mutation
显性效应	顯性效應	dominance effect
显性性状	顯性性狀	dominant character
显性致死	顯性致死	dominant lethal
显著性测验	顯著性測驗	test of significance
线粒体	粒線體	mitochondrion
线粒体 DNA	粒線體 DNA	mitochondrial DNA，mtDNA
线粒体 RNA	粒線體 RNA	mitochondrial RNA，mtRNA
线粒体单倍型	粒線體單倍型	mitotype
线粒体基因	粒線體基因	mitochondrial gene
线粒体基因组	粒線體基因體	mitochondrial genome
线粒体遗传	粒線體遺傳	mitochondrial inheritance
线性基因组	線性基因體	linear genome
线性连锁图	線性連鎖圖	align map
线性模型	線性模型	linear model
线性排列	線性排列	linear arrangement
线性四分子	線性四分體	linear tetrad
线状 DNA	線狀 DNA	linear DNA
限雌遗传	限雌遺傳	hologynic inheritance

大　陆　名	台　湾　名	英　文　名
限性遗传	限性遺傳	sex-limited inheritance
限雄染色体	限雄染色體	androsome
限雄遗传	限雄遺傳	holandric inheritance
限制酶(=限制性内切核酸酶)		
限制[酶切]位点	限制位點	restriction site
限制性标记的基因组扫描	限制性地標基因體掃描	restriction landmark genomic scanning, RLGS
限制性等位基因	限制性對偶基因	restriction allele
限制[性酶切]图	限制圖	restriction map
限制性内切核酸酶,限制酶	限制性核酸内切酶,限制酵素	restriction endonuclease, restriction enzyme
限制[性]片段	限制酶切割片段	restriction fragment
限制性片段长度多态性	限制性片段長度多型性	restriction fragment length polymorphism, RFLP
限制性宿主	限制性宿主	restrictive host
限制性突变	限制性突變	restrictive mutation
限制性温度	限制性溫度	restrictive temperature
限制修饰系统	限制修飾系統	restriction-modification system
限制因子	限制因子	limiting factor
腺病毒	腺病毒	adenovirus
腺苷	腺苷	adenosine, A
腺苷酸环化酶	腺苷酸環化酶	adenylatecyclase
腺苷脱氨酶缺乏症	腺苷脱胺酶缺乏症	adenosine deaminase deficiency
腺瘤结肠息肉基因	家族性大腸瘜肉症基因	adenomatous polyposis coli gene, APC gene
腺嘌呤	腺嘌呤	adenine
相缠螺旋	相纏螺旋	plectonemic coil
相对频率	相對頻率	relative frequency
相对性别	相對性別	relative sexuality
相对性状	相對性狀	relative character, contrast character
相对育种值	相對孕種值	relative breeding value
相关	相關	correlation
相关变异	相關變異	covariation
相关分析	相關分析	correlation analysis
相关螺旋	相關螺旋	relational coiling
相关系数	相關係數	coefficient of correlation
相关性状	相關性狀	correlated character

大　陆　名	台　湾　名	英　文　名
相关选择反应	相關選擇反應	correlated selection response
TBP 相关因子	TBP 結合因子	TBP-associated factor，TAF
相互回交	相互回交	reciprocal backcross
相互交叉	相互交叉	reciprocal chiasmata
相互交换	相互交換	reciprocal interchange
相互易位	相互易位	reciprocal translocation
相间分布	相間分佈	alternative distribution
相间分离	交替分離，替代分離	alternate segregation
相邻分离	鄰接分離	adjacent segregation
相邻分离-1	鄰接-1 分離	adjacent-1 segregation
相邻分离-2	鄰接-2 分離	adjacent-2 segregation
相似系数	相似係數	coefficient of similarity
镶嵌显性	鑲嵌顯性	mosaic dominance
镶嵌现象	鑲嵌現象	mosaicism
消除显性突变	消除顯性突變	eliminate dominant mutation
消极优生学	消極優生學	negative eugenics
消减[基因]文库	減差[基因]庫，相減式[基因]文庫	subtractive [gene] library
消减克隆，扣除克隆	減差選殖，相減式選殖	subtractive cloning
消减 cDNA 文库	減差反 DNA 集合庫，相減式 cDNA 文庫	subtractive cDNA library
消减杂交，扣除杂交	減差雜交，相減式雜交	subtractive hybridization，subtracting hybridization
cDNA 消减杂交	cDNA 相減式雜交法	cDNA subtracting hybridization
小沟	窄溝	narrow groove
小基因	小基因	minigene，mini-gene
F 小体(=荧光小体)		
X 小体	X 小體	X body
Y 小体	Y 小體	Y body
小外显子	小外顯子	mini-exon
小卫星 DNA	小衛星 DNA	minisatellite DNA
小卫星区	小衛星區	minisatellite region
小型 Ti 质粒	小型 Ti 質體	mini-Ti plasmid
小载体	小載體	vectorette
小载体文库	小載體文庫	vectorette library
C 效应(=秋水仙碱效应)		
协方差	協方差，協變方	covariance

大　陆　名	台　湾　名	英　文　名
协同反馈抑制	協同回饋抑制	concened feedback inhibition，cooperative feedback inhibition
协同基因	協同基因	coordinate gene
协同结合	協同結合	cooperative binding
协同进化	協同進化，共同進化，共演化	concerted evolution，coincidental evolution，coevolution
协同扩增子	協同複製子	concentric amplicon
协同调节	協同調節	coordinate regulation
协同调控基因	協同控制基因	coordinately controlled gene
协同性	一致性	cooperativity
协同抑制(=协同阻遏)		
协同转座	協同轉位	cooperative transposition
协同阻遏，协同抑制	協同抑制	coordinate repression
协诱导物	共誘導物	coinducer
协阻遏物，辅阻遏物	輔阻遏物，共抑制物	co-repressor
携带者	基因攜帶者，帶基因者	carrier
DNA 芯片	DNA 晶片	DNA chip
新达尔文学说	新達爾文說，新達爾文主義	neo-Darwinism
新拉马克学说	新拉馬克學說	neo-Lamarckism
新生儿筛查	新生兒篩檢	newborn screening，neonatal screening
新效[等位]基因	新[效]等位基因	neomorph
新着丝粒	新著絲點	neocentromere
[信号]串流	交叉傳遞信息	cross-talk
信号分子	訊號分子	signal molecule，signaling molecule
信号识别蛋白	訊號識別蛋白	signal recognition protein，SRP
信号识别颗粒	訊號識別顆粒	signal recognition particle，SRP
信号肽	訊號肽	signal peptide
信号肽酶	訊號肽酶	signal peptidase
信号序列	訊號序列	signal sequence
信号转导	訊號轉導	signal transduction
信号转导及转录激活因子	訊號轉導與轉錄活化因子	signal transduction and activator of transcription，STAT
信使 RNA	信使 RNA	messenger RNA，mRNA
信使核糖核蛋白	信使核糖核蛋白	messenger ribonucleoprotein，mRNP
信息体	資訊體，信息體	informosome
信息性状	資訊性狀	information trait
星形细胞瘤	星形細胞瘤	astrocytoma

大　陆　名	台　湾　名	英　文　名
行为隔离	行為[性]隔離	behavioral isolation，ethological isolation
行为适应	行為適應	behavioral adaptation
行为遗传学	行為遺傳學	behavioral genetics
形态变异	形態變異	morphological variation
形态发生	形態發生	morphogenesis
形态发生沟	形態發生溝	morphogenetic furrow
形态发生决定子	形態發生決定子	morphological determinant
形态发生素	形態發生素	morphogen
形态突变	形態突變	morphological mutation
形态形成	形態形成	morphosis
A 型 DNA	A 型 DNA	A-form DNA
B 型 DNA	B 型 DNA	B-form DNA
Z 型 DNA	Z 型 DNA	Z-form DNA，zigzag DNA
性比	性別比率	sex ratio
性[别]分化	性別分化	sex differentiation
性别间选择	性別間選擇	intersexual selection
性别决定	性別決定	sex determination
性别内选择	性別內選擇	intrasexual selection
性别平均[连锁]图	性別平均圖	sex-average map
性别自体鉴定	自顯性別，自體性別鑑定	autosexing
性导	性導	sex duction
性二态现象	性二態現象	sex dimorphism
性隔离	性隔離	sexual isolation
性连锁,伴性	性連[鎖]，伴性	sex linkage
性连锁基因,伴性基因	性聯基因，伴性基因	sex-linked gene
性连锁性状,伴性性状	性聯性狀	sex-linked character
性连锁遗传	性聯遺傳	sex-linked inheritance
性连锁致死,伴性致死	性聯致死	sex-linked lethal
性逆转	性轉逆，性轉換	sex reversal
性染色体	性染色體	sex chromosome，idiochromosome
性染色体学说	性染色體學說	sex-chromosome theory
性染色质	性染色質	sex chromatin
性染色质体	性染色質小體	sex chromatin body
性腺发育不全(=生殖腺发育不全)		
性选择	性別選擇	sexual selection
性因子	性因子	sex factor

大　陆　名	台　湾　名	英　文　名
性指数	性指數	sex index
性状	性狀	character，trait
性状渐进	性狀漸進	character progression
性状趋同	性狀趨同	character convergence
性状趋异	性狀趨異	character divergence
性状替换	性狀替換，特性置換	character displacement
兄妹交配	兄妹交配	brother-sister mating
胸腺嘧啶	胸腺嘧啶	thymine
胸腺嘧啶二聚体	胸腺嘧啶二聚體	thymine dimer
雄核，精核	雄核	arrhenokaryon
雄核发育(=孤雄生殖)		
雄配子	雄配子	androgamete，malegamete
雄性不育	雄性不孕	male sterility
雄性不育系	雄性不孕系	male sterility line
雄性菌株	雄性菌株	male strain
雄性专一噬菌体	雄性專一噬菌體	male specific phage
雄质	雄质	arrhenoplasm
DNA 修复	DNA 修復	DNA repair
修复重组	修復重組	repair recombination
修复复制	修復複製	repair replication
修复合成	修復合成	repair synthesis
修复缺陷	修復缺陷	repair deficiency
修复缺陷综合征	修復缺陷綜合症	repair difficiency syndrome
修复体	修復體	repairosome
修饰	修飾	modification
DNA 修饰	DNA 修飾	DNA modification
修饰基因	修飾基因	modifier，modifier gene
修饰基因筛选	調節基因篩選	modifier screen
许可因子	執照因子	licensing factor
序列	序列	sequence
Alu 序列	*Alu* 序列，*Alu* 內切酶序列	*Alu* sequence
chi 序列	chi 序列	chi sequence，χ sequence
SD 序列	薩思-達爾加諾序列	Shine-Dalgarno sequence，SD sequence
δ 序列	δ 序列	delta sequence，δ sequence
序列标签微卫星	序列標記微衛星	sequence-tagged microsatellite，STMS
序列标签位点	序列標記位點，序列標誌點，特定序列位點	sequence-tagged site，STS

大　陆　名	台　湾　名	英　文　名
序列标签位点图	序列標記位點圖，序列標誌點圖譜，特定序列位點圖譜	sequence-tagged site map
序列测定，测序	定序	sequencing
DNA 序列测定，DNA 测序	DNA 定序	DNA sequencing
序列多态性	序列多態性	sequence polymorphism
DNA 序列多态性	DNA 序列多態性	DNA sequence polymorphism
序列分析	序列分析，順序分析	sequence analysis
序列家族	序列家族	sequence family
DNA 序列家族	DNA 序列家族	DNA sequence family
序列假说	序列假說，順序假說	sequence hypothesis
序列特异的寡核苷酸探针	序列專一之寡核苷酸探針	sequence-specific oligonucleotide probe, SSO probe
序列同一性(=序列一致性)		
序列一致性，序列同一性	序列一致性	sequence identity
选型交配	同型交配，選型交配，同型配種	assortative mating
选择	選擇	selection
选择差	選擇差異，選擇差數	selection differential
选择反应，选择响应	選擇反應	selection response
选择极限	選擇限制，選擇極限	selection limit
选择进展	選擇進展	selective advance
选择强度	選擇強度	intensity of selection
选择松弛	選擇放鬆	relaxation of selection
选择途径	選擇途徑	pathway of selection
选择系数	選擇係數	selection coefficient, coefficient of selection
选择系数强度随机波动	選擇系數強度之隨機波動	random fluctuation of selection coefficient intensity
选择响应(=选择反应)		
选择性剪接,可变剪接	選擇性剪接	alternative splicing
选择性剪接 mRNA，可变剪接 mRNA	選擇性剪接 mRNA，可變剪接 mRNA	alternatively spliced mRNA
选择性 RNA 剪接，可变 RNA 剪接	選擇性 RNA 加工，可變 RNA 剪接	alternative RNA splicing, alternative RNA processing

大 陆 名	台 湾 名	英 文 名
选择性剪接因子，可变剪接因子	選擇性剪接因子	alternative splicing factor，ASF
选择性转录,可变转录	選擇性轉錄	alternative transcription
选择性转录起始,可变转录起始	選擇性轉錄起始	alternative transcription initiation
选择学说	選擇學說	selection theory
选择压[力]	選擇壓力	selection pressure
选择优势	選擇優勢	selection advantage
选择者基因	選擇者基因	selector gene
选择指标	選擇指標	selection criterion
选择指数	選擇指數	selection index
选择中性	選擇中性	selective neutrality
选择子	選擇子	selector
血岛，血管发生簇	血島	blood island
血管发生	血管新生成	angiogenesis
血管发生簇(=血岛)		
血红蛋白	血紅蛋白，血紅素	hemoglobin
血红蛋白病	血紅蛋白疾病	hemoglobinopathy
血清应答元件	血清反應要素	serum response element，SRE
血型	血型	blood group
血型系统	血型系統	blood group system
ABO 血型系统	ABO 血型系統	ABO blood group system
血友病	血友病	hemophilia
血缘系数(=亲缘系数)		
驯化	馴化	acclimatization

Y

大 陆 名	台 湾 名	英 文 名
芽变	芽變	bud mutation，bud sport
亚倍体	亞倍體	hypoploid
亚倍性	亞倍性	hypoploidy
亚端着丝粒染色体(=近端着丝粒染色体)		
亚二倍体	亞二倍體	hypodiploid
亚基因	次基因	sub-gene
亚基因组	次基因體	subgenome

大　陆　名	台　湾　名	英　文　名
亚克隆	次選殖	sub-clone
亚量基因	次[數]量基因	subquantitative gene
亚群体	次族群，次群體	subpopulation
亚染色单体	亞染色分體	subchromatid
亚效等位基因	亞[效]對偶基因，亞[效]等位基因	hypomorphic allele，hypomorph
亚致死基因	次致命基因	sublethal gene
亚中着丝粒染色体（=近中着丝粒染色体）		
亚种	亞種	subspecies
延迟显性	遲延顯性	delayed dominance
延迟遗传	遲延遺傳	delay inheritance
延伸因子	延伸因子，伸長因子	elongation factor
严紧反应	嚴緊反应	stringent response
严紧控制，应急控制	嚴緊控制	stringent control
严紧型质粒	嚴緊型質體	stringent plasmid
严紧因子，应急因子	嚴緊因子	stringent factor
衍生染色体	衍生染色體	derivative chromosome
衍征，离征	近裔共性	apomorphy
演化(=进化)		
演化论(=进化论)		
羊膜穿刺[术]	羊膜穿刺術	amniocentesis
羊膜脊椎动物	羊膜脊椎動物	amnion vertebrate
样本	樣本	sample
药物基因组学	藥理基因體學	pharmacogenomics
药物遗传学	藥理遺傳學	pharmacogenetics
野灰色模式	野生灰色型	agouti pattern
野生型	野生型	wild type
叶绿体 DNA	葉綠體 DNA	chloroplast DNA，ctDNA
叶绿体基因组	葉綠體基因體	chloroplast genome
一般配合力	一般配合力	general combining ability
一倍体	單倍體	monoploid
一倍体数	單倍體數	monoploid number
一操纵子一信使假说	一操縱子一資訊假說，一操縱子一信息假說	one-operon one-messenger hypothesis
一雌多雄，多雄性	多雄性	polyandry

大 陆 名	台 湾 名	英 文 名
一基因一多肽假说	一基因一多胜肽鏈假說	one-gene one-polypeptide hypothesis
一基因一酶假说	一基因一酶假說，單基因單酶假說	one-gene one-enzyme hypothesis
一基因一酶模型	一基因一酶模型	one-gene one-enzyme model
一级亲属	一級親屬	first degree relative
一级堂表亲	一級堂表親	first cousin
一雄多雌，多雌性	多雌現象，多雌性	polygyny
一元回归，单回归	單元迴歸	simple regression
医学遗传学	醫學遺傳學	medical genetics
依赖于 DNA 的 DNA 聚合酶	依賴 DNA 之 DNA 聚合酶	DNA-dependent DNA polymerase
依赖于 RNA 的 DNA 聚合酶	依賴 RNA 之 DNA 聚合酶，需 RNA 之 DNA 聚合酶	RNA-dependent DNA polymerase
依赖于 RNA 的 RNA 聚合酶	依賴 RNA 之 RNA 聚合酶，需 RNA 之 RNA 聚合酶	RNA-dependent RNA polymerase
依赖于 ρ 的终止	ρ 依賴性終止	ρ-dependent termination
依赖于 ρ 的终止子	ρ 依賴性終止子	ρ-dependent terminator
依频选择(=频率依赖选择)		
胰岛素	胰島素	insulin
移码	移碼	frameshift
移码突变	移碼突變，框構轉移突變	frameshift mutation
移码抑制(=移码阻抑)		
移码抑制因子(=移码阻抑因子)		
移码阻抑，移码抑制	移碼抑制，框構轉移阻遏	frameshift suppression，frame suppression
移码阻抑因子，移码抑制因子	移碼突變抑制子，框構轉移阻遏基因	frameshift suppressor
移位	移位，轉移	shift
移位酶	轉移酶	translocase
移位易位	移位易位	shift translocation
遗传	遺傳	heredity，inheritance

大　陆　名	台　湾　名	英　文　名
遗传保守性	遺傳保守性	hereditary conservation
遗传背景	遺傳背景	genetic background
遗传比率	遺傳比率	genetic ratio
遗传标记，遗传标志	遺傳標記，遺傳標誌基因	genetic marker
遗传标志(=遗传标记)		
遗传病	遺傳疾病	genetic disease，hereditary disease，inherited disease
遗传补偿	遺傳補償	genetic compensation
遗传操作，基因操作	遺傳操作，基因操作	genetic manipulation，gene manipulation
遗传冲刷	遺傳毀損	genetic erosion
遗传重组	遺傳重組	genetic recombination
遗传传递力	遺傳傳遞力	genetic transmitting ability
遗传代价	遺傳代價	genetic cost
遗传单位	遺傳單位	genetic unit，hereditary unit
遗传的染色体学说	染色體遺傳學說	chromosome theory of inheritance
遗传毒性	遺傳毒性	genetic toxicity
遗传多态性	遺傳性多態現象，遺傳性多態性，遺傳多型性	genetic polymorphism
遗传多样性	遺傳多樣性	genetic diversity
遗传惰性	遺傳惰性	genetic inertia
遗传方差	遺傳變方	genetic variance
遗传分型	遺傳分型	genetic typing
遗传负荷	遺傳負荷	genetic load
遗传复合体	遺傳複合體	genetic compound
遗传[复制]起点	遺傳[複製]起點	genetic origin
遗传隔离	遺傳隔離	genetic isolation
遗传工程，基因工程	遺傳工程，基因工程	genetic engineering
遗传互补	遺傳互補	genetic complementation
遗传获得量	遺傳獲得量	genetic gain
遗传极性	遺傳極性	genetic polarity
遗传寄生	遺傳寄生	genetic colonization
遗传交换	遺傳互換	genetic crossing over
遗传精细结构	遺傳精細結構	genetic fine structure
遗传距离	遺傳距離	genetic distance
遗传决定系数	遺傳決定係數	coefficient of genetic determination
遗传力(=遗传率)		

大　陆　名	台　湾　名	英　文　名
遗传连锁	遺傳連鎖	genetic linkage
遗传流行病学	遺傳流行病學	genetic epidemiology
遗传率，遗传力	遺傳率，遺傳力	heritability
遗传密码	遺傳密碼	genetic code
遗传密码简并	遺傳密碼簡併	degeneracy of the genetic code
遗传灭绝	遺傳滅絕	genetic extinction
遗传命名法	遺傳命名法	genetic nomenclature
遗传漂变	遺傳漂變	genetic drift
遗传平衡	遺傳平衡	genetic equilibrium
遗传评估	遺傳評估	genetic evaluation
遗传群体	遺傳群組，遺傳族群	genetical population
遗传筛选	遺傳篩選	genetic screening
遗传适合度	遺傳適合度	genetic fitness
遗传死亡	遺傳死亡	genetic death
遗传素质	遺傳素質	hereditary predisposition，genetic predis-position
遗传体系	遺傳體系，遺傳系統	genetic system
遗传调节	遺傳調節	genetic regulation
遗传同化	遺傳同化	genetic assimilation
遗传同型交配	遺傳同型交配	genetic assortative mating
遗传网络	遺傳網絡	genetic network
遗传紊乱	遺傳紊亂	genetic disorder
遗传物质	遺傳物質	genetic material
遗传相关	遺傳相關	genetic correlation
遗传协方差	遺傳協變方，遺傳共變方	genetic covariance
遗传信息	遺傳信息	genetic information
遗传性别	遺傳性別	genetic sex
遗传性共济失调	遺傳性運動失調	hereditary ataxia
遗传性果糖不耐受症	遺傳性果糖不耐受症	hereditary fructose intolerance
遗传性毛细血管扩张症	遺傳性血管擴張症	hereditary telangiectasia
遗传性球形红细胞增多症	遺傳性球狀血球症	hereditary spherocytosis
遗传性椭圆形红细胞增多症	合併橢圓形紅血球增多症	hereditary elliptocytosis
遗传性易位	遺傳性易位	inherited translocation
遗传学	遺傳學	genetics

大　陆　名	台　湾　名	英　文　名
遗传[学]图	遺傳圖[譜]	genetic map
遗传异型交配	遺傳異型交配	genetic disassortative mating
遗传异质性	遺傳異質性	genetic heterogeneity
遗传易患性	遺傳易患性	hereditary susceptibility
遗传印记	遺傳印痕	genetic imprinting
遗传早现	早現遺傳	anticipation，genetic anticipation
遗传拯救	遺傳拯救	genetic rescue
遗传整合	遺傳整合	genetic integration
遗传值	遺傳值	genetic value
遗传指纹，基因指纹	遺傳指紋法	genetic fingerprint
遗传致死	遺傳致死	genetic lethal
遗传咨询	遺傳咨詢	genetic counseling
遗传作图	遺傳定位，遺傳作圖	genetic mapping
乙酸地衣红	醋酸地衣紅	aceto-orcein
乙酸洋红，醋酸洋红	醋酸洋紅	aceto-carmine
已加工假基因	已加工的偽基因，已修飾的偽基因	processed pseudogene
已剪接 mRNA	已剪接 mRNA	spliced mRNA
异倍体	異倍體	heteroploid
异倍性	異倍性	heteroploidy
异臂倒位	異臂倒位	heterobrachial inversion
异表型交配	異表型交配	heterophenogamy
异常表达，错误表达	異常表達	misexpression
异常重组,非常规重组	異常重組	illegitimate recombination
异常剪接	異常剪接	aberrant splicing
异常密码子	異常密碼子	altered codon
异常血红蛋白	異常血紅蛋白，異常血紅素	abnormal hemoglobin
异常转录，非常规转录	異常轉錄，不規則性轉錄	illegitimate transcription
异地分布(=异域分布)		
异地物种形成(=异域物种形成)		
异地种(=异域种)		
异点等位基因	異點對偶基因，異等位基因	heteroallele
异固缩	異固縮	heteropycnosis，heteropyknosis
异合子	異型合子	allozygote

大　陆　名	台　湾　名	英　文　名
异核融合	異融生殖	heteromixis
异核体	異核體	heterokaryon，heterocaryon
异核体检验	異核體檢驗	heterokaryon test
异核现象	異核現象	heterokaryosis，heterocaryosis
异化分裂	異化分裂	heterokinesis
异基因子	異基因子	heterogenotic
异卵双生(=二卵双生)		
异配生殖	異配生殖	anisogamy，heterogamy
异配性别	異配性別	heterogametic sex
异染色体	異染色體	allosome，heterochromosome
异染色质	異染色質	heterochromatin
异染色质化	異染色質化	heterochromatization
异时发生(=发育差时)		
异时[性]突变	異時性突變	heterochronic mutation
异速生长	異速生長	allometry
异态性	異態性	heteromorphism
异位表达	異位表現	ectopic expression
异位插入	異位插入	ectopic insertion
异位配对	異位配對	ectopic pairing
异位妊娠，子宫外孕	子宮外孕	ectopic pregnancy
异位位点	異位位點	ectopic site
异位整合	異位整合	ectopic integration
异形二价体	異形二價體，異型二價體	heteromorphic bivalent
异形核	異形核	heteronuclear
异形染色体	異形染色體，異型染色體	heteromorphic chromosome
异型分裂	異型分裂	heterotypic division
异型交配，负选型交配	負選型配種，非選型配配	negative assortative mating
异型杂交	異型雜交	outcross
异型转化	異源轉化	allogenic transformation
异域分布，异地分布	異域分佈	allopatric distribution，allopatry
异域物种形成，异地物种形成	異域種化，異域物種形成，分區物種形成	allopatric speciation
异域杂交	異域雜交	allopatric hybridization
异域种，异地种	異域種	allopatric species
异源倍体	異源倍體	alloploid

大　陆　名	台　湾　名	英　文　名
异源倍性	異源倍性	alloploidy
异源多倍体	異源多倍體	allopolyploid
异源多倍性	異源多倍性	allopolyploidy
异源多元单倍体	異源多元單倍體	allopolyhaploid
异源二倍单体	異源二倍單體	allodiplomonosome
异源二倍体	異源二倍體，異質二倍體	allodiploid
异源基因	異源基因	heterologous gene
异源基因表达系统	異源基因表達系統	heterologous gene expression system
异源联会	異源聯會	allosyndesis，allosynapsis
[异源]嵌合体	嵌合體	chimera
异源[染色体]配对	異源染色體配對	heterogenetic pairing
异源双链 DNA	異源雙股 DNA，異源複式 DNA，異質複式 DNA	heteroduplex DNA
异源双链分析	異源雙股分析，異源雜合雙鏈分析，異型雙股分析	heteroduplex analysis
异源双链体	異源雙股體	heteroduplex
异源双链作图	異源雙股定位，異源雙鏈作圖法	heteroduplex mapping
异源四倍体	異源四倍體，異質四倍體	allotetraploid
异源异倍体	異源異倍體	alloheteroploid
异源异倍性	異源異倍性	alloheteroploidy
异质	異質	alloplasm
异质群体	異質群體	heterogeneous population
异质体	異質體	heteroplasmon
异质性	異質性	heterogeneity，heteroplasmy
异质性指数	異質性指數	heterogeneity index
异种移植	異種移殖	xenograft，xenogeneic graft
异周性	異週期性，[染色體的]異旋性	allocycly
异族通婚	種族混合，雜婚，異族通婚	miscegenation
抑制 PCR（=阻抑 PCR）		
抑制基因	抑制[因]子，抑制基因，阻遏基因	inhibiting gene

大　陆　名	台　湾　名	英　文　名
抑制基因突变(=阻抑 基因突变)		
抑制消减杂交(=阻抑 消减杂交)		
抑制型 tRNA(=阻抑 型 tRNA)		
抑制[作用]	抑制[作用]	inhibition
译码，解码	解碼	decoding
易变基因	可[突]變基因	mutable gene
易错修复	錯誤傾向修復	error-prone repair
易感基因(=易患基因)		
易感性(=易患性)		
易患基因，易感基因	易患基因	susceptibility gene
易患性，易感性	易患性	liability
易位	易位	translocation
易位测验	易位測驗	translocation test
缢痕	縊痕	constriction
Ac-Ds 因子	Ac-Ds 因子	Ac-Ds element
Ds 因子	Ds 因子	Ds element
F 因子(=致育因子)		
FB 因子，折回因子	摺回因子	fold-back element，FB element
P 因子	P 因子	P element
R 因子(=抗性转移因 子)		
Rh 因子	Rh 因子	Rh factor
Ty 因子	Ty 要素	Ty element
σ 因子	σ 因子	σ factor
ρ 因子	ρ 因子	ρ factor
P 因子诱变	P 因子誘變	P element mutagenesis
引发策略	引發策略	priming strategy
引发酶	引發酶	primase
DNA 引发酶	DNA 導引酶	DNA primase
引发体	引發體	primosome
引发体前体，预引发体	引發前體	preprimosome
引发体组装位点	引發體組裝位點	primosome assembly site，PAS
引入 DNA	引入 DNA	imported DNA
引物	引子	primer
RNA 引物	RNA 引子	RNA primer

大　陆　名	台　湾　名	英　文　名
引物 RNA	引子 RNA	primer RNA
引物步查，引物步移	引子步移	primer walking
引物步移(=引物步查)		
引物延伸	引子延伸	primer extension
隐蔽 mRNA	隱蔽 mRNA	masked mRNA
隐蔽基因	隱蔽基因	cryptogene
隐蔽剪接位点	隱蔽剪接位點	cryptic splice site
隐蔽结构杂种	隱蔽結構雜種	cryptic structural hybrid
隐蔽[同源]嵌合体	隱蔽嵌合體	cryptic mosaic，cryptochimera
隐蔽卫星 DNA	隱蔽衛星 DNA	cryptic satellite DNA
隐蔽性质粒	隱蔽性質體	cryptic plasmid
隐藏种	隱藏種	hidden species，cryptic species
隐性	隱性	recessiveness，recessive
隐性基因	隱性基因	recessive gene
隐性上位	上位隱性	recessive epistasis
隐性性状	隱性性狀	recessive character
隐性致死	隱性致死	recessive lethal
印迹	墨點	blotting
DNA 印迹法，萨慎法	南方墨點法，瑟慎墨點法	Southern blotting
RNA 印迹法	北方墨點法	Northern blotting
印记	親教，印製模式，印痕學習	imprinting
印记基因	印痕基因	imprinted gene
印记框	印痕框	imprinting box
印记失活	印痕失活	imprinting off
荧光[标记]PCR	螢光標定 PCR	fluorescence PCR
荧光激活染色体分选法	螢光活化染色體分選	fluorescence actived chromosome sorting，FACS
荧光小体，F 小体	螢光小體	fluorescence body，F body
荧光原位杂交	染色體螢光原位雜交	fluorescence *in situ* hybridization，FISH
营养缺陷体，营养缺陷型	營養缺陷體	auxotroph
营养缺陷型(=营养缺陷体)		
SOS 应答	SOS 響應	SOS response
应答元件	反應元件	response element
应答元件结合蛋白	反應元件結合蛋白	response element binding protein

大　陆　名	台　湾　名	英　文　名
应急控制(=严紧控制)		
应急因子(=严紧因子)		
永久性环境效应	永久性環境效應	permanent environmental effect
永久杂种	永久雜種	permanent hybrid
优境学	優境學	euthenics
优生学	優生學	eugenics
优势对数	優勢對數	lod
优先分离，偏向分离	優先分離，偏向分離	preferential segregation
优先遗传	優勢遺傳	prepotency
优型学	優表學	euphenics
有害基因	有害基因	deleterious gene
有害突变	有害突變	deleterious mutation
有汗性外胚层发育不良	汗性外胚層發育不良	hidrotic ectodermal dysplasia
有丝分裂	有絲分裂	mitosis
C 有丝分裂	C-有絲分裂	C-mitosis
有丝分裂不分离	有絲分裂不分離	mitotic nondisjunction
有丝分裂重组	有絲分裂重組	mitotic recombination
有丝分裂促进因子	有絲分裂促進因子	mitosis-promoting factor
有丝分裂减退	有絲分裂減退	mitodepression
有丝分裂交换	有絲分裂互換	mitotic crossover
有丝分裂期，M 期	有絲分裂期，M 期	mitotic phase，M phase
有丝分裂器	有絲分裂胞器	mitotic apparatus
有丝分裂染色体消减	有絲分裂染色體丟失	mitotic chromosome loss
有丝分裂抑制	有絲分裂抑制	mitotic inhibition
有丝分裂指数	有絲分裂指數	mitotic index
有丝分裂中心	有絲分裂中心	mitotic center
有限群体	有限群體	finite population
有效等位基因数	有效對偶基因數	effective number of allele
有效群体大小	有效群體大小	effective population size
有效群体大小等位基因数	有效群體大小對偶基因數	effective population size number of allele
有效显性	有效顯性	effectively dominant
有性生殖	有性生殖	sexual reproduction
有性杂交	有性雜交	sexual hybridization
有义链	有義股	sense strand
有义密码子	有義密碼子	sense codon
右剪接点	右剪接點	right splice junction

大　陆　名	台　湾　名	英　文　名
右手螺旋 DNA	右手螺旋 DNA	right-handed DNA
幼态延续	幼態延續	neoteny
幼体配合	幼體配合，幼體結合	paedogamy
幼体生殖	幼體生殖	paedogenesis
诱变	誘變	mutagenesis，induced mutagenesis
PCR 诱变	PCR 誘變	PCR mutagenesis
SOS 诱变	SOS 誘變	SOS mutagenesis
诱变测验	誘變測驗	mutatest
诱变剂	誘變劑	mutagen
诱导	誘導	induction
SOS 诱导测验	SOS 誘導測驗	SOS induce test，SOS inductest
诱导交互作用	誘導交互作用	inductive interaction
诱导酶	誘導酶，可誘發酵素	inducible enzyme
诱导物	誘導物	inducer
SOS 诱导物	SOS 誘導物	SOS inducer
诱导型表达	可誘導表達，可誘導表現	inducible expression
诱导性重组	誘導性重組	inducible recombination
诱发变异	誘發變異	induced variation
诱发突变	誘發突變	induced mutation
诱发突变体	誘發突變種，誘發突變體	induced mutant
育性恢复基因	恢復基因，修復性基因	restoring gene
育种值	育種值	breeding value
育种值差(=加性遗传方差)		
育种值模型	育種值模型	breeding value model
预测基因	預測基因	predicted gene
预估标准误	預估標準誤	standard error of prediction
预决定	前決定	predetermination
预引发体(=引发体前体)		
域	區域	domain
阈值	閾值	threshold value
阈[值]模型	閾模型	threshold model
阈[值]性状	閾性狀	threshold character，threshold trait
元件	元件	element
Alu 元件	*Alu* 元件	*Alu* element

大　陆　名	台　湾　名	英　文　名
原癌基因	原癌基因	proto-oncogene
原病毒，前病毒	前病毒	provirus
原肠胚形成	原腸胚形成	gastrulation
原肠腔	原腸腔	archenteron
原端粒	原端粒	protelomere
原沟	原溝	primitive groove
原核	原核	pronucleus，prokaryon
原核基因	原核基因	prokaryotic gene
原核生物	原核生物	prokaryote
原核细胞	原核細胞	prokaryotic cell，prokaryocyte
原红细胞	原紅細胞	proerythroblast
原基因	原基因	protogene
原结	原節	primitive knot，primitive node
原生命	原生命	progenote
原生质球，圆球质体	球狀原生質體，球形質體	spheroplast
原生质体	原生質體	protoplast
原生质体融合	原生質體融合	protoplast fusion
原始基因组	原始基因體，原染色體組	urgenome
原始生殖细胞	原始生殖細胞	primordial germ cell
原始细胞，祖细胞	原始細胞，祖細胞	archeocyte，primitive cell
原始真核生物	原始真核生物	urkaryote，urcaryote
原噬菌体	前噬菌體	prophage
原条	原條	primitive streak
原位 PCR	原位 PCR	*in situ* PCR
原位杂交	原位雜交	*in situ* hybridization
原养型	原養型	prototroph
原种	原種	stock
圆球质体(=原生质球)		
远端顺式作用调节 DNA 序列	遠端順式作用調節 DNA 序列	distant cis-acting regulatory DNA sequence
远交	異系交配，異交，遠親雜交	outbreeding
远缘杂交	遠緣雜交，遠交	distant hybridization，wide cross
远缘杂种	遠緣雜種	distant hybrid，wide hybrid
约束选择	限制性選擇	restricted selection
约束选择指数	限制性選擇指數	restricted selection index

大　陆　名	台　湾　名	英　文　名
约束最大似然法	限制最大概度法，限制最大概似法，限制性最大似然法	restricted maximum likelihood
越种进化(=宏观进化)		
允许条件	許可條件	permissive condition
允许突变	許可突變	permissive mutation
允许细胞	許可細胞	permissive cell
孕早期产前诊断	懷孕早期產前檢查	first trimester prenatal diagnosis
[运]载体	載體	carrier
[运]载体 DNA	載體 DNA	carrier DNA

Z

大　陆　名	台　湾　名	英　文　名
杂合度漂变方差	異質度漂移變方	drift variance of heterozygosity
杂合度取样方差	雜合度取樣變方	sampling variance of heterozygosity
杂合噬菌体	雜合噬菌體	heterozygous phage
杂合性	異型接合性，異質性	heterozygosity
杂合性丢失	異質性丢失，異質性消失	loss of heterozygosity，LOH
杂合子	異型接合體，雜合體，異型接合子	heterozygote
杂合子筛查	雜合體篩選	heterozygote screening
杂基因部分合子	異型基因部分合子，雜基因部分合子	heterogenotic merozygote
杂交	雜交	hybridization，cross
DNA 杂交	DNA 雜交	DNA hybridization
杂交不育性	雜交不育性，雜交不孕性，雜交不稔性	cross-infertility，cross-sterility
杂交测序	雜交定序	sequencing by hybridization，SBH
杂交分子释放翻译	雜交釋放轉譯[法]	hybrid-released translation，HRT
杂交分子选择翻译	雜交分子選擇轉譯	hybrid-selected translation
杂交分子阻抑翻译	雜交停頓轉譯[法]，阻斷轉譯雜交法	hybrid-arrested translation，HART
杂交瘤	雜種瘤，融合瘤	hybridoma
杂交亲和性	雜交親和性	cross-compatibility
杂交弱势	雜種減勢	pauperization
杂交探针	雜交探針	hybridization probe

大　陆　名	台　湾　名	英　文　名
杂交性	雜交性	crossability
杂交育种	雜交育種	cross breeding
杂交-自交法	雜交-自交法	hybrid-inbred method
杂种	雜種	hybrid
杂种不活性	雜種不活性	hybrid inviability
杂种不育	雜種發育不良，雜種性腺發育不全	hybrid dysgenesis
杂种二代(=子二代)		
杂种基因	雜種基因	hybrid gene
杂种抗性	雜種抗性	hybrid resistance
杂种群[集]	雜種隔離群，雜交群，天然雜種群	hybrid swarm
杂种双链分子	雙式分子	hybrid duplex molecule
杂种一代(=子一代)		
杂种优势	雜種優勢	heterosis，hybrid vigor
灾变论(=灾变说)		
灾变说，灾变论	災變說	catastrophe theory，catastrophism
载体	載體	vector，vehicle
T 载体	T 載體	T-vector
Ti 载体	Ti 載體	Ti vector
载体 M13	載體 M13	bluescript M13
再分化	再分化	redifferentiation
再起始位点	再起始位點	reinitiation site
再生	再生	regeneration
再现风险，复发风险	再現風險，重現機率	recurrence risk
暂时性环境效应	暫時性環境效應	temporary environmental effect
脏壁中胚层	臟壁中胚層	visceral mesoderm
早重组结	早期重組節	early recombination nodule
早老症	早老症	progeria，premature senility
早期基因	早期基因	early gene
增变基因	增變基因	mutator gene
增量调节，上调	正調節	up regulation，upregulation
增量调节物，上调物	正調節子	up regulator
增强体	強化體	enhancosome
增强子	強化[因]子	enhancer
增强子捕获	強化子捕獲	enhancer trapping
增强子单元	強化子單元	enhanson
增强子竞争	強化子競爭	enhancer competition

大　陆　名	台　湾　名	英　文　名
增强子序列	強化子序列	enhancer sequence
增强子元件	強化子元件	enhancer element
增色效应	增色效應	hyperchromic effect
帐弓	帳型紋	tentedarch
折叠	折疊	folding
折回因子(=FB因子)		
赭石密码子	赭石型密碼子	ochre codon
赭石突变	赭石型突變	ochre mutation
赭石阻抑基因	赭石型抑制基因	ochre suppressor
真端粒	真端粒	eutelomere
真核表达	真核表達	eukaryotic expression
真核基因	真核基因	eukaryotic gene
真核基因表达	真核基因表達	eukaryotic gene expression
真核起始因子	真核起始因子	eukaryotic initiation factor，eIF
真核生物	真核生物	eukaryote
真核细胞	真核細胞	eukaryotic cell，eukaryocyte
真实遗传(=纯育)		
阵列文库	矩陣文庫	arrayed library
整倍体	整倍體	euploid
整倍性	整倍性	euploidy
整臂易位	整臂易位，整臂移位	whole-arm translocation
整单倍体	整單倍體	euhaploid
整合表达	整合表達	integrant expression
整合酶	整合酶，集成酶	integrase
整合-切离区域	整合-切割區域	integration-excision region，I/E region
整合宿主因子	整合宿主因子	integration host factor，IHF
整合体	整合體	intasome
整合图	整合圖	integration map
整合序列	整合序列	integration sequence
整合抑制(=整合阻抑)		
整合子	整合子	integron
整合阻抑，整合抑制	整合抑制	integrative suppression
整合[作用]	整合	integration
整码突变	整碼突變	in-frame mutation
正超螺旋	正超螺旋	positive supercoil
正反交	互交	reciprocal crosses
正负筛选法	正負篩檢法	plus and minus screening

大　陆　名	台　湾　名	英　文　名
正负双向选择	正負篩選	positive-negative selection，PNS
正干涉	正干擾	positive interference
正交	正交	direct cross
正控制	正控制	positive control
正控制元件	正控制元件	positive control element
正链	正股	positive strand，plus strand
正链 DNA	正股 DNA	plus strand DNA
正态分布	常態分佈	normal distribution
正态化选择，保常态选择	常態選擇	normalizing selection
正调节	正調控	positive regulation
正调节物	正調節因子，正調節者	positive regulator
正调节元件	正調控元件	positive regulatory element，PRE
正相关	正相關	positive correlation
正向突变	正向突變	forward mutation
正效应物	正效應物	positive effector
正选型交配(=同型交配)		
正选择(=定向选择)		
正异固缩	正向異固縮，正異常凝縮	positive heteropycnosis
支架附着区	支架附著區域	scaffold attachment region，SAR
支序图，进化树	進化分支圖，支序圖，演化分支圖	cladogram
支序系统学，分支系统学	支序系統學	cladistics
肢芽	肢芽	limb bud
脂质体	脂質體	liposome
脂质体包载	脂質體包載	liposome entrapment
直感现象，种子直感	直感現象	xenia
直接发育	直接發育	direct development
直接逆向修复	直接逆向修復	direct reversal repair
直接同胞法	直接同胞法	direct sib method
直生说，定向进化	直系發生，定向演化[學說]，直生論	orthogenesis，directed evolution
直系同源基因(=种间同源基因)		
直向同源(=种间同源)		

大　陆　名	台　湾　名	英　文　名
C 值	C 值	C value
GC 值	GC 值	GC value
C 值悖理，C 值矛盾	C 值反常，C 值悖論	C value paradox
C 值矛盾(=C 值悖理)		
植物板	植物板	vegetal plate
植物极	植物極	vegetal pole
植物遗传学	植物遺傳學	plant genetics
指导 RNA	指導 RNA	guide RNA，gRNA
指导序列	指導序列	guide sequence
指甲髌骨综合征	指甲-膝症候群	nail-patella syndrome
指纹	指紋	fingerprint
DNA 指纹	DNA 指紋	DNA fingerprint
指纹法	指紋法	fingerprinting
指纹型	指紋型	fingerprint pattern
质粒	質體	plasmid
R 质粒，抗性质粒	R 質體，抗藥質體	resistance plasmid，R plasmid
Ri 质粒，毛根诱导质粒	Ri 質體	root inducing plasmid，Ri plasmid
Ti 质粒，根癌诱导质粒	Ti 質體	tumor inducing plasmid，Ti plasmid
质粒表型	質體表型	plasmid phenotype
质粒不亲和性(=质粒不相容性)		
质粒不相容性，质粒不亲和性	質體不相容性，質體不親合性	plasmid incompatibility
质粒分配	質體分配	plasmid partition
质粒复制	質體複製，絲噬體複製	plasmid replication
质粒获救，质粒拯救	質體救援	plasmid rescue
质粒克隆载体	質體選殖載體	plasmid cloning vector
质粒迁移作用	質體遷移作用	plasmid mobilization
质粒拯救(=质粒获救)		
质量性状	質量性狀	qualitative character，qualitative trait
质配，胞质融合	胞質配合	plasmogamy，cytogamy
质体 DNA	質體 DNA	plastid DNA
质体基因	質體基因	plastogene
质体系	質體系	plastidome
质体遗传	質體遺傳	plastid inheritance
致癌 RNA 病毒	致癌 RNA 病毒	oncornavirus

大　陆　名	台　湾　名	英　文　名
致癌剂	致癌因子	carcinogen
致毒区	致毒區	virulence region
致畸剂，致畸原	畸胎原	teratogen
致畸原(=致畸剂)		
致敏细胞	致敏細胞	sensitized cell
致死当量	致死當量	lethal equivalent
致死等位基因	致死對偶基因	lethal allele
致死基因	致死基因	lethal gene
致死接合	致死接合	lethal zygosis
致死突变	致死突變	lethal mutation
致细胞病变[效应]	細胞病變[效應]	cytopathic effect，CPE
致育因子，F 因子	致育因子	fertility factor，F factor
滞后期	遲滯期	lag phase
滞后[现象]	滯後作用	hysteresis
滞育	滯育	diapause
置换，取代	取代	substitution
置换单倍体，替代单倍体	取代單倍體	substitution haploid
置换负荷，替换负荷	取代負荷	substitutional load
置换型载体	置換型載體	replacement vector，substitution vector
置信区间	信賴區間	confidence interval
中度重复 DNA	中度重複性 DNA	moderately repetitive DNA
中度重复序列	中度重複性序列	moderately repetitive sequence
中段中胚层，间介中胚层	間介中胚層	intermediate mesoderm
中断平衡进化说(=间断平衡说)		
中断杂交	間斷雜交，干擾交配，間歇交配	interrupted mating
中间交叉	中間交叉	interstitial chiasma
中间缺失	中間缺失	intercalary deletion，interstitial deletion
中胚层	中胚層	mesoderm，mesoblast
中期	中期	metaphase
C 中期	C-中期	C-metaphase
中期染色体	中期染色體	metaphase chromosome
中期停顿	中期停頓	metaphase arrest
中心法则	中心法則，中心定則	central dogma
中心粒	中心粒	centriole

大　陆　名	台　湾　名	英　文　名
中心粒卫星体	中心粒衛星體	centriole satellite
中心粒序列(=着丝粒 　序列)		
中心球	中心球	centrosphere
中心体	中心體	centrosome
中心体连丝	中心體聯絲	centrodesm，centrodesmose
中心质	中心質	centroplasm
中心质体	中心質體	centroplast
中性[被动]平衡	中性[被動]平衡	neutral [passive] equilibrium
中性 DNA 变异	中性 DNA 變異	neutral DNA variation
中性多态性	中性多態現象，中性多 　型性，中性多態型	neutral polymorphism
中性基因	中性基因	neutral gene
中性突变	中性突變	neutral mutation
中性突变假说(=中性 　突变[学]说)		
中性突变[学]说，中 　性突变假说	中性突變假說	neutral mutation theory，neutral mutation 　hypothesis
中性选择学说	中性選擇學說	theory of neutral selection
中央成分	中央元件	central element
中央区	中央區	central space
中着丝粒染色体	中央著絲點染色體，等 　臂染色體，中位中節 　染色體	metacentric chromosome
终变期，浓缩期	終變期	diakinesis，synizesis
终末分化	末端分化	terminal differentiation
终止	終止	termination
终止密码子	終止密碼子	termination codon，stop codon
终止序列	終止[子]序列	terminator sequence
终止因子	終止因子	termination factor
终止子	終止子，終結子	terminator
肿瘤病毒	腫瘤病毒	tumor virus
DNA 肿瘤病毒	DNA 腫瘤病毒	DNA tumor virus
RNA 肿瘤病毒	RNA 腫瘤病毒	RNA tumor virus
肿瘤启动突变	腫瘤啟動突變，腫瘤促 　進突變	tumor promoting mutation
肿瘤遗传学	腫瘤遺傳學	tumor genetics
肿瘤抑制基因	腫瘤抑制基因	tumor suppressor gene

大　陆　名	台　湾　名	英　文　名
种间同源，直向同源	異物種同源	orthology
种间同源基因，直系同源基因	異物種同源基因	orthologous gene
种间同源序列	異物種同源序列	orthologous sequence
种间杂交	種間雜交	species hybridization
种内进化(=微观进化)		
种内同源	同種同源	paralogy
种内同源基因，旁系同源基因	同種同源基因	paralogous gene，paralogs
种内同源序列	同種同源序列	paralogous sequence
种系	種系，生殖細胞系	germ line
种系发生(=系统发生)		
种系进化	線系演化，種系演化	phyletic evolution
种系嵌合体	生殖細胞嵌合體	germ line mosaic
种系突变，胚系突变	胚系突變	germinal mutation
种质，生殖质	生殖細胞質	germ plasm
种质细胞，生殖细胞	生殖細胞	germ cell
种质学说	種質學說	germplasm theory
种子直感(=直感现象)		
重链	重鏈	heavy chain
重链启动子	重鏈啟動子	heavy-strand promoter，HSP
轴节基因	軸節基因	cardinal gene
轴旁中胚层	軸旁中胚層	paraxial mesoderm
珠蛋白基因	珠蛋白基因	globin gene
珠蛋白基因簇	珠蛋白基因簇	globin gene cluster
珠蛋白生成障碍性贫血，地中海贫血	地中海型貧血	thalassemia
主-多基因混合遗传	主-多基因混合遺傳	major-polygene mixed inheritance
主基因	主[效]基因	master gene，major gene
主控基因	主控基因	master control gene
主效应	主效應	main effect
主要组织相容性复合体	主組織相容性複合基因，主組織相容性複合體	major histocompatibility complex，MHC
主要组织相容性抗原	主組織相容性抗原	major histocompatibility antigen
主缢痕，初缢痕	初[級]縊痕	primary constriction
专一扩增多态性	專一放大多態性	specific amplified polymorphism，SAP
转导	轉導作用	transduction

大　陆　名	台　湾　名	英　文　名
转导病毒	轉導病毒	transducing virus
转导子	轉導子	transductant
转分化	轉分化[作用]	transdifferentiation
转核移植	轉核移殖	transkaryotic implantation
转化	轉化作用	transformation
转化 DNA	轉移 DNA，運轉 DNA	transfer DNA，T-DNA
转化基因	轉化基因	transforming gene
转化基因组	轉化基因體	transforming genome
转化克隆	轉化克隆	transformed clone
转化率	轉化率	transformation efficiency
转化体	轉化體	transformant
转化序列	轉化序列	transforming sequence
转化因子	轉化因子	transforming factor
转换	轉換	transition
转换概率	轉換概率	transition probability
转换矩阵	轉換矩陣	transition matrix
转基因	基因轉殖	transgene
转基因动物	基因轉殖動物	transgenic animal
转基因首建者	基因轉殖首建者	transgenic founder
转基因同位插入	基因轉殖同位插入	transgene coplacement
转基因植物	基因轉殖植物	transgenic plant
转决[定]	轉決定作用，反決定作用	transdetermination
转录	轉錄[作用]	transcription
转录保真性	轉錄精確性	transcription fidelity
转录沉默	轉錄默化	transcription silencing
转录重起始	轉錄重起始	transcription reinitiation
转录错误	轉錄錯誤	transcription error
转录单位	轉錄單位	transcription unit
转录辅激活因子	轉錄輔助活化因子	transcriptional coactivator
转录复合体	轉錄複合體	transcription complex
转录后成熟	轉錄後成熟	post-transcriptional maturation
转录后基因沉默	轉錄後基因默化	post-transcriptional gene silence，PTGS
转录后加工	轉錄後加工	post-transcriptional processing
转录后控制	轉錄後調控，轉錄後控制	post-transcriptional control
转录后调节	轉錄後調控	post-transcriptional regulation
转录基因沉默	轉錄基因默化	transcriptional gene silencing，TGS

大　陆　名	台　湾　名	英　文　名
转录激活	轉錄活化	transcriptional activation
转录激活蛋白	轉錄活化蛋白	transcription activating protein
转录激活因子	轉錄活化因子	transcription activator，activating transcription factor，ATF
转录激活域	轉錄活化域	transcription activating domain
转录极性	轉錄極性	transcription polarity
转录间隔区	轉錄間隔	transcribed spacer
转录间隔序列	轉錄間隔序列	transcribed spacer sequence
转录开关	轉錄開關	transcriptional switching
转录控制	轉錄控制	transcriptional control
转录连接修复(=转录偶联修复)		
转录酶	轉錄酶	transcriptase
转录偶联修复，转录连接修复	轉錄連接修復	transcription-coupled repair，TCR
转录泡	轉錄泡	transcription bubble
转录起点	轉錄起點	transcriptional start point
转录起始	轉錄起始	transcription initiation
转录起始复合体	轉錄起始複合物	transcription initiation complex，TIC
转录起始位点	轉錄起始位點	transcription initiation site，transcriptional start site
转录起始因子	轉錄起始因子	transcription initiation factor
转录弱化子	轉錄弱化子	transcriptional attenuator
转录弱化[作用]	轉錄弱化	transcriptional attenuation
转录速率	轉錄速率	transcription rate
转录提前终止	轉錄提前終止	premature transcription termination
转录体	轉錄體	transcriptosome
转录调节	轉錄調節	transcription regulation
转录停滞	轉錄停滯	transcriptional arrest
转录图	轉錄圖	transcriptional map
转录物	轉錄物	transcript
转录[物]组	轉錄體	transcriptome
转录[物]组学	轉錄體學，轉譯質體學	transcriptomics
转录延伸	轉錄延伸	transcription elongation
转录延伸调节	轉錄延伸調節	transcriptional elongation regulation
转录延伸因子	轉錄延伸因子	transcriptional elongation factor
转录抑制	轉錄抑制	transcription inhibition
转录因子	轉錄因子	transcription factor

大　陆　名	台　湾　名	英　文　名
转录因子相互作用	轉錄因子交互作用	transcription factor interaction
转录因子协同作用	轉錄因子協同作用	transcription factor synergy
转录暂停	轉錄暫停	transcription pausing
转录增强子	轉錄強化子	transcriptional enhancer
转录中介因子	轉錄中介因子	transcriptional intermediary factor，TIF
转录终止	轉錄終止	transcription termination
转录终止区	轉錄終止區	transcription termination region
转录终止因子	轉錄終止因子	transcription termination factor
转录终止子	轉錄終止子	transcription terminator
转录装置	轉錄裝置	transcription machinery
转录子	轉錄子	transcripton
转录阻遏	轉錄抑制	transcription repression
转录阻遏物	轉錄抑制子	transcription repressor
转录作图	轉錄定位	transcription mapping
转染	轉移感染	transfection
转染子	轉染子	transfectant
转移 RNA	轉移 RNA，轉運 RNA，運轉 RNA	transfer RNA，tRNA
转移 RNA 基因	轉移 RNA 基因，轉運核糖核酸基因	transfer RNA gene，tRNA gene
转移基因组	基因轉殖體	transgenome
转移 RNA 甲基酶	轉移 RNA 甲基酶	transfer RNA methylase
转移酶	轉移酶	transferase
转移 RNA 识别	轉移 RNA 之識別	transfer RNA recognition
DNA 转移系统(=DNA 递送系统)		
转座	轉位，移位	transposition
转座酶	轉位酶	transposase
转座酶基因	轉位酶基因	transposase gene
转座免疫	轉位免疫性	transposition immunity
转座因子，转座元件	轉位因子	transposable element
转座元件(=转座因子)		
转座子	轉位子	transposon，Tn
copia 转座子	*copia* 轉位子	*copia* element
Ty 转座子	Ty 轉位子	Ty transposon
转座子标记法	轉位子標記法	transposon tagging
转座子沉默	轉位子默化	transposon silencing
转座子抗原	轉位子抗原	transposon antigen

大　陆　名	台　湾　名	英　文　名
装配因子	組裝因子	assembly factor
准二倍体	擬二倍體	quasidiploid
准二价体	擬二價體	quasibivalent
准连锁，拟连锁	類連鎖，擬連鎖	quasi-linkage
准连锁不平衡，拟连锁不平衡	類連鎖不平衡，擬連鎖不平衡	quasi-linkage equilibrium
准显性，类显性	類顯性	quasidominance
准性生殖	擬有性生殖，準性生殖	parasexuality
着色性干皮病	著色性乾皮病	xeroderma pigmentosum
着丝粒	中節，著絲點	centromere
着丝粒 DNA	中節 DNA	centromeric DNA，CEN DNA
着丝粒板	中節板，著絲點板	centromere plate
着丝粒错分	中節誤裂，中節錯分	centromere misdivision
着丝粒定向排列	中節定向排列	centromere orientation
着丝粒分裂	中節分裂，著絲點分裂	centric split，centric fission
着丝粒干涉	中節干擾	centromere interference
着丝[粒]基因	著絲點基因	centrogene
着丝粒交换	中節交換	centromeric exchange，CME
着丝粒染色粒	中節染色粒	centromeric chromomere
着丝粒融合	中節融合，著絲點融合	centric fusion
着丝粒小点带(=Cd 带)		
着丝粒序列，中心粒序列	中節序列	centromeric sequence，CEN sequence
着丝粒异染色质	中節異染色質	centromeric heterochromatin
着丝粒异染色质带(=C 带)		
着丝粒元件	中節元件	centromere element
着丝粒 DNA 元件	中節 DNA 元件	centromeric DNA element，CDE
着丝粒指数	中節指數	centromere index
着丝粒作图	中節作圖	centromere mapping
滋养层[细胞]	滋養層	trophoblast，trophoblastic layer
滋养外胚层	滋養外胚層	trophectoderm
子 DNA	子 DNA	daughter DNA
子代	子代	filial generation
子二代，杂种二代	子二代	second filial generation
子宫外孕(=异位妊娠)		
子染色单体	子染色分體	daughter chromatid
子染色体	子染色體	daughter chromosome

大　陆　名	台　湾　名	英　文　名
子细胞	子細胞	daughter cell
子一代，杂种一代	第一子代	first filial generation
姊妹染色单体(=姐妹 染色单体)		
姊妹种(=同胞种)		
紫外交联	紫外交聯	ultraviolet crosslinking，UV crosslinking
紫外线诱导 DNA 损伤	紫外光誘導 DNA 損 傷，UV 誘導基因損 傷	UV-induced DNA lesion
自发单性生殖	自體單性生殖，自發性 單性生殖	autoparthenogenesis
自发畸变	自發畸變	spontaneous aberration
自发损伤	自發損傷	spontaneous lesion
自发突变	自發突變	spontaneous mutation
自发突变体	自發突變種，自發突變 體	spontaneous mutant
自发诱变	自發誘變	spontaneous mutagenesis
自毁性综合征(=莱施- 奈恩综合征)		
自交不亲和性	自交不親和性	self-incompatibility
自交不育基因(=自体 不育基因)		
自交不育性	自交不育性，自交不稔 性	self-infertility
自交系	自交系	selfing line
自切割 RNA	自切割 RNA	self-cleaving RNA
自然发生说,无生源说	自然發生說，無生源說	abiogenesis，spontaneous generation
自然同步化	自然同步化	natural synchronization
自然选择	天擇，自然選擇	natural selection
自然选择代价	天擇代價，自然選擇代 價	cost of natural selection
自杀法	自殺法	suicide method
自杀基因	自殺基因	suicide gene
自身连接[作用]	自身連接	self-ligation
自身免疫	自體免疫	autoimmunity
自[身]调节	自體調節	autoregulation
自私 DNA(=自在 DNA)		

大　陆　名	台　湾　名	英　文　名
自体不育基因，自交不育基因	自交不育基因	self-sterility gene
自体二倍体(=同源二倍体)		
自体复制	自體複製，自體加倍	autoreduplication，autoduplication
自体控制	自體控制	autogenous control
自[体]融合	自體融合	automixis
自体受精	自體受精	self-fertilization，autofertilization
自体移植	自體移殖	autograft，autologous graft
自[我]剪接	自剪接	self-splicing，autosplicing
自[我]剪接内含子	自剪接内含子	self-splicing intron
自[我]切割	自我切割	self-cleavage
自[我]装配	自我裝配	self-assembly
自效基因	自效基因	autarchic gene
自由组合，独立分配	獨立分配，獨立組合	independent assortment
自由组合定律，独立分配定律	獨立分配律，獨立組合律，自由組合律	law of independent assortment
自在 DNA，自私 DNA	自私 DNA	selfish DNA
自展分析	再取樣分析，重新抽樣拔靴法分析	bootstrap analysis
自主表型	同決表型，自決性狀	autophene
自主等位基因	自主對偶基因	autonomous allele
自主复制序列	自主性複製序列	autonomously replicating sequence，autonomous replication sequence，ARS
自主特化	自主特化	autonomous specification
自主因子(=自主元件)		
自主元件，自主因子	自主元件	autonomous element
综合图	整合圖	integrative map
综合选择指数	多選擇指數	multiple selection index
综合育种值	累積育種值	aggregate breeding value
总体参数	總體參數	population parameter
足迹法	足跡法	footprinting
阻遏	抑制	repression
阻遏蛋白-操纵基因相互作用	抑制[因]子-操縱子交互作用	repressor-operator interaction
阻遏物	抑制[因]子，阻遏物，抑制物	repressor
阻抑	阻遏作用	suppression

大　陆　名	台　湾　名	英　文　名
阻抑 PCR，抑制 PCR	抑制 PCR	suppression PCR
阻抑基因	抑制[因]子，抑制基因，阻遏基因	suppressor
阻抑基因突变，抑制基因突变	阻遏[因]子突變，抑制[因]子突變	suppressor mutation
阻抑消减杂交，抑制消减杂交	抑制相減式雜交，抑制性扣減雜交，抑制性雜交扣除法	suppression subtractive hybridization，SSH
阻抑型 tRNA，抑制型 tRNA	抑制型 tRNA，阻遏因子 tRNA	suppressor tRNA
阻抑型启动子	抑制型啟動子	repressible promoter
组氨酸操纵子	組氨酸操縱子	*his* operon
组成型表达	組成性表達，組成性表現	constitutive expression
组成型多倍体	組成性多倍體	constitutional polyploid
组成型启动子元件	組成性啟動子元件	constitutive promoter element
组成型易位	組成性易位	constitutional translocation
组成性基因	組成性基因	constitutive gene
组成性基因表达	組成性基因表達，組成性基因表現	constitutive gene expression
组成性剪接	組成性剪接	constitutive splicing
组成性突变	組成性突變	constitutive mutation
组成性突变体	組成性突變體，組成性突變種	constitutive mutant
组成性异染色质，结构性异染色质	組成性異染色質	constitutive heterochromatin
组蛋白	組織蛋白	histone
组蛋白八聚体	組織蛋白八聚體	histone octamer
组件模型(=盒式模型)		
组内相关系数	組內相關係數	intraclass correlation coefficient
组织特异性基因敲除，组织特异性基因剔除	組織專一性基因剔除	tissue-specific gene knockout
组织特异性基因剔除(=组织特异性基因敲除)		
组织特异性敲除	組織專一性剔除	tissue-specific knockout
组织特异性转录	組織專一性轉錄	tissue-specific transcription

大　陆　名	台　湾　名	英　文　名
组织相容性	組織相容性	histocompatibility
组织相容性基因	組織相容性基因	histocompatibility gene
组织相容性抗原	組織相容性抗原	histocompatibility antigen，H antigen
组织相容性 Y 抗原， 　　H-Y 抗原	H-Y 抗原	histocompatibility-Y antigen，H-Y antigen
组织芯片	組織晶片	tissue chip
组织者	組織者	organizer
组织转化，化生	組織轉化，化生	metaplasia
祖细胞(=原始细胞)		
祖先染色体片段	祖先染色體片段	ancestral chromosomal segment
祖征	祖徵	plesiomorphy
最大似然法	最大近似法	maximum likelihood method
最佳线性无偏估计量	最佳線性無偏估計量	best linear unbiased estimator，BLUE
最佳线性无偏预测	最佳線性無偏預測	best linear unbiased prediction，BLUP
最小范数二次无偏估 　　计	最小範數二次不偏估 　　計量	minimum norm quadratic unbiased esti- 　　mator
最小方差二次无偏估 　　计	最小變異數二次不偏 　　估計量	minimum variance quadratic unbiased es- 　　timator
最宜模型选择	最佳模式選擇	optimum-model selection
最宜选择	最佳選擇	optimum selection
最宜选择指数	最佳選擇指數	optimum selection index
左剪接点	左剪接點	left splice junction
左手螺旋 DNA	左手螺旋 DNA	left-handed DNA
S1 作图	S1 定位	S1 mapping
作图函数，定位函数	定位函數	mapping function

副 篇

A

英 文 名	大 陆 名	台 湾 名
A（=adenosine）	腺苷	腺苷
aberrant splicing	异常剪接	異常剪接
aberration	畸变	異常
aberration rate	畸变率	變異率
abiogenesis	自然发生说，无生源说	自然發生說，無生源說
abnormal hemoglobin	异常血红蛋白	異常血紅蛋白，異常血紅素
ABO blood group system	ABO 血型系统	ABO 血型系統
abortive lysogeny	流产溶原性	流產溶原性
abortive transduction	流产转导	流產[性]轉導
abundance	丰度	豐度
abundance mRNA	高丰度 mRNA	高豐度 mRNA
abzyme	抗体酶，酶性抗体	催化性抗體
Ac（=activator）	激活因子	活化因子
acatalasemia	无过氧化酶血症	無過氧化酶血症
acceptor site	受[体]位，接纳位	接受位
acceptor stem	接纳茎	接納莖
accessory cell	辅助细胞	輔助細胞
accessory chromosome	副染色体	副染色體，附染色體
accessory nucleus	副核	副核，附核
accident variation	偶然变异	偶然變異
acclimatization	驯化	馴化
Ac-Ds element	Ac-Ds 因子	Ac-Ds 因子
Ac-Ds system（=activator-dissociation system）	激活-解离系统，Ac-Ds 系统	Ac-Ds 系統，活化基因-離異基因系統，自動轉位子-被動轉位子系統
acentric chromosome	无着丝粒染色体	無著絲點染色體
acentric-dicentric translocation	无着丝粒-双着丝粒易	無著絲點-雙著絲點易

英　文　名	大　陆　名	台　湾　名
	位	位
acentric fragment	无着丝粒断片	無著絲點片段
acentric ring	无着丝粒环	無著絲點環
aceto-carmine	乙酸洋红，醋酸洋红	醋酸洋紅
aceto-orcein	乙酸地衣红	醋酸地衣紅
achondroplasia（=chondrodysplasia）	软骨发育不全	軟骨發育不全，軟骨發育不良
achromatic figure	非染色质像	非染色質像
achromatin	非染色质	非染色質
achromatopsia	全色盲	全色盲
A chromosome	A 染色体	A 染色體
acid fuchsin	酸性品红	酸性品紅
acid lipase deficiency	酸性脂酶缺乏症	酸性脂酶缺乏症
acquired character	获得性状	後天性狀，獲得性狀
ACR（=ancient conserved region）	始祖保守区	始祖保留區
acridine orange（AO）	吖啶橙	吖啶橙
acrocentric chromosome（=subtelocentric chromosome）	近端着丝粒染色体，亚端着丝粒染色体	近端著絲點染色體
acrosomal process	顶体突起	頂體突起
acrosome	顶体	頂體
acrosome reaction	顶体反应	頂體反應
acrosyndesis	端部联会	端部聯會，端部配對
activating transcription factor（ATF）（=transcription activator）	转录激活因子	轉錄活化因子
activator（Ac）	激活因子	活化因子
activator-dissociation system（Ac-Ds system）	激活-解离系统，Ac-Ds 系统	Ac-Ds 系統，活化基因-離異基因系統，自動轉位子-被動轉位子系統
active cassette	活性盒	活性盒
active center（=active site）	活性部位，活性中心	活性部位，活性中心
active chromatin	活性染色质	活性染色質
active site	活性部位，活性中心	活性部位，活性中心
actual number of allele	实际等位基因数	實際對偶基因數
adaptability	适应性	適應性
adaptation	适应	適應
adaptedness	适应力	適應力
adapter	①连接物　②衔接子	①承接物，連接物

英　文　名	大　陆　名	台　湾　名
		②銜接子，銜接頭
adapter hypothesis	连接物假说	承接物假說
adaptive dispersion	适应扩散	適應擴散
adaptive evolution	适应进化	適應演化
adaptive norm	适应规范	適應規範
adaptive pattern（=adaptive type）	适应型	適應型
adaptive peak	适应峰	適應[高]峰
adaptive radiation	适应辐射	適應輻射
adaptive selection	适应性选择	適應性選擇
adaptive surface	适应面	適應面
adaptive topography	适应性地形图	適應性地形圖
adaptive type	适应型	適應型
adaptive valley	适应谷	適應谷
adaptive value	适应值	適應值，適應度
adaptor（=adapter）	①连接物　②銜接子	①承接物，連接物
		②銜接子，銜接頭
adaxial cell	近轴细胞	近軸細胞
Addison-Schilder disease（=adrenoleu-kodystrophy）	肾上腺脑白质营养不良	腎上腺腦白質失養症
addition haploid	附加单倍体	有多餘染色體的單倍體
addition line	附加系	[染色體數]添加系，加成系
additive [allelic] effect	加性[等位基因]效应	累加[對偶基因]效應
additive gene	加性基因	累加性基因，加性基因
additive gene action	加性基因作用	累加性基因作用
additive genetic value model	加性遗传值模型	累加性遺傳值模型
additive genetic variance	加性遗传方差，育种值差	累加性遺傳變方
additive recombination	加性重组	累加性重組，加成重組
additive theorem	加性定律	加性定律
additive variance	①加性方差　②加性变异	①累加性變方　②累加性變異，加成變異
adelphogamy（=sib mating）	同胞交配	同胞交配
adenine	腺嘌呤	腺嘌呤
adenomatous polyposis coli gene（APC gene）	腺瘤结肠息肉基因	家族性大腸瘜肉症基因
adenosine（A）	腺苷	腺苷
adenosine deaminase deficiency	腺苷脱氨酶缺乏症	腺苷脱胺酶缺乏症

英　文　名	大　陆　名	台　湾　名
adenovirus	腺病毒	腺病毒
adenylatecyclase	腺苷酸环化酶	腺苷酸環化酶
adepithelial cell	近上皮细胞	近上皮細胞
adjacent distribution	邻近分布	鄰近分佈
adjacent segregation	相邻分离	鄰接分離
adjacent-1 segregation	相邻分离-1	鄰接-1 分離
adjacent-2 segregation	相邻分离-2	鄰接-2 分離
adrenoleukodystrophy	肾上腺脑白质营养不良	腎上腺腦白質失養症
adult stem cell	成体干细胞	成體幹細胞
adventitious embryo	不定胚	不定胚
AER (=apical ectodermal ridge)	外胚层顶嵴, 顶嵴	頂端外胚層脊
affinity	亲和力	親和力
affinity chromatography	亲和层析	親和色譜法, 親和層析法
affinity labeling	亲和标记	親和標記
AFLP (=amplified fragment length polymorphism)	扩增片段长度多态性	增殖片段長度多型性
A-form DNA	A 型 DNA	A 型 DNA
AFP (=alpha fetoprotein)	甲胎蛋白, α 胎蛋白	甲型胎兒蛋白, α 胎兒蛋白
agamete	拟配子	擬配子
agarose gel	琼脂糖凝胶	瓊脂凝膠, 洋菜膠
agarose gel electrophoresis	琼脂糖凝胶电泳	瓊脂膠體電泳
Ag-banding	Ag 显带	Ag 顯帶
age of mutant gene	突变基因寿命	突變基因壽命
aggregate breeding value	综合育种值	累積育種值
agmatoploid (=pseudopolyploid)	假多倍体	假多倍體, 擬多倍體
agmatoploidy	假多倍性	擬多倍性, 偽多倍性
agouti pattern	野灰色模式	野生灰色型
akinetic chromosome (=acentric chromosome)	无着丝粒染色体	無著絲點染色體
akinetic fragment (=acentric fragment)	无着丝粒断片	無著絲點片段
akinetic inversion	无着丝粒倒位	無著絲點倒位
albinism	白化病	白化病
alcaptonuria	尿黑酸尿症	尿黑酸尿, 黑尿症
align (=alignment)	比对, 排比	比對
align map	线性连锁图	線性連鎖圖

英　文　名	大　陆　名	台　湾　名
alignment	比对，排比	比對
alkaline phosphatase	碱性磷酸酶	鹼性磷酸酶
alkaptonuria（=alcaptonuria）	尿黑酸尿症	尿黑酸尿，黑尿症
alkylating agent	烷化剂	烷化劑
allele	等位基因	對偶基因，等位基因
allele frequency	等位基因频率	對偶基因頻率，等位基因頻率
allele linkage analysis	等位基因连锁分析	對偶基因連鎖分析，等位基因連鎖分析
allele replacement	等位基因取代	對偶基因取代，等位基因取代
allele-sharing method	等位[基因]共享法	對偶基因共享法，等位基因共享法
allele-specific hybridization	等位基因特异杂交	特定對偶基因雜交，特化等位基因雜交
allele specific oligonucleotide（ASO）	等位基因特异的寡核苷酸	特定對偶基因寡核苷酸，特化等位基因寡核苷酸
allele-specific oligonucleotide probe（ASO probe）	等位基因特异的寡核苷酸探针	特定對偶基因寡核苷酸探針，特化等位基因寡核苷酸探針
allele-specific PCR	等位基因特异 PCR	特定對偶基因 PCR，特化等位基因 PCR
allelic complementation	等位[基因]互补	對偶基因互補
allelic exclusion	等位[基因]排斥	對偶基因排斥，等位基因排斥
allelic heterogeneity	等位[基因]异质性	對偶基因異質性，等位基因異質性
allelic inactivation	等位基因失活	對偶基因失活，等位基因失活
allelic interaction	等位[基因]相互作用	對偶基因相互作用，等位基因相互作用
allelic loss	等位基因丢失	對偶基因丟失，等位基因丟失
allelic series	等位[基因]系列	對偶基因系列，等位基因系列
allelic variation	等位基因变异	對偶基因變異，等位基因變異

英　文　名	大　陆　名	台　湾　名
allelism	等位性	對偶性，等位性
allelomorph（=allele）	等位基因	對偶基因，等位基因
allelomorphism（=allelism）	等位性	對偶性，等位性
allelotype	等位[基因]型	等位型
alloantigen	同种[异型]抗原	同種異體抗原
allocycly	异周性	異週期性，[染色體的]異旋性
allodiploid	异源二倍体	異源二倍體，異質二倍體
allodiplomonosome	异源二倍单体	異源二倍單體
alloenzyme	等位[基因]酶，同种异型酶	異構酶，等位[基因]酶，對偶同功酶
allogeneic graft（=allograft）	同种[异体]移植	異源移殖，同種異體移殖
allogenic transformation	异型转化	異源轉化
allograft	同种[异体]移植	異源移殖，同種異體移殖
alloheteroploid	异源异倍体	異源異倍體
alloheteroploidy	异源异倍性	異源異倍性
allometry	异速生长	異速生長
allopatric distribution	异域分布，异地分布	異域分佈
allopatric hybridization	异域杂交	異域雜交
allopatric speciation	异域物种形成，异地物种形成	異域種化，異域物種形成，分區物種形成
allopatric species	异域种，异地种	異域種
allopatry（=allopatric distribution）	异域分布，异地分布	異域分佈
allophene	非自主表型	非自主表型，異決表型
alloplasm	异质	異質
alloploid	异源倍体	異源倍體
alloploidy	异源倍性	異源倍性
allopolyhaploid	异源多元单倍体	異源多元單倍體
allopolyploid	异源多倍体	異源多倍體
allopolyploidy	异源多倍性	異源多倍性
allosome	异染色体	異染色體
allosteric effect	别构效应，变构效应	異作用位置效應，異位[性活化]效應，別構效應
allosteric inhibition	别构抑制，变构抑制	別構抑制，異位抑制

英　文　名	大　陆　名	台　湾　名
allosteric protein	别构蛋白，变构蛋白	作用轉換蛋白質，異位蛋白
allosteric site	别构部位，变构部位	變構位點，異位位置
allostery	别构性，变构性	變構性
allosynapsis (=allosyndesis)	异源联会	異源聯會
allosyndesis	异源联会	異源聯會
allotetraploid	异源四倍体	異源四倍體，異質四倍體
allotropic gene expression	同种异型基因表达	同種異型基因表現
allotype	同种异型	異性模式標本，同種異型
allozygote	异合子	異型合子
allozyme (=alloenzyme)	等位[基因]酶，同种异型酶	異構酶，等位[基因]酶，對偶同功酶
alpha complemention	α互补	α互補
alpha fetoprotein (AFP)	甲胎蛋白，α胎蛋白	甲型胎兒蛋白，α胎兒蛋白
alpha fragment	α片段	α片段
alpha helix	α螺旋	α螺旋
alpha peptide	α肽	α肽
alpha satellite DNA family	α卫星DNA家族	α衛星DNA家族
altered codon	异常密码子	異常密碼子
alternate segregation	相间分离	交替分離，替代分離
alternation of generation	世代交替	世代交替
alternative distribution	相间分布	相間分佈
alternatively spliced mRNA	选择性剪接mRNA，可变剪接mRNA	選擇性剪接mRNA，可變剪接mRNA
alternative RNA processing (=alternative RNA splicing)	选择性RNA剪接，可变RNA剪接	選擇性RNA加工，可變RNA剪接
alternative RNA splicing	选择性RNA剪接，可变RNA剪接	選擇性RNA加工，可變RNA剪接
alternative splicing	选择性剪接，可变剪接	選擇性剪接
alternative splicing factor (ASF)	选择性剪接因子，可变剪接因子	選擇性剪接因子
alternative transcription	选择性转录，可变转录	選擇性轉錄
alternative transcription initiation	选择性转录起始，可变转录起始	選擇性轉錄起始
altruism	利他行为	利他行為，利他現象

英　文　名	大　陆　名	台　湾　名
Alu-Alu PCR	*Alu-Alu* 聚合酶链[式]反应	*Alu-Alu* 聚合酶連鎖反應
Alu element	*Alu* 元件	*Alu* 元件
Alu family	*Alu* 家族	*Alu* 家族
Alu repetitive sequence	*Alu* 重复序列	*Alu* 重複序列
Alu sequence	*Alu* 序列	*Alu* 序列，*Alu* 內切酶序列
amber codon	琥珀密码子	琥珀密碼子
amber mutant	琥珀突变体，琥珀突变型	琥珀突變體
amber mutation	琥珀突变	琥珀突變，琥珀校正
amber suppressor	琥珀突变阻抑基因，琥珀突变抑制基因	琥珀[型]突變基因，琥珀校正基因
ambiguous codon	多义密码子	多義密碼子
ambisense genome	双义基因组	雙義基因體
ameiosis	非减数分裂	非減數分裂，無減數分裂
Ames test	埃姆斯试验	阿姆士試驗
amino acid	氨基酸	氨基酸，胺基酸
amino acid sequence	氨基酸序列	氨基酸序列
amino acid substitution	氨基酸置换，氨基酸取代	氨基酸取代
aminoacyl tRNA	氨酰 tRNA	氨醯 tRNA，胺醯 tRNA
amitosis	无丝分裂	無絲分裂
amixis	无融合	無融合
amnioblast (=amniogenic cell)	成羊膜细胞	羊膜細胞
amniocentesis	羊膜穿刺[术]	羊膜穿刺術
amniogenic cell	成羊膜细胞	羊膜細胞
amnion vertebrate	羊膜脊椎动物	羊膜脊椎動物
amorph allele (=null allele)	无效等位基因	無效對偶基因
amphibivalent	双二价体	雙兩價體，雙二價體
amphidiploid	双二倍体	雙二倍體，複二倍體
amphidiploidy	双二倍性	雙二倍性
amphihaploid (=dihaploid)	双单倍体	雙單倍體
amphipolyploid	双多倍体	雙多倍體
amplicon	扩增子	擴增子，複製子
amplification	扩增	增殖作用

英　文　名	大　陆　名	台　湾　名
amplification refractory mutation system (ARMS)	扩增受阻突变系统	增殖阻礙突變系統
amplified fragment length polymorphism (AFLP)	扩增片段长度多态性	增殖片段長度多型性
amplimer	扩增[引]物	增殖引物
anagenesis	前进[性]进化	前進[性]演化
analysis of variance	方差分析	變異數分析，變方分析
anaphase	后期	後期
anaphase lag	后期滞后	後期遲延
anaphase of cell division	细胞分裂后期	細胞分裂後期
anaphase-promoting complex (APC)	后期促进复合物	後期促進複合體
ancestral chromosomal segment	祖先染色体片段	祖先染色體片段
anchorage dependence	贴壁依赖性	固著依賴性
anchored PCR	锚定 PCR	錨定聚合酶連鎖反應，錨式 PCR
anchor gene	锚定基因	錨式基因
ancient conserved region (ACR)	始祖保守区	始祖保留區
ancillary transcription factor	辅助转录因子	轉助轉錄因子
androgamete	雄配子	雄配子
androgenesis (=patrogenesis)	孤雄生殖，雄核发育，单雄生殖	雄性生殖，孤雄生殖
androgenetic parthenogenesis	产雄单性生殖	產雄單性生殖
androgynism (=hermaphroditism)	①雌雄同株 ②两性同体	①雌雄同株 ②兩性同體現象
androsome	限雄染色体	限雄染色體
aneucentric chromosome	非单着丝粒染色体	非單著絲點染色體，異數中節染色體
aneuhaploid	非整倍单倍体	非整倍單倍體
aneuploid	非整倍体	非整倍體
aneuploid cell line	非整倍体细胞系	非整倍體細胞系
aneuploidy	非整倍性	非整倍性
angioblast	成血管细胞	血管生成細胞
angiogenesis	血管发生	血管新生成
animal genetics	动物遗传学	動物遺傳學
animal model	动物模型	動物模式
animal pole	动物极	動物極
anisogamy	异配生殖	異配生殖
anisopolyploid	奇[数]多倍体	奇[數]多倍體，不定數

英　文　名	大　陆　名	台　湾　名
		多倍體
annealing	退火	煉，退火
anonymous DNA	匿名 DNA	匿名 DNA
anonymous marker	匿名标记	匿名標記
antenatal diagnosis	产前诊断	產前診斷
anterior neuropore	前神经孔	前神經孔
antibiotic resistance	抗生素抗性	抗生素抗性
antibiotic resistance gene	抗生素抗性基因	抗生素抗性基因
antibiotic resistance gene screening	抗生素抗性基因筛选	抗生素抗性基因篩選
antibody engineering	抗体工程	抗體工程
antibody library	抗体文库	抗體文庫
anticipation	遗传早现	早現遺傳
anticoding strand	反编码链	反密碼股
anticodon	反密码子	反密碼子
anticodon loop	反密码子环	反密碼子迴環
antigenic determinant	抗原决定簇	抗原決定簇，抗原決定子
antigenic drift	抗原性漂移	抗原性漂移
antigenic shift	抗原性转变	抗原更換
antigenic variation	抗原变异	抗原變異
antigen presenting	抗原提呈，抗原呈递	抗原表達，抗原呈現
antigen presenting cell（APC）	抗原提呈细胞，抗原呈递细胞	抗原提示細胞，抗原呈現細胞
antimorph	反效等位基因	反效對偶基因，反效等位基因
antimutator	抗突变基因	抗突變基因
antioncogene	抗癌基因	抗癌基因
antiparallel chain（=antiparallel strand）	反向平行链	反向平行股
antiparallel strand	反向平行链	反向平行股
antirepressor	抗阻遏物	抗阻抑物，抗抑制物
antisense DNA	反义 DNA	反義 DNA
antisense oligonucleotide	反义寡核苷酸	反義寡核苷酸
antisense peptide nucleic acid（antisense PNA）	反义肽核酸	反義肽核酸
antisense PNA（=antisense peptide nucleic acid）	反义肽核酸	反義肽核酸
antisense RNA	反义 RNA	反義 RNA
antisense strand	反义链	反義股

英　文　名	大　陆　名	台　湾　名
antitermination	抗终止作用	抗終止[作用]，反終止[作用]
antiterminator	抗终止子	抗終止子
AO（=acridine orange）	吖啶橙	吖啶橙
APC（=①antigen presenting cell ②anaphase-promoting complex）	①抗原提呈细胞，抗原呈递细胞 ②后期促进复合物	①抗原提示細胞，抗原呈現細胞 ②後期促進複合體
APC gene（=adenomatous polyposis coli gene）	腺瘤结肠息肉基因	家族性大腸瘜肉症基因
apical ectodermal ridge（AER）	外胚层顶嵴，顶嵴	頂端外胚層脊
apoenzyme	脱辅[基]酶	脱輔基酶
apogamogony	无融合结实	無融合結實
apogamy	无配[子]生殖	無配子生殖
apomeiosis	未减数孢子生殖	未減數孢子生殖，無減數無配子生殖，不完全減數分裂
apomixia（=apomixis）	无融合生殖	無融合生殖
apomixis	无融合生殖	無融合生殖
apomorphy	衍征，离征	近裔共性
apoptosis	细胞凋亡	細胞凋亡
apospory	无孢子生殖	無孢子形成
AP-PCR（=arbitrarily primed polymerase chain reaction）	随机引物 PCR	隨意引子 PCR
AP site（=apurinic apyrimidinic site）	无嘌呤嘧啶位点	無嘌呤嘧啶部位，缺鹼基位
apurinic acid	脱嘌呤核酸	無嘌呤核酸
apurinic apyrumidinic site（AP site）	无嘌呤嘧啶位点	無嘌呤嘧啶部位，缺鹼基位
apurinic site	无嘌呤位点	無嘌呤部位
apyrimidinic acid	脱嘧啶核酸	無嘧啶核酸
apyrimidinic site	无嘧啶位点	無嘧啶部位
ara operon	阿[拉伯]糖操纵子，*ara* 操纵子	*ara* 操縱子
arbitrarily primed polymerase chain reaction（AP-PCR）	随机引物 PCR	隨意引子 PCR
arbitrary primer（=random primer）	随机引物	隨意引子，隨機引子
archenteron	原肠腔	原腸腔
archeocyte	原始细胞，祖细胞	原始細胞，祖細胞

英　文　名	大　陆　名	台　湾　名
ARE (=AU-rich element)	富含 AU 元件	富含 AU 之元件
arm	臂	臂
arm index	臂指数	臂指數
arm ratio	[染色体]臂比	臂比
ARMS (=amplification refractory mutation system)	扩增受阻突变系统	增殖阻礙突變系統
arrayed library	阵列文库	矩陣文庫
arrhenokaryon	雄核，精核	雄核
arrhenoplasm	雄质	雄质
arrhenotoky	产雄孤雌生殖	產雄孤雌生殖
ARS (=autonomously replicating sequence)	自主复制序列	自主性複製序列
artificial chromosome vector	人工染色体载体	人工染色體載體
artificial insemination	人工授精	人工授精
artificial selection	人工选择	人擇，人工選擇
artificial synchronization	人工同步化	人工同步化
asexual hybridization	无性杂交	無性雜交
asexual reproduction	无性生殖	無性生殖
ASF (=alternative splicing factor)	选择性剪接因子，可变剪接因子	選擇性剪接因子
ASO (=allele specific oligonucleotide)	等位基因特异的寡核苷酸	特定對偶基因寡核苷酸，特化等位基因寡核苷酸
ASO probe (=allele-specific oligonucleotide probe)	等位基因特异的寡核苷酸探针	特定對偶基因寡核苷酸探針，特化等位基因寡核苷酸探針
assembly factor	装配因子	組裝因子
assistant trait	辅助性状	輔助性狀
association	关联	配對
associative overdominance	联合超显性	聯合超顯性
assortative mating	选型交配	同型交配，選型交配，同型配種
astrocytoma	星形细胞瘤	星形細胞瘤
asynapsis	不联会	不聯會
asynaptic gene	不联会基因	不聯會基因
atavism	返祖[现象]	祖型再現，反祖現象
atelocentric chromosome	非端着丝粒染色体	非末端中節染色體
ATF (=activating transcription factor)	转录激活因子	轉錄活化因子

英　文　名	大　陆　名	台　湾　名
attached X chromosome	并联 X 染色体	並連 X 染色體
A-T tailing	AT 加尾	AT 加尾
attenuation	弱化[作用]，衰减作用	衰減
attenuator	弱化子	減弱子
AU-rich element（ARE）	富含 AU 元件	富含 AU 之元件
autarchic gene	自效基因	自效基因
autoalloploid	同源异源体	同源異源體
autoallopolyploid	同源异源多倍体	同源異源多倍體
autobivalent	同源二价[染色]体	同源二價體，同質二價[染色]體
autodiploid	同源二倍体，自体二倍体	同源二倍體
autodiploidization	同源二倍化	同源二倍化
autoduplication（=autoreduplication）	自体复制	自體複製，自體加倍
autofertilization（=self-fertilization）	自体受精	自體受精
autogenic transformation	同型转化	同源轉化
autogenous control	自体控制	自體控制
autograft	自体移植	自體移殖
autoheteroploid	同源异倍体	同源異倍體
autoheteroploidy	同源异倍性	同源異倍性
autoimmunity	自身免疫	自體免疫
autologous graft（=autograft）	自体移植	自體移殖
automixis	自[体]融合	自體融合
autonomous allele	自主等位基因	自主對偶基因
autonomous element	自主元件，自主因子	自主元件
autonomously replicating sequence（ARS）	自主复制序列	自主性複製序列
autonomous replication sequence（=autonomously replicating sequence）	自主复制序列	自主性複製序列
autonomous specification	自主特化	自主特化
autoparthenogenesis	自发单性生殖	自體單性生殖，自發性單性生殖
autophene	自主表型	同決表型，自決性狀
autoploid	同源倍体	同源倍體
autopolyhaploid	同源多倍单倍体	同源多倍單倍體
autopolyploid	同源多倍体	同源多倍體
autopolyploidy	同源多倍性	同源多倍性
autoradiography	放射自显影术	放射自顯影術
autoreduplication	自体复制	自體複製，自體加倍

英 文 名	大 陆 名	台 湾 名
autoregulation	自[身]调节	自體調節
autosexing	性别自体鉴定	自顯性别，自體性别鑑定
autosomal disease	常染色体疾病	常染色體疾病
autosomal inheritance	常染色体遗传	常染色體遺傳
autosomal recessive	常染色体隐性	常染色體隱性，體染色體隱性
autosome	常染色体	常染色體，體染色體
autosplicing (=self-splicing)	自[我]剪接	自剪接
autosynapsis (=autosyndesis)	同源联会	同源聯會
autosyndesis	同源联会	同源聯會
autosyndetic pairing	同源[染色体]配对	同源配對
autotetraploid	同源四倍体	同源四倍體
autotetraploidy	同源四倍性	同源四倍性
autozygosity	同[接]合性	自體接合性，同源同型結合性
autozygote	同合子	自體接合子，同源同型結合子
auxanography	生长谱法	營養要求決定法
auxotroph	营养缺陷体，营养缺陷型	營養缺陷體
average gene substitution time	基因平均置换时间	基因平均置換時間
avidin	抗生物素蛋白，亲和素	卵白素，抗生物素蛋白
AZF locus (=azoospermia factor locus)	精子缺乏症因子基因座	精子缺乏症因子基因座
azoospermia factor locus (AZF locus)	精子缺乏症因子基因座	精子缺乏症因子基因座
azygote	单性合子	單性合子

B

英 文 名	大 陆 名	台 湾 名
BAC (=bacterial artificial chromosome)	细菌人工染色体	細菌人工染色體
backcross	回交	回交，反交
back cross (=backcross)	回交	回交，反交
back crossing (=backcross)	回交	回交，反交
backcross parent	回交亲本	回交親本，反交親本
background effect	背景效应	背景效應

英　文　名	大　陆　名	台　湾　名
background genotype	背景基因型	背景基因型
background selection	背景选择	背景選擇
background trapping	背景捕获，背景拉拽	背景捕獲
back mutation	回复突变，反突变	回復突變
bacterial artificial chromosome(BAC)	细菌人工染色体	細菌人工染色體
bacterial genetics	细菌遗传学	細菌遺傳學
bacteriophage	噬菌体	噬菌體
balanced heterocaryon(=balanced hetero- karyon)	平衡异核体	平衡雜核體，均衡異核 體
balanced heterokaryon	平衡异核体	平衡雜核體，均衡異核 體
balanced lethal	平衡致死	平衡致死
balanced lethal gene	平衡致死基因	平衡致死基因
balanced lethal system	平衡致死系	平衡致死系統
balanced linkage	平衡连锁	平衡連鎖
balanced load	平衡负荷	平衡負荷
balanced polymorphism	平衡多态性，平衡多态 现象	平衡多態性，平衡多態 現象
balanced stock	平衡原种	平衡原種
balanced translocation	平衡易位	平衡易位
balancer chromosome	平衡染色体	平衡染色體
balancing selection	平衡选择	平衡選擇
Balbiani chromosome	巴尔比亚尼染色体	巴耳卑阿尼染色體，巴 氏染色體
Balbiani ring	巴尔比亚尼环	巴耳卑阿尼環，巴氏環
band	带	帶，染色帶
banding pattern	[染色体]带型	[染色體]帶型
Barr body	巴氏小体	巴氏小體，巴爾小體
basal cell carcinoma	基底细胞癌	基底細胞癌
basal level element(BLE)	基础水平元件	基礎水平元件
basal transcription	基础转录	基礎轉錄
basal transcription apparatus	基础转录装置	基礎轉錄裝置
basal transcription factor	基础转录因子	基礎轉錄因子
base	碱基	鹼基，氮基
base analogue	碱基类似物，类碱基	鹼基類似物
base deletion	碱基缺失	鹼基缺失
base insertion	碱基插入	鹼基插入
base pair(bp)	碱基对	鹼基對，氮基對

英 文 名	大 陆 名	台 湾 名
base pairing	碱基配对	鹼基配對
base pairing rule	碱基配对法则	鹼基配對法則
base ratio	碱基比	鹼基比
base stacking	碱基堆积	鹼基堆積
base substitution	碱基置换，碱基取代	鹼基取代
basic helix-loop-helix (bHLH)	碱性螺旋-环-螺旋	鹼性螺旋-環-螺旋
basic number of chromosome （=chromosome basic number）	染色体基数	染色體基數
Bayes theorem	贝叶斯定理	貝氏定理
B chromosome	B 染色体	B 染色體
beads-on-a-string model	念珠模型	染色質珠串模型
bead theory	念珠理论	念珠理論
Becker muscular dystrophy	贝克肌营养不良	貝卡肌肉萎縮
behavioral adaptation	行为适应	行為適應
behavioral genetics	行为遗传学	行為遺傳學
behavioral isolation	行为隔离	行為[性]隔離
Benton-Davis hybridization technique （=plaque hybridization）	噬[菌]斑杂交	噬菌斑雜交
best linear unbiased estimator（BLUE）	最佳线性无偏估计量	最佳線性無偏估計量
best linear unbiased prediction（BLUP）	最佳线性无偏预测	最佳線性無偏預測
beta sheet	β 片层	貝他摺板，β 片層，β 摺板
BFB（=breakage-fusion-bridge）	断裂-融合-桥	斷裂-融合-橋
B-form DNA	B 型 DNA	B 型 DNA
bHLH（=basic helix-loop-helix ）	碱性螺旋-环-螺旋	鹼性螺旋-環-螺旋
biased sex ration	偏性比	偏性比
bicistronic mRNA	双顺反子 mRNA	雙順反子 mRNA
bidirectional gene	双向基因	雙向基因
bidirectional replication	双向复制	雙向複製
bifunctional plasmid	双功能质粒	雙功能質體
bifunctional vector	双功能载体	雙功能載體
biochemical genetics	生化遗传学	生化遺傳學
biochemical mutant	生化突变体，生化突变型	生化突變體，生化突變種，生化突變型
biochemical polymorphism	生化多态性	生化多態性
biochip	生物芯片	生物晶片
biodiversity	生物多样性	生物多樣性
bioethics	生物伦理学	生物倫理學

英　文　名	大　陆　名	台　湾　名
biogenesis	生源说，生物发生说	生源說
bioinformatics	生物信息学	生物資訊學
biometrical genetics	生统遗传学	生物統計遺傳學，生統遺傳學
bioreactor	生物反应器	生物反應器
biotechnology	生物技术	生物技術
biotin	生物素	生物素
biotinylated DNA	生物素[化]DNA	生物素 DNA
biotinylated probe	生物素标记探针	生物素標記探針
biotype	生物型	同型小種，生物型，生物小種
biparental inheritance	双亲遗传	雙親遺傳
biparental zygote	双亲合子	雙親合子
bipotential stage	双潜能期	雙潛能期
birth defect	出生缺陷，先天缺陷	先天缺陷
bisexualism	雌雄异体	雌雄異體
bisexuality	两性现象	兩性現象
bisexual reproduction	两性生殖	雙性生殖
bivalent	二价体	兩價體，二價體
blastocoel	囊胚腔	囊胚腔
blastocyst	胚泡	胚泡
blastoderm	囊胚层	囊胚層
blastodisc (=embryonic disc)	胚盘	胚盘
blastomere	卵裂球	分裂球，分溝細胞
blastopore	胚乳	胚孔
blastula	囊胚	囊胚
blastulation	囊胚形成	囊胚形成
BLE (=basal level element)	基础水平元件	基礎水平元件
blending inheritance	混合遗传，融合遗传	融合遺傳
blocked reading frame	封闭读框	閉鎖式解讀框架
blood group	血型	血型
blood group system	血型系统	血型系統
blood island	血岛，血管发生簇	血島
blotting	印迹	墨點
BLUE (=best linear unbiased estimator)	最佳线性无偏估计量	最佳線性無偏估計量
bluescript M13	载体 M13	載體 M13
blue-white selection	蓝-白斑筛选	藍白篩選
blunt end	平端，钝端	鈍端

英 文 名	大 陆 名	台 湾 名
blunt end ligation	平端连接，钝端连接	鈍端連接
BLUP（=best linear unbiased prediction）	最佳线性无偏预测	最佳線性無偏預測
Bombay phenotype	孟买型	孟買型
bootstrap analysis	自展分析	再取樣分析，重新抽樣 拔靴法分析
bottle neck effect	瓶颈效应	瓶頸效應
boundary element	边界元件	邊界元素
bp（=base pair）	碱基对	鹼基對，氮基對
branch diagram	分支图	分支圖
branching site	分支位点	分支位點
branch migration	分支迁移	分支遷移
branch point	分支点	分支點
break	断裂	斷裂
breakage and reunion hypothesis	断裂愈合假说	斷裂復合假說
breakage-fusion-bridge（BFB）	断裂-融合-桥	斷裂-融合-橋
breakage-fusion-bridge cycle	断裂-融合-桥循环	斷裂-融合-橋循環
breakage hot spot	断裂热点	斷裂熱點
breed	品种	品種
breeding true	纯育，真实遗传	純育
breeding value	育种值	育種值
breeding value model	育种值模型	育種值模型
bridge-breakage-fusion-bridge cycle	桥裂合桥循环	橋裂合橋循環
broad heritability	广义遗传率，广义遗传 力	廣義遺傳率
broad host range	广谱宿主范围	廣義宿主範圍
broad-sense heritability（=broad heritabi- lity）	广义遗传率，广义遗传 力	廣義遺傳率
brother-sister mating	兄妹交配	兄妹交配
bud mutation	芽变	芽變
bud sport（=bud mutation）	芽变	芽變
bulk selection	集团选择	混合選擇
bystander effect	旁观者效应	旁觀者效應

C

英 文 名	大 陆 名	台 湾 名
CA[A]T box	CA[A]T框	CA[A]T框
CAI（=codon adaptation index）	密码子适应指数	密碼子適應指數

英 文 名	大 陆 名	台 湾 名
CAM（=cell adhesion molecule）	细胞黏附分子	细胞黏连分子
cAMP receptor protein（CRP）	cAMP 受体蛋白	cAMP 受體蛋白
CaMV（=cauliflower mosaic virus）	花椰菜花叶病毒	花椰菜鑲嵌病毒
canalization	[表型]限渠道化，发育稳态	渠限化
canalized character	渠限性状	渠限性狀
cancer	癌[症]	癌症
cancer genome anatomy project（CGAP）	癌基因组解剖计划	癌症基因體分析計畫
candidate gene	候选基因	候選基因
candidate gene approach	候选基因分析	候選基因分析
canonical sequence	规范序列	標準序列
cap	帽	帽
capacitation	获能	精子獲能過程
cap binding protein（CBP）	帽结合蛋白质	帽結合蛋白
capped mRNA	加帽 mRNA	加帽的 mRNA
capping	加帽	罩蓋現象
cap site	加帽位点	加帽位點
carboxyl terminal（C-terminus）	C 端，羧基端	羧基端，C 端
carboxyl-terminal repeating heptamer（CT7n）	C 端重复七肽	C 端重複七肽
carcinoembryonic antigen（CEA）	癌胚抗原	癌胚抗原
carcinogen	致癌剂	致癌因子
cardinal gene	轴节基因	軸節基因
carrier	①[运]载体 ②携带者	①載體 ②基因攜帶者，帶基因者
carrier DNA	[运]载体 DNA	載體 DNA
caryogram（=karyogram）	核型图	核型圖
caryology（=karyology）	细胞核学	細胞核學
caryotype（=karyotype）	核型，染色体组型	染色體組型，核型
cascade response	级联反应	級聯反應
cassette model	盒式模型，组件模型	盒式模型
cassette mutagenesis	盒式诱变	盒式誘變
CAT（=chloramphenicol acetyltransferase）	氯霉素乙酰转移酶	氯黴素乙醯轉移酶
CAT assay	氯霉素乙酰转移酶[活性]测定	氯黴素乙醯轉移酶測定
catastrophe theory	灾变说，灾变论	災變說
catastrophism（=catastrophe theory）	灾变说，灾变论	災變說
cat's cry syndrome（=cri du chat syn-	猫叫综合征	貓叫綜合症，貓哭症

英　文　名	大　陆　名	台　湾　名
drome）		
C-band	C 带，着丝粒异染色质带	C 帶，中節異染色質帶
CBP（=cap binding protein）	帽结合蛋白质	帽結合蛋白
CCC（=covalently closed circle）	共价闭环	共價密環，共價封閉環
cccDNA（=covalently closed circular DNA）	共价闭合环状 DNA，共价闭环 DNA	共價密環型 DNA
Cd-band	Cd 带，着丝粒小点带	Cd 帶
CDC gene（=cell division cycle gene）	细胞分裂周期基因	細胞分裂週期基因
CDE（=centromeric DNA element）	着丝粒 DNA 元件	中節 DNA 元件
cDNA（=complementary DNA）	互补 DNA	互補 DNA
cDNA capture	cDNA 捕捉	cDNA 捕獲
cDNA cloning	cDNA 克隆化	cDNA 選殖
cDNA library（=complementary DNA library）	互补 DNA 文库，cDNA 文库	互補 DNA 文庫，cDNA 文庫
cDNA probe（=complementary DNA probe）	互补 DNA 探针	互補 DNA 探針
cDNA subtracting hybridization	cDNA 消减杂交	cDNA 相減式雜交法
CDR（=complementary-determining region）	互补决定区	互補決定區
CEA（=carcinoembryonic antigen）	癌胚抗原	癌胚抗原
cell adhesion molecule（CAM）	细胞黏附分子	細胞黏連分子
cell autonomy	细胞自主性	細胞自主性
cell bank	细胞库	細胞庫
cell cycle	细胞周期	細胞週期
cell determination	细胞决定	細胞決定
cell differentiation	细胞分化	細胞分化
cell division	细胞分裂	細胞分裂
cell division cycle gene（CDC gene）	细胞分裂周期基因	細胞分裂週期基因
cell-free extract	无细胞抽提液，无细胞提取物	無細胞抽取液，無細胞萃取液
cell-free system	无细胞系统	無細胞系統
cell-free transcription	无细胞转录	無細胞轉錄
cell-free translation	无细胞翻译	無細胞轉譯
cell fusion	细胞融合	細胞融合
cell hybridization	细胞杂交	細胞雜交
cell line	细胞系	細胞系，細胞株
cell lineage	细胞谱系	細胞譜系

英 文 名	大 陆 名	台 湾 名
cell migration	细胞迁移	細胞遷移
cell sorter	细胞分选仪, 细胞分类器	細胞分選儀
cell strain	细胞株	細胞品系
cellular oncogene	细胞癌基因	細胞癌基因
CEN DNA (=centromeric DNA)	着丝粒 DNA	中節 DNA
CEN sequence (=centromeric sequence)	着丝粒序列, 中心粒序列	中節序列
center of diversity (=variation center)	变异中心	變異中心, 歧異中心
centimorgan (cM)	厘摩	分摩
central dogma	中心法则	中心法則, 中心定則
central element	中央成分	中央元件
central space	中央区	中央區
Centre d'Etude du Polymorphisme Humain family	人类多态研究中心家系, CEPH 家族	CEPH 家族
centric fission (=centric split)	着丝粒分裂	中節分裂, 著絲點分裂
centric fusion	着丝粒融合	中節融合, 著絲點融合
centric split	着丝粒分裂	中節分裂, 著絲點分裂
centriole	中心粒	中心粒
centriole satellite	中心粒卫星体	中心粒衛星體
centrodesm	中心体连丝	中心體聯絲
centrodesmose (=centrodesm)	中心体连丝	中心體聯絲
centrogene	着丝[粒]基因	著絲點基因
centromere	着丝粒	中節, 著絲點
centromere element	着丝粒元件	中節元件
centromere index	着丝粒指数	中節指數
centromere interference	着丝粒干涉	中節干擾
centromere mapping	着丝粒作图	中節作圖
centromere misdivision	着丝粒错分	中節誤裂, 中節錯分
centromere orientation	着丝粒定向排列	中節定向排列
centromere plate	着丝粒板	中節板, 著絲點板
centromeric chromomere	着丝粒染色粒	中節染色粒
centromeric DNA (CEN DNA)	着丝粒 DNA	中節 DNA
centromeric DNA element (CDE)	着丝粒 DNA 元件	中節 DNA 元件
centromeric exchange (CME)	着丝粒交换	中節交換
centromeric heterochromatin	着丝粒异染色质	中節異染色質
centromeric heterochromatin band (=C-band)	C 带, 着丝粒异染色质带	C 帶, 中節異染色質帶

英 文 名	大 陆 名	台 湾 名
centromeric sequence (CEN sequence)	着丝粒序列, 中心粒序列	中節序列
centroplasm	中心质	中心質
centroplast	中心质体	中心質體
centrosome	中心体	中心體
centrosphere	中心球	中心球
CEPH family (=Centre d'Etude du Polymorphisme Humain family)	人类多态研究中心家系, CEPH 家族	CEPH 家族
CEPH pedigree (=Centre d'Etude du Polymorphisme Humain family)	人类多态研究中心家系, CEPH 家族	CEPH 家族
CGAP (=cancer genome anatomy project)	癌基因组解剖计划	癌症基因體分析計畫
C gene (=constant gene)	C 基因	C 基因
C gene segment	C 基因片段	C 基因片段
CGH (=comparative genome hybridization)	比较基因组杂交	比較基因體雜交
CG island	CG 岛	CG 島
α-chain	α 链	α 鏈
β-chain	β 链	β 鏈
chain initiation codon	链起始密码子	鏈起始密碼子
chain termination	链终止	鏈終止
chain termination codon	链终止密码子	鏈終止密碼子
chain termination mutation	链终止突变	鏈終止突變
chain termination technique	链终止法	鏈終止法
chain terminator	链终止子	鏈終止子
Chambon's rule	尚邦法则	Chambon 法則
character	性状	性狀
character convergence	性状趋同	性狀趨同
character displacement	性状替换	性狀替換, 特性置換
character divergence	性状趋异	性狀趨異
character progression	性状渐进	性狀漸進
Chargaff's rule	夏格夫法则	查卡夫法則
charging	负载	負載
charon vector	卡隆载体	夏隆載體
checkpoint	检查点, 关卡	檢查點
chemeric antibody	嵌合抗体	嵌合抗體, 複合抗體
chemical evolution	化学进化	化學演化, 化學進化
chemical genomics	化学基因组学	化學基因體學
chemical method of DNA sequencing	化学测序法	Maxam-Gilbert 法

英　文　名	大　陆　名	台　湾　名
（=Maxam-Gilbert method）		
chiasma	交叉	交叉
chiasma centralization	交叉中心化	交叉中心化
chiasma interference	交叉干涉	交叉干擾
chiasma position interference	交叉位置干涉	交叉位置干擾
chiasmata（复）（=chiasma）	交叉	交叉
chiasma terminalization	交叉端化	交叉端化
chiasma type hypothesis	交叉型假说	交叉型假說
chimera	[异源]嵌合体	嵌合體
chimeric DNA	嵌合 DNA	嵌合 DNA
chimeric gene	嵌合基因	嵌合基因
chimeric protein	嵌合蛋白	嵌合蛋白
chimerism	嵌合性	嵌合性
chi sequence	chi 序列	chi 序列
chi site	chi 位点	chi 位點
chloramphenicol acetyltransferase（CAT）	氯霉素乙酰转移酶	氯黴素乙醯轉移酶
chloroplast DNA（ctDNA）	叶绿体 DNA	葉綠體 DNA
chloroplast genome	叶绿体基因组	葉綠體基因體
chondrodysplasia	软骨发育不全	軟骨發育不全, 軟骨發育不良
chondrogenesis	软骨发生	軟骨生成
chorda mesoderm	脊索中胚层	脊索中胚層
chorioallantoic membrane	尿囊绒膜	尿囊絨毛膜
chromatic sphere	染色质球	染色質球
chromatic thread	染色质丝	染色質絲
chromatid	染色单体	染色分體
chromatid aberration	染色单体畸变	染色分體畸變, 畸變染色分體, 子染色體變異
chromatid breakage	染色单体断裂	染色分體斷裂
chromatid bridge	染色单体桥	染色分體橋
chromatid conversion	染色单体转变	染色分體轉換, 染色分體轉變
chromatid gap	染色单体间隙	染色分體間隙
chromatid grain	染色单体粒	染色分體粒
chromatid interchange	染色单体互换	染色分體互換
chromatid interference	染色单体干涉	染色分體干擾
chromatid nondisjunction	染色单体不分离	染色分體不分離

英　文　名	大　陆　名	台　湾　名
chromatid segregation	染色单体分离	染色分體分離
chromatid tetrad	四分染色单体	染色分體四分子
chromatid translocation	染色单体易位	染色分體易位
chromatin	染色质	染色質
chromatin agglutination	染色质凝聚	染色質凝集
chromatin bridge	染色质桥	染色質橋
chromatin condensation (=chromatin agglutination)	染色质凝聚	染色質凝集
chromatin diminution	染色质消减	染色質消減
chromatin elimination	染色质消失	染色質消失
chromatin expansion	染色质膨胀	染色質膨脹
chromatin reconstitution (=chromatin remodeling)	染色质重塑	染色質重建, 染色質復舊
chromatin remodeling	染色质重塑	染色質重建, 染色質復舊
chromatography	层析, 色谱法	層析法, 色層分析法
chromatoid body	拟染色体	擬染色體
chromocenter (=chromosome center)	染色中心	染色中心, 染色中之
chromomere	染色粒	染色粒
chromonema	染色线	染色線, 染色[質]絲
chromosomal aberration	染色体畸变	染色體畸變, 染色體變異, 染色體異常
chromosomal band	染色体带	染色體帶
chromosomal chiasma	染色体交叉	染色體交叉
chromosomal disorder	染色体病	染色體疾病
chromosomal inheritance	染色体遗传	染色體遺傳
chromosomal *in situ* suppression hybridization (CISS hybridization)	染色体原位阻抑杂交, 染色体原位抑制杂交	染色體原位抑制雜交
chromosomal integration site	染色体整合位点	染色體整合位點
chromosomal interference	染色体干涉	染色體干擾
chromosomal mosaic	染色体镶嵌	染色體鑲嵌
chromosomal mutation	染色体突变	染色體突變
chromosomal pattern	染色体型	染色體型
chromosomal polymorphism	染色体多态性	染色體多態性
chromosomal puff	染色体疏松	染色體部分擴展, 染色體疏鬆, 染色體部分膨鬆

英　文　名	大　陆　名	台　湾　名
chromosomal rearrangement	染色体重排	染色體重排
chromosomal RNA（cRNA）	染色体 RNA	染色體 RNA
chromosomal tubule	染色体微管	染色體小管
chromosome	染色体	染色體
chromosome aberration（=chromosomal aberration）	染色体畸变	染色體畸變，染色體變異，染色體異常
chromosome aberration syndrome （=chromosomal disorder）	染色体病	染色體疾病
chromosome arm	染色体臂	染色體臂
chromosome association	染色体联合	染色體聯合
chromosome banding	染色体显带	染色體顯帶
chromosome banding technique	染色体显带技术	染色體顯帶技術
chromosome basic number	染色体基数	染色體基數
chromosome breakage	染色体断裂	染色體斷裂
chromosome breakage syndrome	染色体断裂综合征	染色體斷裂綜合症
chromosome breakpoint	染色体断裂点	染色體斷裂點
chromosome bridge	染色体桥	染色體橋
chromosome center	染色中心	染色中心，染色中之
chromosome chiasmata（=chromosomal chiasma）	染色体交叉	染色體交叉
chromosome chimaera	染色体嵌合体	染色體嵌合體
chromosome coiling	染色体螺旋	染色體螺旋
chromosome complement（=chromosome set）	染色体组	染色體組，染色體組成
chromosome complex	染色体群	染色體群
chromosome condensation	染色体浓缩	染色體濃縮
chromosome configuration	染色体构型	染色體構形
chromosome congression	染色体中板集合	染色體中板集合
chromosome contraction	染色体收缩	染色體收縮
chromosome core	染色体轴	染色體軸，染色體核心
chromosome cycle	染色体周期	染色體週期
chromosome deletion	染色体缺失	染色體缺失
chromosome disease（=chromosomal disorder）	染色体病	染色體疾病
chromosome disjunction	染色体分离	染色體分離
chromosome doubling	染色体加倍	染色體加倍
chromosome duplication	染色体重复	染色體重覆
chromosome elimination	染色体消减，染色体丢	染色體丟失

英　文　名	大　陆　名	台　湾　名
	失	
chromosome engineering	染色体工程[学]	染色體工程
chromosome fragility	染色体脆性	染色體脆性
chromosome fusion	染色体融合	染色體融合
chromosome gap	染色体裂隙	染色體間隙
chromosome imbalance	染色体不平衡	染色體不平衡
chromosome instability syndrome	染色体不稳定综合征	染色體不穩定症候群
chromosome interchange	染色体互换	染色體互換
chromosome jumping	染色体跳查, 染色体跳移	染色體跳躍
chromosome jumping library	染色体跳查文库	染色體跳躍文庫
chromosome knob	染色体结	染色體結
chromosome landing	染色体着陆	染色體著陸
chromosome library	染色体文库	染色體文庫
chromosome loss（=chromosome elimination）	染色体消减, 染色体丢失	染色體丢失
chromosome map	染色体图	染色體圖
chromosome mapping	染色体作图	染色體作圖, 染色體定位圖
chromosome matrix	染色体基质	染色體基質
chromosome-mediated gene transfer（CMGT）	染色体介导的基因转移	染色體介導之基因轉移
chromosome mobilization	染色体移动	染色體移動, 染色體流動
chromosome mottling	染色体杂色化	染色體雜色化
chromosome movement（=chromosome mobilization）	染色体移动	染色體移動, 染色體流動
chromosome multiformity	染色体多样性	染色體多樣性
chromosome mutation（=chromosomal mutation）	染色体突变	染色體突變
chromosome nondisjunction	染色体不分离	染色體不分離
chromosome number	染色体数	染色體數目
chromosome painting	染色体涂染	染色體塗染
chromosome pairing	染色体配对	染色體配對
chromosome puff（=chromosomal puff）	染色体疏松	染色體部分擴展, 染色體疏鬆, 染色體部分膨鬆
chromosome pulverization	染色体粉碎	染色體粉碎, 染色體粉

英　文　名	大　陆　名	台　湾　名
		末化
chromosome reconstitution	染色体重建	染色體重建
chromosome reduplication	染色体再复制	染色體再複製
chromosome satellite	染色体随体	染色體隨體
chromosome scaffold	染色体支架	染色體支架
chromosome set	染色体组	染色體組，染色體組成
chromosome sorting	染色体分选	染色體分類
chromosome sterility	染色体不育	染色體不稔性
chromosome substitution	染色体置换，染色体取代	染色體置換
chromosome theory of inheritance	遗传的染色体学说	染色體遺傳學說
chromosome walking	染色体步查，染色体步移	染色體步移
chromosomics (=chromosomology)	染色体学	染色體學
chromosomoid	类染色体	擬染色體
chromosomology	染色体学	染色體學
chromotosome	染色质小体	染色質小體
cI gene	*cI* 基因	*cI* 基因
circular DNA	环状 DNA	環狀 DNA
cis-acting	顺式作用	順式作用[的]
cis-acting element	顺式作用元件	順式作用元件
cis-acting locus	顺式作用基因座	順式作用基因座
cis-acting sequence	顺式作用序列	順式作用序列
cis-arrangement	顺式排列	順式排列
cis-dominance	顺式显性	順式顯性
cis-heterogenote	顺式杂基因子	順式異型結合基因
CISS hybridization (=chromosomal *in situ* suppression hybridization)	染色体原位阻抑杂交，染色体原位抑制杂交	染色體原位抑制雜交
cis-splicing	顺式剪接	順式剪接
cis-trans position effect	顺反位置效应	順反位置效應
cis-trans test	顺反测验	順反試驗，順反測驗
cistron	顺反子	順反子，作用子
clade	进化枝	進化支，分化支，進化枝
cladistics	支序系统学，分支系统学	支序系統學
cladogenesis	分支发生	系統發生，分支演化，

英　文　名	大　陆　名	台　湾　名
cladogram	支序图，进化树	支系發生 進化分支圖，支序圖， 　演化分支圖
class switch	类别转换	類別轉換
class switching (=class switch)	类别转换	類別轉換
clastogen	断裂剂	致染色體變異物
ClB technique	ClB 技术	ClB 技術
cleavage	卵裂	分裂，卵裂
cleistogamy	闭花受精	閉花受精
clinical cytogenetics	临床细胞遗传学	臨床細胞遺傳學
clinical genetics	临床遗传学	臨床遺傳學
clonal selection theory	克隆选择学说	純系選擇理論，無性 　[繁殖]系選擇理論
clonal variant	克隆变异体	無性繁殖[系]變異體
clonal variation	克隆变异	無性繁殖[系]變異
clone	克隆	無性繁殖系，克隆
clone contig mapping	克隆叠连群作图	無性繁殖疊群定位，無 　性繁殖系連續體輿 　圖
cloning	克隆化	選殖
cloning efficiency	克隆率	選殖率
cloning site	克隆位点	選殖位點
cloning vector	克隆载体	選殖載體
cloning vehicle (=cloning vector)	克隆载体	選殖載體
cM (=centimorgan)	厘摩	分摩
CME (=centromeric exchange)	着丝粒交换	中節交換
C-meiosis	C 减数分裂	C-減數分裂
C-metaphase	C 中期	C-中期
CMGT (=chromosome-mediated gene transfer)	染色体介导的基因转 　移	染色體介導之基因轉 　移
C-mitosis	C 有丝分裂	C-有絲分裂
coadaptation	共适应，互适应	共適應，互適應
coalescence theory	溯祖理论	溯祖理論
coalescence time	溯祖时间	溯祖時間
coamplification system	共扩增系统	共擴增系統
coancestry coefficient	共亲系数	共親係數，共祖係數
coconversion	共转变	共轉變
code degeneracy	密码简并	密碼簡併

英　文　名	大　陆　名	台　湾　名
code for（=coding）	编码	編碼
coding	编码	編碼
coding capacity	编码容量	編碼容量
coding DNA strand	编码的 DNA 链	DNA 編碼股
coding ratio	编码比，密码比	編碼比
coding region	编码区	編碼區
coding sequence	编码序列	編碼序列
coding strand	编码链	編碼股，密碼股
coding triplet	编码三联体	編碼三聯體
codominance	共显性，等显性	等顯性，共顯性
codominant allele	共显性等位基因	等顯性對偶基因
codon	密码子	密碼子，字碼子
codon adaptation index（CAI）	密码子适应指数	密碼子適應指數
codon bias	密码子偏倚	密碼子偏倚
codon family	密码子家族	密碼子家族
codon recognition	密码子识别	密碼子識別
codon usage	密码子选用，密码子使用	密碼子選擇
coefficient matrix	系数矩阵	系數矩陣
coefficient of coancestry（=coefficient of consanguinity）	近亲系数	近親係數，親緣係數
coefficient of coincidence	并发系数	併發係數
coefficient of consanguinity	近亲系数	近親係數，親緣係數
coefficient of correlation	相关系数	相關係數
coefficient of gene differentiation	基因分化系数	基因分化係數
coefficient of genetic determination	遗传决定系数	遺傳決定係數
coefficient of inbreeding（=inbreeding coefficient）	近交系数	近交係數
coefficient of injury	危害系数	危害係數
coefficient of relationship（=relationship coefficient）	亲缘系数，血缘系数	親緣係數，血緣係數，近親係數
coefficient of selection（=selection coefficient）	选择系数	選擇係數
coefficient of similarity	相似系数	相似係數
coefficient of variability	变异系数	變異係數
coefficient of variation（=coefficient of variability）	变异系数	變異係數
coenzyme	辅酶	輔酶，輔助酵素

英　文　名	大　陆　名	台　湾　名
coevolution（=concerted evolution）	协同进化	協同進化，共同進化，共演化
cofator	辅因子	輔助因子
cognate tRNA	关联 tRNA	關聯 tRNA
cohesive end（=sticky end）	黏性末端，黏端	黏性末端，黏著端
cohesive terminus（=sticky end）	黏性末端，黏端	黏性末端，黏著端
coincidental evolution（=concerted evolution）	协同进化	協同進化，共同進化，共演化
coinducer	协诱导物	共誘導物
cointegrant	共合体	共合體
cointegrating plasmid	共整合质粒	共整合質體
coisogenic strain	近等基因系	同源品系
colchicine	秋水仙碱，秋水仙素	秋水仙素，秋水仙鹼
colchicine effect	秋水仙碱效应，C 效应	秋水仙素效應
cold sensitive mutant	冷敏感突变体，冷敏感突变型	冷敏突變種，冷敏感突變體
colinearity	共线性	共線性
colinear transcript	共线性转录物	共線性轉錄物
coliphage	大肠杆菌噬菌体	大腸桿菌噬菌體
colony hybridization	菌落杂交，集落杂交	菌落雜交
color blindness	色盲	色盲
combinatorial activity	重组活性	組合活性
combined selection	合并选择	組合選擇
combined selection index	合并选择指数	組合選擇指數
combining ability	配合力	組合力
commitment	定型	定型，約束
common environmental effect	共同环境效应	共同環境效應
comparative gene mapping	比较基因定位	比較基因定位
comparative genome	比较基因组	比較基因體
comparative genome hybridization（CGH）	比较基因组杂交	比較基因體雜交
comparative genomics	比较基因组学	比較基因體學
comparative proteomics	比较蛋白质学	比較蛋白質學
compartment	区室	分室
compartmentation	区室化，区室作用	分室作用，間隔化
compensator gene	补偿基因	補償基因
competence	感受态	感受態
competitive exclusion	竞争排斥	競爭排斥
competitive exclusion principle	竞争排斥原理	競爭排斥原理

英　文　名	大　陆　名	台　湾　名
competitive PCR	竞争[性]PCR	競爭性 PCR
competitive quantitative PCR	竞争定量 PCR	競爭性定量 PCR
competitive reverse transcription PCR	竞争反转录 PCR	競爭性反轉錄 PCR
competitive selection	竞争选择	競爭選擇
complementarity	互补性	互補性
complementary	互补	互補
complementary base	互补碱基	互補鹼基
complementary chain	互补链	互補股
complementary-determining region (CDR)	互补决定区	互補決定區
complementary DNA (cDNA)	互补 DNA	互補 DNA
complementary DNA library (cDNA library)	互补 DNA 文库,cDNA 文库	互補 DNA 文庫,cDNA 文庫
complementary DNA probe (cDNA probe)	互补 DNA 探针	互補 DNA 探針
complementary effect	互补效应	互補效應
complementary gene	互补基因	互補基因
complementary mating	互补交配	互補交配
complementary RNA (cRNA)	互补 RNA	互補 RNA
complementary strand (=complementary chain)	互补链	互補股
complementary transcript	互补转录物	互補轉錄物
complementation	互补作用	互補作用
α-complementation (=alpha complemention)	α 互补	α 互補
complementation analysis	互补分析	互補分析
complementation group	互补群	互補群
complementation map	互补图	互補圖
complementation test	互补测验	互補測驗
complete diallel cross	完全双列杂交	全互交
complete dominance	完全显性	完全顯性
complete linkage	完全连锁	完全連鎖
complete penetrance	完全外显率	完全外顯率
complete selection	完全选择	完全選擇
complex aneuploid	复合非整倍体	複合非整倍體
complexity	复杂性	複雜性
complex locus	复合基因座	複合基因座,複合位點
complex mutant	复合突变	複合突變
complex trait	复杂性状	複合性狀
complex translocation	复合易位	複合易位

英 文 名	大 陆 名	台 湾 名
complotype	补体单元型	補體單元型
composite transposition	复合型转座	複合式轉位，複合性移位
composite transposon	复合转座子	複合轉位子，複合式跳躍子，組合式跳躍子
compound heterozygote	复合杂合子	複合異型合子，混合異質結合體
computational genomics	计算基因组学	計算基因體學
computational proteomics	计算蛋白质组学	計算蛋白質體學
concatemer	多联体	多聯體，聯結物
concatemeric DNA	多联[体]DNA，连环DNA	多聯體 DNA
concened feedback inhibition	协同反馈抑制	協同回饋抑制
concentric amplicon	协同扩增子	協同複製子
concerted evolution	协同进化	協同進化，共同進化，共演化
condensed chromatin	凝聚染色质	凝聚染色質
conditional gene	条件基因	條件基因
conditional gene knockout	条件基因敲除，条件基因剔除	條件基因剔除
conditional gene targeting	条件基因打靶	條件基因標的，條件式基因標的
conditional lethal	条件致死	條件致死
conditional lethal mutation	条件致死突变	條件致死突變
conditional mutant	条件突变体	條件突變種，條件型突變體
conditional mutation	条件突变	條件突變
conditional specification	条件特化	條件特化
confidence interval	置信区间	信賴區間
congenic strain	类等基因系，同类品系	同類品系
congenital adrenal cortical hyperplasia	先天性肾上腺皮质增生	先天性腎上腺皮質增生症
congenital disease	先天性疾病	先天性疾病
conjugant	接合体	接合體
conjugation	接合[作用]	接合[作用]
conjugational DNA synthesis	接合 DNA 合成	接合 DNA 合成
conjugative plasmid	接合质粒	接合質體
conjugon	接合子	接合子

英　文　名	大　陆　名	台　湾　名
consanguineous marriage	①近亲交配 ②近亲婚配	①近親交配 ②近親婚配
consanguinity	近亲	近親
consensus sequence	共有序列	一致序列，共有順序
conservative mutation	保守突变	保守突變
conservative recombination	保守重组	保守重組
conservative replication	保守性复制	保守複製
conservative substitution	保守置换	保守取代，保守性置換
conservative transposable element	保守型转座因子	保守可轉位因子，保守性跳躍基因，保守性轉置子
conservative transposition	保守型转座	保守性轉位
conserved linkage	保守连锁性	保守性連鎖
conserved sequence	保守序列	保守序列
conserved sequence-tagged site	保守序列标签位点	保守序列標定位點
conserved synteny	保守同线性	保守共線性
constant gene（C gene）	C 基因	C 基因
constant region	恒定区	恒定區
constitutional polyploid	组成型多倍体	組成性多倍體
constitutional translocation	组成型易位	組成性易位
constitutive expression	组成型表达	組成性表達，組成性表現
constitutive gene	组成性基因	組成性基因
constitutive gene expression	组成性基因表达	組成性基因表達，組成性基因表現
constitutive heterochromatin	组成性异染色质，结构性异染色质	組成性異染色質
constitutive mutant	组成性突变体	組成性突變體，組成性突變種
constitutive mutation	组成性突变	組成性突變
constitutive promoter element	组成型启动子元件	組成性啟動子元件
constitutive splicing	组成性剪接	組成性剪接
constriction	缢痕	縊痕
contact guidance	接触导向	接觸導向
contact inhibition	接触抑制	接觸抑制
context-dependent regulation	邻近依赖性调节	鄰近依賴型調控
contig	叠连群，重叠群	疊連群
contiguous gene syndrome	邻接基因综合征	鄰接基因症候群

英　文　名	大　陆　名	台　湾　名
continuous character	连续性状	連續性狀
continuous group (=contig)	叠连群，重叠群	疊連群
continuous random variable	连续性随机变量	連續性隨機變量
continuous trait (=continuous character)	连续性状	連續性狀
continuous variation	连续变异	連續變異
contractile ring	收缩环	收縮環
contrast character (=relative character)	相对性状	相對性狀
controlling element	控制元件	控制因子，控制因素
controlling gene	控制基因	控制基因
control region	控制区	調控區
convergence	趋同	趨同，集聚
convergent evolution	趋同进化	趨同演化
convergent extention	趋同伸展	趨同延伸
conversion (=gene conversion)	基因转变，基因转换	基因轉變，基因轉換
cooperative binding	协同结合	協同結合
cooperative feedback inhibition (=concened feedback inhibition)	协同反馈抑制	協同回饋抑制
cooperative transposition	协同转座	協同轉位
cooperativity	协同性	一致性
coordinate gene	协同基因	協同基因
coordinately controlled gene	协同调控基因	協同控制基因
coordinate regulation	协同调节	協同調節
coordinate repression	协同阻遏，协同抑制	協同抑制
copia element	*copia* 转座子	*copia* 轉位子
copy choice	模板选择	複製選擇，樣模選擇
copy choice hypothesis	模板选择假说	複製選擇假說
copy error	复制错误	複製錯誤
copy number	拷贝数	複製數目，拷貝數
copy-number dependent gene expression	拷贝数依赖型基因表达	套數依賴型基因表達
core DNA	核心 DNA	核心 DNA
co-repressor	协阻遏物，辅阻遏物	輔阻遏物，共抑制物
core promoter	核心启动子	核心啟動子
core promoter element	核心启动子元件	核心啟動子元件
core sequence	核心序列	核心序列
corrective mating	矫正交配	矯正配種
correct mutation	校正突变	校正突變
correlated character	相关性状	相關性狀
correlated selection response	相关选择反应	相關選擇反應

英　文　名	大　陆　名	台　湾　名
correlation	相关	相關
correlation analysis	相关分析	相關分析
co-segregation	共分离	共分離
cosmid	黏粒，黏端质粒	黏接質體
cos site	黏性位点，*cos* 位点	*cos* 位點
cost of natural selection	自然选择代价	天擇代價，自然選擇代價
cosuppression	共阻抑，共抑制	共抑制
cotranscript	共转录物	共轉錄物
cotranscription	共转录	共轉錄
cotranscriptional regulation	共转录调节	共轉錄調節
cotransduction	共转导	共轉導，互轉導
cotransfection	共转染	共轉染
cotransformation	共转化	共轉化
cotranslation	共翻译	共轉譯[的]
cotranslational cleavage	共翻译切割	共轉譯切割
cotranslational frameshifting	共翻译移码	共轉譯移碼
cotranslational glycosylation	共翻译糖基化	共轉譯糖基化
cotranslational integration	共翻译整合	共轉譯整合
cotranslational secretion	共翻译分泌	共轉譯分泌
cotranslational transfer	共翻译转移	共轉譯轉移，共同移動的轉移
cotranslational translocation	共翻译转运	共轉譯變位，共同移動的變位
counter-adaptation	逆适应	逆適應
counter-evolution	逆进化	逆演化
counter-selection	反选择	反向選擇
coupling of gene	基因偶联	基因耦聯
coupling phase	互引相，顺式相	相引相
covalent elongation	共价延伸	共價延伸
covalent extension（=covalent elongation）	共价延伸	共價延伸
covalently closed circle（CCC）	共价闭环	共價密環，共價封閉環
covalently closed circular DNA（cccDNA）	共价闭合环状 DNA，共价闭环 DNA	共價密環型 DNA
covalently closed relaxed DNA	共价闭合松弛 DNA	共價密合鬆弛 DNA，共價密環鬆弛 DNA，共價封閉環鬆弛 DNA

英　文　名	大　陆　名	台　湾　名
covariance	协方差	協方差，協變方
covariation	相关变异	相關變異
covarion	共变子	共變子
CPE (=cytopathic effect)	致细胞病变[效应]	細胞病變[效應]
CpG island	CpG 岛	CpG 島
Cre-loxP system	Cre-loxP 系统	重組酵素系統，Cre-loxP 重組系統
cri du chat syndrome	猫叫综合征	貓叫綜合症，貓哭症
criss-cross inheritance	交叉遗传	交叉遺傳
cRNA (=①complementary RNA ②chromosomal RNA)	①互补 RNA ②染色体 RNA	①互補 RNA ②染色體 RNA
cross (=hybridization)	杂交	雜交
crossability	杂交性	雜交性
cross breeding	杂交育种	雜交育種
cross-compatibility	杂交亲和性	雜交親和性
cross-infertility	杂交不育性	雜交不育性，雜交不孕性，雜交不稔性
crossing over (=crossover)	交换	交換
crossing-over map	交换图	交換圖
crossing-over value	交换值	交換值
crossover	交换	交換
crossover fixation	交换固定	交換固定
crossover suppressor	交换阻抑因子，交换抑制因子	交換抑制因子
cross-sterility (=cross-infertility)	杂交不育性	雜交不育性，雜交不孕性，雜交不稔性
cross-talk	[信号]串流	交叉傳遞信息
crown-gall disease	冠瘿病	冠瘿病
CRP (=cAMP receptor protein)	cAMP 受体蛋白	cAMP 受體蛋白
cruciform loop	十字形环	十字型環
cryptic mosaic	隐蔽[同源]嵌合体	隱蔽嵌合體
cryptic plasmid	隐蔽性质粒	隱蔽性質體
cryptic satellite DNA	隐蔽卫星 DNA	隱蔽衛星 DNA
cryptic species (=hidden species)	隐藏种	隱藏種
cryptic splice site	隐蔽剪接位点	隱蔽剪接位點
cryptic structural hybrid	隐蔽结构杂种	隱蔽結構雜種
cryptochimera (=cryptic mosaic)	隐蔽[同源]嵌合体	隱蔽嵌合體
cryptogene	隐蔽基因	隱蔽基因

英　文　名	大　陆　名	台　湾　名
CTD (=C-terminal domain)	C 端结构域	C 端結構域
ctDNA (=chloroplast DNA)	叶绿体 DNA	葉綠體 DNA
C-terminal domain (CTD)	C 端结构域	C 端結構域
C-terminus (=carboxyl terminal)	C 端，羧基端	羧基端，C 端
CT7n (=carboxyl-terminal repeating heptamer)	C 端重复七肽	C 端重複七肽
cultivar	品种	品種
cumulative overdominance	累积超显性	累積超顯性
C value	C 值	C 值
C value paradox	C 值悖理，C 值矛盾	C 值反常，C 值悖論
cybrid	胞质杂种	胞質雜種
cyclin	[细胞]周期蛋白	細胞週期調節蛋白，週期素
cyclosis	胞质环流	胞質環流
cytochimera	细胞[异源]嵌合体	細胞質嵌合體
cytodifferentiation (=cell differentiation)	细胞分化	細胞分化
cytogamy (=plasmogamy)	质配，胞质融合	胞質配合
cytogene (=plasma gene)	[细]胞质基因	[细]胞質基因
cytogenetic change	细胞遗传学变化	細胞遺傳變化
cytogenetic map	细胞遗传学图	細胞遺傳學圖
cytogenetics	细胞遗传学	細胞遺傳學
cytokine	细胞因子	[细]胞激素
cytokinesis	胞质分裂	胞質分裂
cytokinin	细胞分裂素，细胞激动素	細胞分裂素，細胞激動素
cytological map	细胞学图	細胞學圖
cytometry	细胞计量术	細胞計數法
cytopathic effect (CPE)	致细胞病变[效应]	細胞病變[效應]
cytoplasm	[细]胞质	[细]胞質
cytoplasmic determinant	胞质决定子	胞質決定子
cytoplasmic inheritance	[细]胞质遗传	[细]胞質遺傳
cytoplasmic male sterility	[细]胞质雄性不育	胞質雄性不育，[细]胞質雄性不孕，細胞質雄性不稔
cytoplasmic mutation	[细]胞质突变	[细]胞質突變
cytoplasmic segregation	胞质分离	胞質分離
cytoskeleton	细胞骨架	細胞骨架
cytotrophoblast	细胞滋养层	細胞滋養層

D

英　文　名	大　陆　名	台　湾　名
Dam methylation	Dam 甲基化	Dam 甲基化
dark repair	暗修复	暗修復
Darwinian fitness	达尔文适合度	達爾文適應率，達爾文適合度，達爾文適應度
Darwinism	达尔文学说	達爾文主義
DASH (=dynamic allele-spesific hybridization)	动态等位特异性杂交	動態對偶基因專一性雜交
dauermodification (=persisting modification)	持续饰变	持續飾變
daughter cell	子细胞	子細胞
daughter chromatid	子染色单体	子染色分體
daughter chromosome	子染色体	子染色體
daughter DNA	子 DNA	子 DNA
DDRT-PCR (=differential mRNA display reverse transcription PCR)	mRNA 差别显示反转录 PCR	mRNA 差異性表現反轉錄 PCR，mRNA 差別顯示技術
deamination	脱氨作用	脱胺基作用，脱氨作用
decoding	译码，解码	解碼
dedifferentiation	去分化，脱分化	反分化，解除分化，逆分化
deficiency (=deletion)	缺失	缺失
deficiency loop (=deletion loop)	缺失环	缺失環
degeneracy	简并[性]	簡併化
degeneracy of the genetic code	遗传密码简并	遺傳密碼簡併
degenerate codon	简并密码子	簡併密碼子，簡併字碼子
degeneration	退化	退化
degree of dominance	显性度	顯性度，優勢度
delayed dominance	延迟显性	遲延顯性
delay inheritance	延迟遗传	遲延遺傳
deletant	缺失体	缺失體
deleterious gene	有害基因	有害基因
deleterious mutation	有害突变	有害突變
deletion	缺失	缺失

英　文　名	大　陆　名	台　湾　名
deletion complex	缺失复合体	缺失複合體
deletion heterozygote	缺失杂合子	缺失異型合子
deletion homozygote	缺失纯合子	缺失同型合子
deletion loop	缺失环	缺失環
deletion mapping	缺失作图，缺失定位	缺失定位
deletion mutation	缺失突变	缺失突變
delta sequence	δ 序列	δ 序列
denaturation	变性	變性
denaturation map	变性图	變性圖
denaturation temperature	变性温度	變性溫度
denatured DNA	变性 DNA	變性 DNA
denaturing high-performance liquid chromatography（DHPLC）	高压液相层析	高效能液相層析法
dendrogram（=phylogenetic tree）	[进化]系统树	系統樹
de novo initiation	从头起始	重新起始
de novo synthesis	从头合成	新生合成
dense genetic map	高密度遗传图	高密度遺傳圖
density gradient centrifugation	密度梯度离心	密度梯度離心
Denver system	丹佛体制	丹佛系統
deoxy[ribo]nucleoside	脱氧[核糖]核苷	脱氧[核糖]核苷，去氧[核糖]核苷
deoxy[ribo]nucleotide	脱氧[核糖]核苷酸	脱氧[核糖]核苷酸，去氧[核糖]核苷酸
deoxyribonuclease（DNase）	脱氧核糖核酸酶，DNA酶	脱氧核糖核酸酶，去氧核糖核酸酶
deoxyribonucleic acid（DNA）	脱氧核糖核酸	脱氧核糖核酸，去氧核糖核酸
deoxythymidine	脱氧胸苷	脱氧胸苷，去氧胸苷
ρ-dependent termination	依赖于 ρ 的终止	ρ 依賴性終止
ρ-dependent terminator	依赖于 ρ 的终止子	ρ 依賴性終止子
depurination	脱嘌呤作用	脱嘌呤作用，去嘌呤作用
derepression	去阻遏作用	去阻遏作用
derivative chromosome	衍生染色体	衍生染色體
destabilizing element	去稳定元件	去穩定元件
determinant	决定子	决定子
determination	决定	决定作用
development	发育	發育

英　文　名	大　陆　名	台　湾　名
developmental field	发育场	發育場
developmental genetics	发育遗传学	發育遺傳學
developmental noise	发育噪声	發育雜音
development timing regulator	发育时控基因	發育時控因子
D gene (=diversity gene)	D 基因	D 基因
D gene segment	D 基因片段	D 基因片段
DHPLC (=denaturing high-performance liquid chromatography)	高压液相层析	高效能液相層析法
diabody	双抗体	雙抗體
diad (=dyad)	①二分体 ②二联体	①二分體 ②二聯體
diakinesis	终变期，浓缩期	終變期
diallel cross	双列杂交	全互交
diandry	双雄受精	雙雄性
diapause	滞育	滯育
dicentric bridge	双着丝粒桥	雙著絲點橋，二中節染色體橋
dicentric chromosome	双着丝粒染色体	雙著絲點染色體
dideoxy sequencing	双脱氧测序	雙去氧定序
dideoxy technique	双脱氧法	雙去氧法
differential display	差别展示	差異性表現，差異顯示，差異表現分析法
differential expression	差异表达	差異性表達
differential gene determination	差别基因决定	差異性基因決定
differential gene expression	差别基因表达	差異性基因表達
differential mRNA display	mRNA 差别显示	mRNA 差異性表現，mRNA 差異顯示
differential mRNA display reverse transcription PCR (DDRT-PCR)	mRNA 差别显示反转录 PCR	mRNA 差異性表現反轉錄 PCR，mRNA 差別顯示技術
differential species	区别种	區別種
differential staining technique	显带技术	鑑別性染色技術，鑑別染色法
differentiated speciation	分化式物种形成	分化式種化
differentiation	分化	分化作用
differentiation center	分化中心	分化中心
digoxigenin system	地高辛精系统	地高辛[精]系統
digyny	双卵受精	雙雌性
dihaploid	双单倍体	雙單倍體

英 文 名	大 陆 名	台 湾 名
dihybrid cross	二元杂种杂交	雙因子雜種雜交
dihybrid ratio	双因子杂种率	雙因子雜種率
dimonosomic	双单体	雙單體
dimorphism	二态性	二型性
diplochromosome	双分染色体	雙分染色體
diploid	二倍体	二倍體
diploidization	二倍化	二倍化
diploidy	二倍性	二倍性
diplonema (=diplotene)	双线期	雙絲期
diplotene	双线期	雙絲期
direct cross	正交	正交
direct development	直接发育	直接發育
directed evolution (=orthogenesis)	直生说，定向进化	直系發生，定向演化 [學說]，直生論
directed mutagenesis	定向诱变	定向誘變
direct insertion	定向插入，同向插入	同向插入
directional cloning	定向克隆	定向選殖
directional dominance	定向显性	定向顯性
directional selection (=orthoselection)	定向选择，正选择	定向選擇，直向選擇， 正選擇
direct repeat	同向重复[序列]	同向重複
direct reversal repair	直接逆向修复	直接逆向修復
direct sib method	直接同胞法	直接同胞法
discontinuous replication	不连续复制	不連續複製
discontinuous variation	不连续变异，非连续变异	不連續變異
discrete random variable	离散性随机变量	離散性隨機變量
disease genomics	疾病基因组学	疾病基因體學
disome	二体，双体	二體
disomic	二体生物	二體，二染體
disomic haploid	二体单倍体	二體單倍體
disomic inheritance	二体遗传	二體遺傳
dispermy	双精入卵	雙精入卵
dispersive replication	散乱复制	散亂複製
displacement loop (D loop)	D 环，替代环	D 環
disruptive selection	分裂选择，歧化选择	分裂選擇，分歧性選擇
dissociator (Ds)	解离因子	解離因子
distant cis-acting regulatory DNA se-	远端顺式作用调节	遠端順式作用調節

英　文　名	大　陆　名	台　湾　名
quence	DNA 序列	DNA 序列
distant hybrid	远缘杂种	遠緣雜種
distant hybridization	远缘杂交	遠緣雜交，遠交
ditrisomic	双三体	雙三體
ditrisomy	双三体性	雙三體性
divergence	趋异	趨異
divergent evolution	趋异进化	趨異演化
diversifying selection (=disruptive selection)	分裂选择，歧化选择	分裂選擇，分歧性選擇
diversity gene (D gene)	D 基因	D 基因
dizygotic twins	二卵双生，异卵双生	異卵雙生
D loop (=displacement loop)	D 环，替代环	D 環
DM (=double minute)	双微体	雙微體
DMC (=double minute chromosome)	双微染色体	雙微染色體
DNA (=deoxyribonucleic acid)	脱氧核糖核酸	脱氧核糖核酸，去氧核糖核酸
DNA amplification	DNA 扩增	DNA 擴增
DNA chip	DNA 芯片	DNA 晶片
DNA clone	DNA 克隆	DNA 選殖
DNA damage	DNA 损伤	DNA 損傷
DNA delivery system	DNA 递送系统，DNA 转移系统	DNA 遞送系統，DNA 轉移系統
DNA-dependent DNA polymerase	依赖于 DNA 的 DNA 聚合酶	依賴 DNA 之 DNA 聚合酶
DNA fingerprint	DNA 指纹	DNA 指紋
DNA glycosylase	DNA 糖基化酶	DNA 糖基化酶
DNA gyrase	DNA 促旋酶	DNA 迴旋酶
DNA helicase	DNA 解旋酶	DNA 解鏈酶，DNA 解旋酶
DNA hybridization	DNA 杂交	DNA 雜交
DNA library	DNA 文库	DNA 文庫
DNA ligase	DNA 连接酶	DNA 連接酶
DNA ligation	DNA 连接	DNA 連接
DNA like RNA (D-RNA, dRNA)	类似 DNA 的 RNA	擬 DNA 之 RNA，似 DNA 之 RNA
DNA marker	DNA 标记	DNA 標記
DNA methylation	DNA 甲基化	DNA 甲基化
DNA microarray	DNA 微阵列	DNA 微陣列

英　文　名	大　陆　名	台　湾　名
DNA modification	DNA 修饰	DNA 修飾
DNA polymerase	DNA 聚合酶	DNA 聚合酶
DNA polymerase Ⅰ	DNA 聚合酶Ⅰ	DNA 聚合酶Ⅰ
DNA polymerase Ⅱ	DNA 聚合酶Ⅱ	DNA 聚合酶Ⅱ
DNA polymerase Ⅲ	DNA 聚合酶Ⅲ	DNA 聚合酶Ⅲ
DNA polymerase α	DNA 聚合酶 α	DNA 聚合酶 α
DNA polymerase γ	DNA 聚合酶 γ	DNA 聚合酶 γ
DNA polymerase δ	DNA 聚合酶 δ	DNA 聚合酶 δ
DNA polymorphism	DNA 多态性	DNA 多態性
DNA primase	DNA 引发酶	DNA 導引酶
DNA probe	DNA 探针	DNA 探針
DNA recombination	DNA 重组	DNA 重組
DNA repair	DNA 修复	DNA 修復
DNase (=deoxyribonuclease)	脱氧核糖核酸酶, DNA 酶	脱氧核糖核酸酶, 去氧核糖核酸酶
DNase footprinting	DNA 酶足迹法	DNA 酶足跡法, DNA 酶足印技術
DNase Ⅰ footprinting	DNA 酶Ⅰ足迹法	DNA 酶Ⅰ足跡法, DNA 酶Ⅰ指紋鑑定術
DNase high sensitive site	DNA 酶高敏位点	DNA 酶高敏感位點
DNA sequence family	DNA 序列家族	DNA 序列家族
DNA sequence polymorphism	DNA 序列多态性	DNA 序列多態性
DNA sequencing	DNA 序列测定, DNA 测序	DNA 定序
DNA topoisomerase	DNA 拓扑异构酶	DNA 拓撲異構酶
DNA tumor virus	DNA 肿瘤病毒	DNA 腫瘤病毒
DNA virus	DNA 病毒	DNA 病毒
domain	域	區域
domain duplication	结构域倍增	結構域複製
domain shuffling	结构域混编	結構域混編
dominance	显性	顯性
dominance effect	显性效应	顯性效應
dominance epistasis	显性上位	顯性上位現象, 顯性上位性, 顯性上位效應
dominance relationship	显性关系	顯性關係
dominance variance	显性方差	顯性變量
dominant allele	显性等位基因	顯性對偶基因

英 文 名	大 陆 名	台 湾 名
dominant character	显性性状	顯性性狀
dominant gene	显性基因	顯性基因
dominant lethal	显性致死	顯性致死
dominant mutation	显性突变	顯性突變
dominant negative effect	显性负效应	顯性抑制效應
dominant negative mutation	显性负效突变	顯性抑制突變
dominant negative regulation	显性负调控	顯性抑制調控
donor	供体	供體，給體
donor site	供体位点	供點，提供點
donor splicing site	剪接供体位点	剪接供體位點
dorsal root ganglia	背根神经节	背根神經節
dosage compensation	剂量补偿作用	劑量代償作用
dosage compensation effect	剂量补偿效应	劑量代償效應
dosage effect	剂量效应	劑量效應
dot blot（=dotting blotting）	点渍法，斑点印迹	點漬墨點法，點漬法
dot blot hybridization	斑点杂交	點漬雜交，墨點雜合法
dot matrix	点阵	點矩陣
dot-matrix analysis	点阵分析	點矩陣分析
dotting blotting	点渍法，斑点印迹	點漬墨點法，點漬法
double bar	重棒眼，双棒眼，超棒眼	雙棒眼
double crossing-over	双交换	雙互換，雙交換
double exchange（=double crossing-over）	双交换	雙互換，雙交換
double fertilization	双受精	雙受精
double helix	双螺旋	雙螺旋
double helix model	双螺旋模型	雙螺旋模型
double heterozygote	双重杂合子	雙[重]異型合子
double infection	双感染	雙重感染
double minute（DM）	双微体	雙微體
double minute chromosome（DMC）	双微染色体	雙微染色體
double-strand break（DSB）	双链断裂	雙股斷裂
double-strand break-repair model of recombination	重组双链损伤修复模型	雙股斷裂修復重組模型
double-stranded DNA（dsDNA）	双链 DNA	雙股 DNA
double-stranded RNA（dsRNA）	双链 RNA	雙股 RNA
double transformation	双转化	雙轉化
doubling dosage	加倍剂量	加倍劑量
down mutation	减效突变	減效突變

英　文　名	大　陆　名	台　湾　名
down-promoter mutant	启动子减弱突变体	啟動子減效突變種，啟動子減效突變體
down-promoter mutation	启动子减效突变，启动子下调突变	啟動子減效突變
down regulation	减量调节，下调	減效調節
down regulator	减量调节物，下调物	減效調節物
downstream (=down stream)	下游	下游
down stream	下游	下游
downstream promoter element (DPE)	下游启动子元件	下游啟動子元件
downstream sequence	下游序列	下游序列
Down syndrome	唐氏综合征，21 三体综合征	唐氏症候群，唐氏症
DPE (=downstream promoter element)	下游启动子元件	下游啟動子元件
draft genome sequence	基因组序列草图	基因體初稿序列
drift	漂变	漂變，漂移
drift variance of heterozygosity	杂合度漂变方差	異質度漂移變方
dRNA (=DNA like RNA)	类似 DNA 的 RNA	擬 DNA 之 RNA，似 DNA 之 RNA
D-RNA (=DNA like RNA)	类似 DNA 的 RNA	擬 DNA 之 RNA，似 DNA 之 RNA
Ds (=dissociator)	解离因子	解離因子
DSB (=double-strand break)	双链断裂	雙股斷裂
dsDNA (=double-stranded DNA)	双链 DNA	雙股 DNA
Ds element	Ds 因子	Ds 因子
dsRNA (=double-stranded RNA)	双链 RNA	雙股 RNA
Duchenne muscular dystrophy	进行性假肥大性肌营养不良	杜氏持續性肌肉萎縮症
duplex	①二显性组合 ②双链体	①雙顯性組合 ②複式體
duplex DNA	双链体 DNA	複式體 DNA
duplicate effect	叠加效应	疊加效應
duplicate gene (=reiterated gene)	重复基因	重複基因
duplication	重复	重複
duplicative inversion	复制倒位	複製倒位
duplicon	重复子	重複子，複製子
dyad	①二分体 ②二联体	①二分體 ②二聯體
dynamic allele-spesific hybridization (DASH)	动态等位特异性杂交	動態對偶基因專一性雜交

英　文　名	大　陆　名	台　湾　名
dynamic mutation	动态突变	動態突變
dynamic selection	动态选择	動態選擇
dysploid (=aneuploid)	非整倍体	非整倍體

E

英　文　名	大　陆　名	台　湾　名
early gene	早期基因	早期基因
early recombination nodule	早重组结	早期重組節
EBS (=exon-binding site)	外显子结合位点	外顯子結合部位
EC cell (=embryonal carcinoma cell)	胚胎癌性细胞	胚胎癌性細胞
ECM (=extracellular matrix)	细胞外基质	細胞外基質
ecogenetics (=ecological genetics)	生态遗传学	生態遺傳學
ecological balance	生态平衡	生態平衡
ecological equilibrium (=ecological balance)	生态平衡	生態平衡
ecological genetics	生态遗传学	生態遺傳學
ecological isolation	生态隔离	生態隔離
ecological niche	生态位，生态小境	生態地位
ecological polymorphism	生态多态现象	生態多態性
economic weight	经济加权值	經濟加權值
ectoblast (=ectoderm)	外胚层	外胚層
ectoderm	外胚层	外胚層
ectogeny (=metaxenia)	果实直感	果實直感
ectopic expression	异位表达	異位表現
ectopic insertion	异位插入	異位插入
ectopic integration	异位整合	異位整合
ectopic pairing	异位配对	異位配對
ectopic pregnancy	异位妊娠，子宫外孕	子宮外孕
ectopic site	异位位点	異位位點
editosome	编辑体	編輯體
Edman degeneration	埃德曼降解法	埃特曼降解法
Edwards syndrome (=trisomy 18 syndrome)	18三体综合征	18-三體綜合症，18-三體症候群
effectively dominant	有效显性	有效顯性
effective number of allele	有效等位基因数	有效對偶基因數
effective population size	有效群体大小	有效群體大小
effective population size number of allele	有效群体大小等位基	有效群體大小對偶基

英　文　名	大　陆　名	台　湾　名
	因数	因數
eIF（=eukaryotic initiation factor）	真核起始因子	真核起始因子
ELC（=expression-linked copy）	表达连锁拷贝	連鎖複製之表達
electro-blotting	电泳印迹法	電泳轉漬法
electro-cell fusion	电促细胞融合	電促細胞融合
electrophoresis mobility shift assay（EMSA）	电泳迁移率变动分析	電泳速度變動分析法
electroporation	电穿孔	電穿透作用
electro-transformation	电转化	電促轉化
element	元件	元件
elementary species	基本种	基本種
eliminate dominant mutation	消除显性突变	消除顯性突變
elongation factor	延伸因子	延伸因子，伸長因子
emasculation	去雄	去雄
embryo	胚胎	胚胎
embryogenesis	胚胎发生	胚胎形成
embryoid	胚状体	胚狀體
embryonal carcinoma cell（EC cell）	胚胎癌性细胞	胚胎癌性細胞
embryonic development	胚胎发育	胚胎發育
embryonic disc	胚盘	胚盘
embryonic layer	胚层	胚層
embryonic sac	胚囊	胚囊
embryonic sac competition	胚囊竞争	胚囊競爭
embryonic sac mother cell	胚囊母细胞	胚囊母細胞
embryonic shield	胚盾	胚盾
embryonic stem cell（ES cell）	胚胎干细胞	胚胎幹細胞
EMC（=enzyme mismatch cleavage）	酶错配切割，酶错配剪接	酶錯配切割，酶錯配剪接
EMSA（=electrophoresis mobility shift assay）	电泳迁移率变动分析	電泳速度變動分析法
encode（=coding）	编码	編碼
end labeling	末端标记	末端標記
endochondral ossification	软骨内成骨	軟骨內骨化
endoderm	内胚层	內胚層
endoduplication	核内倍增，核内复制	核內複製
endogamy	同系交配	同系交配
endogenote	内基因子	內基因子
endogenous gene	内源基因	內生基因

英　文　名	大　陆　名	台　湾　名
endomembrane system	内膜系统	内膜系統
endomitosis	核内有丝分裂	核内有絲分裂
endonuclease	内切核酸酶	核酸内切酶
endopolyploid	核内多倍体	核内多倍體
endopolyploidy	核内多倍性	核内多倍性
endoreduplication	核内再复制	核内再複製
endosymbiont theory	内共生学说	内共生學說
endosymbiosis	内共生	内共生
endotoxin	内毒素	内毒素
enforced outbreeding	强迫性杂交繁殖	強迫性遠親繁殖
enhancer	增强子	強化[因]子
enhancer competition	增强子竞争	強化子競爭
enhancer element	增强子元件	強化子元件
enhancer sequence	增强子序列	強化子序列
enhancer trapping	增强子捕获	強化子捕獲
enhancosome	增强体	強化體
enhanson	增强子单元	強化子單元
entrapment	包载	包載
entrapment vector	包载载体	包載載體
environmental correlation	环境相关[性]	環境相關性
environmental covariance	环境协方差	環境協變方
environmental effect	环境效应	環境效應
environmental genome project	环境基因组计划	環境基因體計畫
environmental genomics	环境基因组学	環境基因體學
environmental variance	环境方差	環境變方，環境變異數
enzyme-labeled probe	酶标记探针	酶標記探針
enzyme mismatch cleavage (EMC)	酶错配切割，酶错配剪接	酶錯配切割，酶錯配剪接
epiblast	上胚层，初级外胚层	上胚層
epigenesis	后成说，渐成论	後生說，漸成說
epigenetic change	表观改变	漸成改變，表現型改變，遺傳外改變
epigenetic gene regulation	表观遗传基因调节	外遺傳基因調節
epigenetic information	表观遗传信息，外遗传基因信息	外遺傳基因信息
epigenetic inheritance (=epigenetics)	表观遗传学	表觀遺傳學，後生學，外遺傳學
epigenetics	表观遗传学	表觀遺傳學，後生學，

英　文　名	大　陆　名	台　湾　名
		外遺傳學
epigenetic variation	表观遗传变异	表觀遺傳變異，外遺傳變異
epigenome	表观基因组	表觀基因體，外基因體
epigenomics	表观基因组学	表觀基因體學，外基因體學
epiphyseal growth plate	骨骺生长板	骨骼生成板，骨骼生長板
episemantide	表信息分子	表信息分子
episome	附加体	游離基因體，附加體
epistasis	上位性	強性，上位
epistatic effect	上位效应	上位效應
epistatic gene	上位基因	上位基因
epistatic variance	上位方差	上位變方
epithelial-mesenchymal interaction	上皮-间充质相互作用	上皮-間質交互作用
equational division	均等分裂	均等分裂
equational division phase	均等分裂期	均等分裂期
equator	赤道	赤道
equatorial face	赤道面	赤道面
equatorial plane（=equatorial face）	赤道面	赤道面
equatorial plate	赤道板	赤道板，中期板
equilibrium chromosome frequency	平衡染色体频率	平衡染色體頻率
equilibrium population	平衡群体	平衡群體
error-prone repair	易错修复	錯誤傾向修復
erythroblast	成红血细胞	紅血球母細胞
ES cell（=embryonic stem cell）	胚胎干细胞	胚胎幹細胞
ES cell chimera	胚胎干细胞嵌合体	胚胎幹細胞嵌合體
EST（=expressed sequence tag）	表达序列标签	表達序列標籤
estimated breeding value	估计育种值	估計育種值
estimated transmit ability	估计传递力	估計傳遞力
eta orientation	η 取向	η 取向
ethological isolation（=behavioral isolation）	行为隔离	行為[性]隔離
euchromatin	常染色质	常染色質
eugenics	优生学	優生學
euhaploid	整单倍体	整單倍體
eukaryocyte（=eukaryotic cell）	真核细胞	真核細胞
eukaryote	真核生物	真核生物

英　文　名	大　陆　名	台　湾　名
eukaryotic cell	真核细胞	真核細胞
eukaryotic expression	真核表达	真核表達
eukaryotic gene	真核基因	真核基因
eukaryotic gene expression	真核基因表达	真核基因表達
eukaryotic initiation factor（eIF）	真核起始因子	真核起始因子
euphenics	优型学	優表學
euploid	整倍体	整倍體
euploidy	整倍性	整倍性
eutelomere	真端粒	真端粒
euthenics	优境学	優境學
evolution	进化，演化	演化，進化
evolutional load	进化负荷	演化負荷
evolutionary clock	进化钟	演化鐘，進化鐘
evolutionary divergence	进化趋异	演化趨異，演化分歧，趨異演化
evolutionary genetics	进化遗传学	演化遺傳學
evolutionary homeostasis	进化稳态	演化穩定
evolutionary plasticity	进化适应性	演化可塑性
evolutionary rate	进化速率	演化速率
evolutionary theory（=evolutionism）	进化论，演化论	演化論
evolution genomics	进化基因组学	演化基因體學
evolutionism	进化论，演化论	演化論
exchange pairing	交换配对	交換配對
exchange site	交换位点	交換位點
exchromosomal DNA	染色体外 DNA	核外染色體 DNA
excision	①切除 ②切离	①切除 ②切離
excisionase	切除酶	切除酶
excision repair	切除修复	切補修復
exclusion mapping	排斥作图	排斥定位
exconjugant	接合后体	接合後體，後體接合
excretion vector	分泌型载体	分泌型載體
exicisionase（=excisionase）	切除酶	切除酶
exogenote	外基因子	外基因子
exogenous gene	外源基因	外生基因
exon	外显子	外顯子
exon amplifiation	外显子扩增	外顯子擴增法
exon-binding site（EBS）	外显子结合位点	外顯子結合部位
exon duplication	外显子重复	外顯子重複，外顯子重

英 文 名	大 陆 名	台 湾 名
		覆
exon exchange	外显子互换	外顯子互換
exon shuffling	外显子混编，外显子洗牌	外顯子混編
exon skipping	外显子跳读	外顯子跳接
exon sliding	外显子滑动	外顯子滑動
exon trapping	外显子捕获	外顯子補獲
exon trapping method	外显子捕获法	外顯子補獲法
exon trapping system	外显子捕获系统	外顯子補獲系統
exonuclease	外切核酸酶，核酸外切酶	核酸外切酶
exonuclease editing	外切核酸酶编辑，核酸外切酶编辑	核酸外切酶編輯
expansion of three-base-pair repeat	三碱基对重复扩充	三鹼基對重複之擴充，三鹼基對重覆之擴充
expressed sequence tag（EST）	表达序列标签	表達序列標籤
expressed sequence tag map	表达序列标签图	表達序列標籤圖
expression cassette	表达组件，表达盒	表達盒
expression cloning	表达克隆	表達克隆，表達選殖
expression library	表达文库	表達文庫
expression-linked copy（ELC）	表达连锁拷贝	連鎖複製之表達
expression locus	表达基因座	表達基因座
expression map	表达图	表達圖
expression plasmid	表达质粒	表達質體
expression screening	表达筛选	表達篩選
expression site	表达位点	表達位點
expression system	表达系统	表達系統
expression vector	表达载体	表達型載體
expressivity	表现度，表达度	表現度
expressor	[基因]表达子	表達子
external node	外节点	外節點
external suppressor	外阻抑基因	外抑制子
extinction	灭绝	滅絕，消光
extracellular matrix（ECM）	细胞外基质	細胞外基質
extrachromosomal inheritance	染色体外遗传	染色體外遺傳
extrachromosome	额外染色体	額外染色體
extranuclear genetic element	核外遗传因子	核外遺傳因子

英　文　名	大　陆　名	台　湾　名
extranuclear inheritance	核外遗传	核外遺傳
ex vivo gene therapy	活体外基因治疗，先体外后体内基因治疗	活體外基因治療
ex vivo gene transfer	活体外基因转移，先体外后体内基因转移	活體外基因轉移

F

英　文　名	大　陆　名	台　湾　名
FACS (=fluorescence actived chromosome sorting)	荧光激活染色体分选法	螢光活化染色體分選
σ factor	σ因子	σ因子
ρ factor	ρ因子	ρ因子
facultative heterochromatin	兼性异染色质，功能异染色质	兼性異染色質
familial colon cancer gene (FCC gene)	家族性结肠癌基因	家族性結腸癌基因
familial trait	家族性状	家族性狀
family	家族	家族
family selection	家系选择	家系選擇
family tree (=phylogenetic tree)	[进化]系统树	系統樹
fast-stop mutant	快停突变体	快停突變種，快停突變體
fate	命运	命運
fate map	命运图	囊胚發育圖，發育趨勢圖譜
favorable codon	偏爱密码子	偏愛密碼子
FB element (=fold-back element)	FB因子，折回因子	摺回因子
F body (=fluorescence body)	荧光小体，F小体	螢光小體
FCC gene (=familial colon cancer gene)	家族性结肠癌基因	家族性結腸癌基因
fecundity	生殖力	生殖力
feedback inhibition	反馈抑制	回饋抑制
feedback instruction	反馈指令	回饋指令
feedback loop	反馈环	回饋環
feedback resistant mutant	抗反馈突变体	抗回饋突變種，抗回饋突變體
female gamete	雌配子	雌配子
female-sterile mutant	雌性不育突变体	雌性不育突變種，雌性不育突變體

英　文　名	大　陆　名	台　湾　名
female strain	雌性品系	雌性菌株
fertility	①生育率 ②能育[力]	①生育力 ②稔性
fertility factor (F factor)	致育因子，F 因子	致育因子
fertilization	受精	受精[作用]
fertilized ovum	受精卵	受精卵
F factor (=fertility factor)	致育因子，F 因子	致育因子
fiber FISH (=fiber fluorescence *in situ* hybridization)	纤维荧光原位杂交	纖維螢光原位雜交技術
fiber fluorescence in situ hybridization (fiber FISH)	纤维荧光原位杂交	纖維螢光原位雜交技術
field inversion gel electrophoresis (FIGE)	反转电场凝胶电泳	逆變電場凝膠電泳
FIGE (=field inversion gel electrophoresis)	反转电场凝胶电泳	逆變電場凝膠電泳
filamentous bacteriophage	丝状噬菌体	絲狀噬菌體
filial generation	子代	子代
fingerprint	指纹	指紋
fingerprinting	指纹法	指紋法
fingerprint pattern	指纹型	指紋型
finite population	有限群体	有限群體
first cousin	一级堂表亲	一級堂表親
first degree relative	一级亲属	一級親屬
first division segregation	第一次分裂分离	第一次分裂分離
first filial generation	子一代，杂种一代	第一子代
first trimester prenatal diagnosis	孕早期产前诊断	懷孕早期產前檢查
FISH (=fluorescence *in situ* hybridization)	荧光原位杂交	染色體螢光原位雜交
fitness	适合度	適合度
fixation index	固定指数	固定作用指數
fixation index probability	固定指数概率	固定作用指數概率
fixation index time	固定指数时间	固定作用指數時間
fixation of gene (=gene fixation)	基因固定	基因固定
fixed allele model	固定等位基因模型	固定對偶基因模型
fixed effect	固定效应	固定效應
fixed effect model	固定效应模型	固定效應模型
flanking element	旁侧元件，侧翼元件	側翼元件
flanking sequence	旁侧序列，侧翼序列	側翼序列
flippase recombinase (FLP recombinase)	FLP 重组酶	FLP 重組酶
flow cytometry	流式细胞术	流式細胞術
flow karyotyping	流式核型分型	流式核型分析

英　文　名	大　陆　名	台　湾　名
FLP recombinase (=flippase recombinase)	FLP 重组酶	FLP 重組酶
FLP recombinase target site (FRT site)	FLP 重组酶靶位点	FLP 重組酶標的位點
fluctuating variation	彷徨变异	波動變異
fluctuation test	波动测验	波動檢測，波動檢驗
fluorescence actived chromosome sorting (FACS)	荧光激活染色体分选法	螢光活化染色體分選
fluorescence body (F body)	荧光小体，F 小体	螢光小體
fluorescence *in situ* hybridization (FISH)	荧光原位杂交	染色體螢光原位雜交
fluorescence PCR	荧光[标记]PCR	螢光標定 PCR
flying library (=hopping library)	跳查文库	跳躍文庫，跳躍集合庫，跳查資料庫
fold-back element (FB element)	FB 因子，折回因子	摺回因子
folding	折叠	折疊
footprinting	足迹法	足跡法
forced cloning	强制克隆	強迫選殖法
forced heterocaryon	强制异核体	強迫異核體
foreign DNA	外源 DNA	外源 DNA
forensic genetics (=medico-legal genetics)	法医遗传学，法医物证学	法醫遺傳學
forward mutation	正向突变	正向突變
founder effect	建立者效应，奠基者效应	建立者效應
four base pair cutter	四碱基对限制酶	四鹼基對限制酶
four strand double crossing over	四线双交换	四股雙互換
fragile site	脆性位点	脆性位點
fragile X chromosome	脆[性]X 染色体	脆性 X 染色體
fragile X syndrome	脆[性]X 综合征	X 染色體易脆症
fragment	片段	片段
α-fragment (=alpha fragment)	α 片段	α 片段
fragmentation mapping	片段定位[法]	染色體斷裂作圖
frame	框	框架
frame hopping	跳码	跳碼
frame overlapping (=reading frame overlapping)	读框重叠	讀碼區重疊
frameshift	移码	移碼
frameshift mutation	移码突变	移碼突變，框構轉移突變
frameshift suppression	移码阻抑，移码抑制	移碼抑制，框構轉移阻

英　文　名	大　陆　名	台　湾　名
		遏
frameshift suppressor	移码阻抑因子，移码抑制因子	移碼突變抑制子，框構轉移阻遏基因
frame suppression (=frameshift suppression)	移码阻抑，移码抑制	移碼抑制，框構轉移阻遏
fraternal twins (=dizygotic twins)	二卵双生，异卵双生	異卵雙生
frequency-dependent fitness	频率相关适应	頻率相關適應
frequency-dependent selection	频率依赖选择，依频选择	頻率依賴選擇
frequency distribution	频率分布	頻率分布
frequency-independent fitness	频率不相关适应	頻率不相關適應
FRT site (=FLP recombinase target site)	FLP 重组酶靶位点	FLP 重組酶標的位點
full mutation	全突变	全突變
full-sib	全同胞	全同胞
full-sib mating	全同胞交配	全同胞交配
functional cloning	功能克隆	功能選殖
functional complementation	功能互补	功能互補
functional genome	功能基因组	功能基因體
functional genomics	功能基因组学	功能基因體學
functional origin	功能性[复制]起点	功能性[複製]起點
functional repetitive gene sequence	功能性重复基因序列	功能性重複基因序列
function genomics (=functional genomics)	功能基因组学	功能基因體學
fusant	融合子	融合子
fusion gene	融合基因	融合基因
fusion protein	融合蛋白	融合蛋白

G

英　文　名	大　陆　名	台　湾　名
gain-of-function mutation	功能获得突变	功能獲得突變
gal operon	半乳糖操纵子	半乳糖操縱子
Galton's law	高尔顿定律	戈耳頓氏法則，高爾頓法則
gamete	配子	配子
gametic chromosome number	配子染色体数	配子染色體數
gametic imprinting	配子印记	配子印痕
gametic incompatibility	配子不亲和性	配子不親和性
gametic model	配子模型	配子模型

英　文　名	大　陆　名	台　湾　名
gametic ratio	配子[分离]比	配子比
gametoclonal variation	配子克隆变异	配子選殖變異
gametocyst	配子囊	配子囊
gametocyte	配子母细胞	配子母細胞
gametogamy	配子融合	配子融合，配子生殖
gametogenesis	配子发生	配子發生
gametogeny (=gametogenesis)	配子发生	配子發生
gametogonium	配原细胞	配原細胞
gametogony	配子生殖	配子生殖
gametophyte	配子体	配子體
gameto toky	配子单性生殖	配子單性生殖
gap	①缺口 ②空位	①間隙，缺口 ②空位
gap gene	裂隙基因	間隙基因
gap penalty	空位罚分	空位罰分
gap phase	裂隙相	間隙相
gap repair	缺口修复	間隙修復，缺隙修復
gastrulation	原肠胚形成	原腸胚形成
G-band	G 带，吉姆萨带	G 帶
GC box	GC 框	GC 框
G-C tailing	GC 加尾	GC 加尾
GC value	GC 值	GC 值
geitonogamy	同株异花受精	同株異花受精
gelase	凝胶酶	凝膠酶
gel chromatography	凝胶层析	凝膠色譜技術
gel electrophoresis	凝胶电泳	凝膠電泳
gel filtration chromatography	凝胶过滤层析	凝膠過濾色譜技術
gel permeation chromatography	凝胶渗透层析	凝膠滲透色譜技術，凝膠滲透色層分析
gel retarding assay	凝胶阻滞测定，凝胶阻滞分析	凝膠阻滯測試
gene	基因	基因
gene action	基因作用	基因作用
gene activation	基因激活，基因活化	基因活性
gene amplification	基因扩增	基因增殖，基因擴大
gene analysis	基因分析	基因分析
gene augmentation	基因增强	基因增殖，基因擴增
gene augmentation therapy	基因增强治疗	基因增殖治療
gene bank (=gene library)	基因文库	基因庫

英　文　名	大　陆　名	台　湾　名
gene based map	基因定位图	基因定位圖
gene cloning	基因克隆	基因繁殖
gene cluster	基因簇	基因簇，基因群
gene clustering	基因聚类分析	基因聚類分析
gene complex	基因复合体	基因綜合體
gene construct	基因构建体	基因構建體
gene conversion	基因转变，基因转换	基因轉變，基因轉換
gene copy	基因拷贝	基因複製
gene density	基因密度	基因密度
gene diagnosis	基因诊断	基因診斷
gene differentiation	基因分化	基因分化
gene directed cell death	基因介导的细胞死亡	基因切割細胞死亡
gene disruption	基因破坏	基因破壞
gene divergence	基因趋异	基因趨異
gene diversity	基因多样性	基因多樣性，基因多歧性
gene dosage	基因剂量	基因劑量
gene duplication	基因重复，基因倍增	基因重複
gene eviction	基因回收	基因回收
gene expression	基因表达	基因表達，基因表現
gene family	基因家族	基因[家]族
gene fixation	基因固定	基因固定
gene flow	基因流	基因流[動]
gene frequency	基因频率	基因頻率
gene frequency distribution	基因频率分布	基因頻率分佈
gene frequency stationary distribution	基因频率稳定分布	基因頻率穩定分佈
gene frequency steady decay distribution	基因频率稳定衰退分布	基因頻率穩定衰退分佈
gene fusion	基因融合	基因融合
gene identical by descent	同源相同基因	同源相同基因
gene identity	基因一致性，基因同一性	基因一致性
gene immunization	基因免疫	基因免疫
gene inactivation	基因失活	基因失活
gene interaction	基因相互作用	基因交互作用，基因相互作用
gene knockdown	基因敲减，基因敲落	基因沖減，基因弱化
gene knockin	基因敲入	基因標的轉殖

英 文 名	大 陆 名	台 湾 名
gene knockout	基因敲除，基因剔除	基因剔除
gene library	基因文库	基因文庫，基因圖書館
gene localization	基因定位	基因定位
gene manipulation (=genetic manipulation)	遗传操作，基因操作	遺傳操作，基因操作
gene map	基因图[谱]	基因圖
gene mutation	基因突变	基因突變
gene network	基因网络	基因網絡
gene order	基因顺序	基因順序
gene pleiotropism	基因多效性	基因多效性
gene polymorphism	基因多态性	基因多態性
gene pool	基因库	基因庫
gene probe	基因探针	基因探針
general combining ability	一般配合力	一般配合力
generalized least square	广义最小二乘	廣義最小平方
generalized transduction	普遍性转导	普遍性轉導
general selection index	通用选择指数	一般選擇指數
general transcription factor	通用转录因子	通用轉錄因子
generation	世代	世代
generation interval	世代间隔	世代間距
generative nucleus	生殖核	生殖[細胞]核
gene recombination	基因重组	基因重組
gene redundancy	基因丰余，基因冗余	基因冗餘，基因豐餘
gene regulation	基因调节	基因調節
gene relics	基因遗迹	基因遺跡
gene replacement (=gene substitution)	基因置换	基因取代，基因代換，基因替換
generic promoter	通用启动子	通用啟動子
generitype	属典型种	屬典型種
gene segment	基因片段	基因片段
gene shuffling	基因混编	基因混編
gene silencing	基因沉默	基因默化
gene-specific transcription factor	基因特异性转录因子	基因特異性轉錄因子
gene splicing	基因剪接	基因剪接
gene substitution	基因置换	基因取代，基因代換，基因替換
gene tailor	基因裁剪	基因裁剪
gene targeting	基因打靶，基因靶向	基因標的

英　文　名	大　陆　名	台　湾　名
gene theory	基因学说	基因學說
gene therapy	基因治疗	基因治療
genetical population	遗传群体	遺傳群組，遺傳族群
genetic anticipation (=anticipation)	遗传早现	早現遺傳
genetic assimilation	遗传同化	遺傳同化
genetic assortative mating	遗传同型交配	遺傳同型交配
genetic background	遗传背景	遺傳背景
genetic code	遗传密码	遺傳密碼
genetic colonization	遗传寄生	遺傳寄生
genetic compensation	遗传补偿	遺傳補償
genetic complementation	遗传互补	遺傳互補
genetic compound	遗传复合体	遺傳複合體
genetic correlation	遗传相关	遺傳相關
genetic cost	遗传代价	遺傳代價
genetic counseling	遗传咨询	遺傳咨詢
genetic covariance	遗传协方差	遺傳協變方，遺傳共變方
genetic crossing over	遗传交换	遺傳互換
genetic death	遗传死亡	遺傳死亡
genetic disassortative mating	遗传异型交配	遺傳異型交配
genetic disease	遗传病	遺傳疾病
genetic disorder	遗传紊乱	遺傳紊亂
genetic distance	遗传距离	遺傳距離
genetic diversity	遗传多样性	遺傳多樣性
genetic drift	遗传漂变	遺傳漂變
genetic engineering	遗传工程，基因工程	遺傳工程，基因工程
genetic epidemiology	遗传流行病学	遺傳流行病學
genetic equilibrium	遗传平衡	遺傳平衡
genetic erosion	遗传冲刷	遺傳毀損
genetic evaluation	遗传评估	遺傳評估
genetic extinction	遗传灭绝	遺傳滅絕
genetic fine structure	遗传精细结构	遺傳精細結構
genetic fingerprint	遗传指纹，基因指纹	遺傳指紋法
genetic fitness	遗传适合度	遺傳適合度
genetic gain	遗传获得量	遺傳獲得量
genetic heterogeneity	遗传异质性	遺傳異質性
genetic imprinting	遗传印记	遺傳印痕
genetic inertia	遗传惰性	遺傳惰性

英　文　名	大　陆　名	台　湾　名
genetic information	遗传信息	遺傳信息
genetic integration	遗传整合	遺傳整合
genetic isolation	遗传隔离	遺傳隔離
genetic lethal	遗传致死	遺傳致死
genetic linkage	遗传连锁	遺傳連鎖
genetic load	遗传负荷	遺傳負荷
genetic manipulation	遗传操作，基因操作	遺傳操作，基因操作
genetic map	遗传[学]图	遺傳圖[譜]
genetic mapping	遗传作图	遺傳定位，遺傳作圖
genetic marker	遗传标记，遗传标志	遺傳標記，遺傳標誌基因
genetic material	遗传物质	遺傳物質
genetic network	遗传网络	遺傳網絡
genetic nomenclature	遗传命名法	遺傳命名法
genetic origin	遗传[复制]起点	遺傳[複製]起點
genetic polarity	遗传极性	遺傳極性
genetic polymorphism	遗传多态性	遺傳性多態現象，遺傳性多態性，遺傳多型性
genetic predisposition（=hereditary pre-disposition）	遗传素质	遺傳素質
genetic ratio	遗传比率	遺傳比率
genetic recombination	遗传重组	遺傳重組
genetic regulation	遗传调节	遺傳調節
genetic rescue	遗传拯救	遺傳拯救
genetics	遗传学	遺傳學
genetic screening	遗传筛选	遺傳篩選
genetic sex	遗传性别	遺傳性別
genetic system	遗传体系	遺傳體系，遺傳系統
genetic toxicity	遗传毒性	遺傳毒性
genetic transmitting ability	遗传传递力	遺傳傳遞力
genetic typing	遗传分型	遺傳分型
genetic unit	遗传单位	遺傳單位
genetic value	遗传值	遺傳值
genetic variance	遗传方差	遺傳變方
gene tracking	基因跟踪	基因追蹤
gene transfer	基因转移	基因轉移
gene transposition	基因转座	基因轉座，基因轉位

英　文　名	大　陆　名	台　湾　名
gene trap	基因捕获	基因捕獲，基因捕抓，基因陷阱
gene trap vector	基因捕获载体	基因捕獲載體
gene tree	基因树	基因樹
gene vaccine	基因疫苗	基因疫苗
gene within gene	基因内基因	基因內基因
genic balance	基因平衡	基因平衡
genocopy	拟基因型	擬基因型
genome	基因组	基因體，基因組
genome complexity	基因组复杂度	基因體複雜度，複雜度基因體
genome diversity program	基因组多样性计划	基因體多樣性計畫
genome equivalent	基因组当量	基因體當量
genome fingerprinting map	基因组指纹图	基因體指紋圖
genome informatics	基因组信息学	基因體資訊學
genome mismatch scanning (GMS)	基因组错配扫描	基因體錯配掃描
genome scanning	基因组扫描	基因體掃描
genomic DNA	基因组 DNA	基因體 DNA
genomic equivalence	基因组等价	基因體等價
genomic imprinting	基因组印记	基因體印痕，基因體印記，基因體指紋效應
genomic *in situ* hybridization (GISH)	基因组原位杂交	基因體原位雜交
genomic library	基因组文库	基因體[文]庫，基因體資料庫
genomic mapping	基因组作图	基因體定位，基因體圖譜，基因組輿圖
genomic nonequivalence	基因组不等价	基因體不等價
genomic probe	基因组探针	基因體探針
genomics	基因组学	基因體學
genonema	基因线	基因線
genophore (=genonema)	基因线	基因線
genotype	基因型	基因型
genotype by environment interaction	基因型与环境互作	基因型與環境交互作用
genotypic distance	基因型距离	基因型距離
genotypic expression	基因型表达	基因型表現
genotypic frequency	基因型频率	基因型頻率
genotypic mixing	基因型混合	基因型混合
genotypic ratio	基因型比值	基因型比率

英　文　名	大　陆　名	台　湾　名
genotypic value	基因型值	基因型值
genotypic variance	基因型方差	基因型方差，基因型變方
genotyping	基因型分型	基因型分型
geographical isolation	地理隔离	地理隔離
geographical polymorphism	地理多态现象	地理多態現象
geographic race	地理宗	地理[小]種，地理品系，地區品種
geographic speciation	地理物种形成，渐进式物种形成	異域性物種形成，地理性物種形成，地理種化
germ cell	种质细胞，生殖细胞	生殖細胞
germinal mutation	种系突变，胚系突变	胚系突變
germinal selection	配子选择	配子選擇
germ layer（=embryonic layer）	胚层	胚層
germ line	种系	種系，生殖細胞系
germ line gene therapy	生殖细胞基因治疗	生殖細胞基因治療
germ line mosaic	种系嵌合体	生殖細胞嵌合體
germ nucleus（=generative nucleus）	生殖核	生殖[細胞]核
germ plasm	种质，生殖质	生殖細胞質
germplasm theory	种质学说	種質學說
giant chromosome	巨大染色体	巨染色體
giant RNA	巨型 RNA	巨 RNA
Giemsa band（=G-band）	G 带，吉姆萨带	G 帶，吉姆薩帶
GISH（=genomic *in situ* hybridization）	基因组原位杂交	基因體原位雜交
global expression profile	全表达谱	全表達譜
global regulation	全局调控	全局調節，全面性基因轉錄調控
global regulon	全局调节子	全局調節子
globin gene	珠蛋白基因	珠蛋白基因
globin gene cluster	珠蛋白基因簇	珠蛋白基因簇
globular protein	球状蛋白质	球狀蛋白
glucocorticoid response element（GRE）	糖皮质激素应答元件	糖皮質激素反應要素，糖皮質素反應元，類皮質糖反應要素
glucose-6-phoshate dehydrogenase deficiency（G-6-PD）	葡糖-6-磷酸脱氢酶缺乏症，蚕豆病	葡萄糖-6-磷酸脱氫酶缺乏症，葡萄糖六磷酸鹽去氫缺乏症

英　文　名	大　陆　名	台　湾　名
glycosylation	糖基化	糖基化作用，醣[基]化作用
GMS (=genome mismatch scanning)	基因组错配扫描	基因體錯配掃描
Goldberg-Hogness box (=TATA box)	TATA 框，戈德堡-霍格内斯框	TATA 框
gonadal dysgenesis	生殖腺发育不全，性腺发育不全	生殖性腺發育不全，性腺發育不良，性腺發生不全
gonadotropic hormone (=gonadotropin)	促性腺[激]素	促性腺激素
gonadotropin	促性腺[激]素	促性腺激素
GpC island	GpC 岛	GpC 島
G-6-PD (=glucose-6-phoshate dehydrogenase deficiency)	葡糖-6-磷酸脱氢酶缺乏症，蚕豆病	葡萄糖-6-磷酸脱氫酶缺乏症，葡萄糖六磷酸鹽去氫缺乏症
G$_1$ phase (=presynthetic phase)	合成前期，G$_1$ 期	合成前期
G$_2$ phase (=postsynthetic phase)	合成后期，G$_2$ 期	合成後期
G protein	G 蛋白	G 蛋白
grading up	级进杂交	級進雜交
grandfather method	外祖父法	外祖父法
GRE (=glucocorticoid response element)	糖皮质激素应答元件	糖皮質激素反應要素，糖皮質素反應元，類皮質糖反應要素
gRNA (=guide RNA)	指导 RNA	指導 RNA
group selection	类群选择	集體選擇，群體選擇
growth suppressor gene	生长阻抑基因	生長抑制基因
GT-AG rule	GT-AG 法则	GT-AG 法則
guide RNA (gRNA)	指导 RNA	指導 RNA
guide sequence	指导序列	指導序列
gynandromorph	雌雄嵌合体，两性体	兩性體，雌雄嵌合體
gynandromorphism (=gynandromorph)	雌雄嵌合体，两性体	兩性體，雌雄嵌合體
gynogenesis	单雌生殖，雌核发育	雌核發育

H

英　文　名	大　陆　名	台　湾　名
habitat isolation	栖息地隔离	生境隔離，棲地孤立，棲地隔離
HAC (=human artificial chromosome)	人类人工染色体	人類人工染色體

英　文　名	大　陆　名	台　湾　名
hairpin loop	发夹环	髮夾環
hairpin structure	发夹结构	髮夾結構
Haldane's rule	霍尔丹法则	海爾登氏法則
half-chromatid conversion	半染色单体转变	半染色分體轉變
half sib	半同胞	半同胞
half sib mating	半同胞交配	半同胞交配
half-tetrad	半四分子	半四分子
half-tetrad analysis	半四分子分析	半四分子分析
half-translocation	半易位	半易位
H antigen (=histocompatibility antigen)	组织相容性抗原	組織相容性抗原
haplochromosome	单倍染色体	單倍染色體
haploid	单倍体	單倍體
haploidization	单倍体化	單倍體化
haploid number	单倍体数	單倍體數[目]
haploid set	单倍体组	單倍體組
haploidy	单倍性	單倍性
haplotype	单体型,单元型,单倍型	單[倍]型
haplotyping	单体型分型	單倍型分型
Hardy-Weinberg equilibrium	哈迪-温伯格平衡	哈迪-溫伯格平衡
Hardy-Weinberg law	哈迪-温伯格法则	哈迪-溫伯格法則
harlequin chromosome	花斑染色体	雜色染色體
HART (=hybrid-arrested translation)	杂交分子阻抑翻译	雜交停頓轉譯[法],阻斷轉譯雜交法
HD (=Huntington disease)	亨廷顿病	亨丁頓舞蹈症
heat shock	热激	熱休克
heat shock gene	热激基因,热休克基因	熱休克基因
heat shock protein	热激蛋白	熱休克蛋白
heat-shock response	热激反应	熱休克反應
heat shock response element (HSE)	热激应答元件	熱休克反應元件
heavy chain	重链	重鏈
heavy-strand promoter (HSP)	重链启动子	重鏈啟動子
HeLa cell	海拉细胞	海拉細胞,HeLa 細胞
helical structure	螺旋结构	螺旋結構
α-helix (=alpha helix)	α 螺旋	α 螺旋
helix-loop-helix	螺旋-环-螺旋	螺旋-環-螺旋
helix-loop-helix motif	螺旋-环-螺旋模体	螺旋-環-螺旋基序
helix-turn-helix	螺旋-转角-螺旋	螺旋-轉角-螺旋

英 文 名	大 陆 名	台 湾 名
helix-turn-helix motif	螺旋-转角-螺旋模体	螺旋-轉角-螺旋基序
helper cell (=accessory cell)	辅助细胞	輔助細胞
helper-free packaging cell	无辅助病毒包装细胞	無輔助病毒包裹細胞
helper phage	辅助噬菌体	輔助噬菌體
helper virus	辅助病毒	輔助病毒
hemi-alloploid	半异源倍体	半異源倍體
hemi-autoploid	半同源倍体	半同源倍體
hemihaploid	半单倍体	半單倍體
hemikaryon	单倍核	半倍核，單倍核
hemiploid	半倍体	半倍體
hemizygote	半合子	半合子
hemizygous gene	半合子基因	半合子基因
hemoglobin	血红蛋白	血紅蛋白，血紅素
hemoglobinopathy	血红蛋白病	血紅蛋白疾病
hemophilia	血友病	血友病
hereditary ataxia	遗传性共济失调	遺傳性運動失調
hereditary conservation	遗传保守性	遺傳保守性
hereditary disease (=genetic disease)	遗传病	遺傳疾病
hereditary elliptocytosis	遗传性椭圆形红细胞增多症	合併椭圓形紅血球增多症
hereditary fructose intolerance	遗传性果糖不耐受症	遺傳性果糖不耐受症
hereditary predisposition	遗传素质	遺傳素質
hereditary spherocytosis	遗传性球形红细胞增多症	遺傳性球狀血球症
hereditary susceptibility	遗传易患性	遺傳易患性
hereditary telangiectasia	遗传性毛细血管扩张症	遺傳性血管擴張症
hereditary unit (=genetic unit)	遗传单位	遺傳單位
heredity	遗传	遺傳
heritability	遗传率，遗传力	遺傳率，遺傳力
heritability in the broad sense (=broad heritability)	广义遗传率，广义遗传力	廣義遺傳率
heritability in the narrow sense (=narrow heritability)	狭义遗传率，狭义遗传力	狭義遺傳率
hermaphroditism	①雌雄同株 ②两性同体	①雌雄同株 ②两性同體現象
Hershey-Chase experiment	赫尔希-蔡斯实验	赫希-卻斯實驗
heteroallele	异点等位基因	異點對偶基因，異等位

英　文　名	大　陆　名	台　湾　名
		基因
heterobrachial inversion	异臂倒位	異臂倒位
heterocaryon (=heterokaryon)	异核体	異核體
heterocaryosis (=heterokaryosis)	异核现象	異核現象
heterochromatin	异染色质	異染色質
heterochromatization	异染色质化	異染色質化
heterochromosome (=allosome)	异染色体	異染色體
heterochronic chronogene	时序调控基因	時序調控基因
heterochronic mutation	异时[性]突变	異時性突變
heterochrony	发育差时，异时发生	異時性，異時發生
heteroduplex	异源双链体	異源雙股體
heteroduplex analysis	异源双链分析	異源雙股分析，異源雜合雙鏈分析，異型雙股分析
heteroduplex DNA	异源双链 DNA	異源雙股 DNA，異源複式 DNA，異質複式 DNA
heteroduplex mapping	异源双链作图	異源雙股定位，異源雙鏈作圖法
heterogametic sex	异配性别	異配性別
heterogamy (=anisogamy)	异配生殖	異配生殖
heterogeneity	异质性	異質性
heterogeneity index	异质性指数	異質性指數
heterogeneous nuclear RNA (hnRNA)	核内异质 RNA，核不均一 RNA	不均一核 RNA，異源核 RNA
heterogeneous population	异质群体	異質群體
heterogenetic pairing	异源[染色体]配对	異源染色體配對
heterogenotic	异基因子	異基因子
heterogenotic merozygote	杂基因部分合子	異型基因部分合子，雜基因部分合子
heterokaryon	异核体	異核體
heterokaryon test	异核体检验	異核體檢驗
heterokaryosis	异核现象	異核現象
heterokinesis	异化分裂	異化分裂
heterologous gene	异源基因	異源基因
heterologous gene expression system	异源基因表达系统	異源基因表達系統
heteromixis	异核融合	異融生殖
heteromorphic bivalent	异形二价体	異形二價體，異型二價

英　文　名	大　陆　名	台　湾　名
		體
heteromorphic chromosome	异形染色体	異形染色體，異型染色體
heteromorphism	异态性	異態性
heteronuclear	异形核	異形核
heterophenogamy	异表型交配	異表型交配
heteroplasmon	异质体	異質體
heteroplasmy (=heterogeneity)	异质性	異質性
heteroploid	异倍体	異倍體
heteroploidy	异倍性	異倍性
heteropycnosis	异固缩	異固縮
heteropyknosis (=heteropycnosis)	异固缩	異固縮
heterosis	杂种优势	雜種優勢
heterotypic division	异型分裂	異型分裂
heterozygosity	杂合性	異型接合性，異質性
heterozygote	杂合子	異型接合體，雜合體，異型接合子
heterozygote screening	杂合子筛查	雜合體篩選
heterozygous phage	杂合噬菌体	雜合噬菌體
hexaploid	六倍体	六倍體
Hfr (=high frequency of recombination)	高频重组	高頻重組
Hfr strain (=high frequency of recombination strain)	高频重组菌株	高頻重組菌株，高頻菌株
HGP (=Human Genome Project)	人类基因组计划	人類基因體計畫
HGPRT deficiency (=hypoxanthine guanine phosphoribosyl transferase deficiency)	莱施-奈恩综合征，自毁性综合征	萊-納二氏綜合症
hidden species	隐藏种	隱藏種
hidrotic ectodermal dysplasia	有汗性外胚层发育不良	汗性外胚層發育不良
high frequency of recombination (Hfr)	高频重组	高頻重組
high frequency of recombination strain (Hfr strain)	高频重组菌株	高頻重組菌株，高頻菌株
high frequency transduction	高频转导	高頻轉導
highly repetitive DNA	高度重复 DNA	高度重複 DNA
highly repetitive sequence	高度重复序列	高度重複序列
high-mobility group protein (HMG protein)	高速泳动族蛋白，HMG 蛋白	HMG 蛋白

英　文　名	大　陆　名	台　湾　名
high performance liquid chromatography (HPLC)	高效液相层析	高效液相層析
high resolution banding technique	高分辨显带技术	高分辨顯帶技術
high resolution [chromosome] banding	高分辨[染色体]显带	高分辨顯帶
high throughput genome (HTG)	高通量基因组	高通量基因體
high throughput genome sequencing	高通量基因组测序	高通量基因體定序
his operon	组氨酸操纵子	組氨酸操縱子
histoblast	成组织细胞	成組織細胞
histocompatibility	组织相容性	組織相容性
histocompatibility antigen (H antigen)	组织相容性抗原	組織相容性抗原
histocompatibility gene	组织相容性基因	組織相容性基因
histocompatibility-Y antigen (H-Y antigen)	组织相容性 Y 抗原，H-Y 抗原	H-Y 抗原
histone	组蛋白	組織蛋白
histone octamer	组蛋白八聚体	組織蛋白八聚體
HLA (=human leucocyte antigen)	人[类]白细胞抗原	人類白血球[表面]抗原
HLA locus	HLA 基因座	HLA 基因座
HMG protein (=high-mobility group protein)	高速泳动族蛋白，HMG 蛋白	HMG 蛋白
hnRNA (=heterogeneous nuclear RNA)	核内异质 RNA，核不均一 RNA	不均一核 RNA，異源核 RNA
holandric inheritance	限雄遗传	限雄遺傳
Holliday junction	霍利迪连接体	何氏連接體
Holliday model	霍利迪模型	何氏模型
Holliday structure	霍利迪结构	何氏結構
holocentromere	弥散着丝粒	全著絲點
hologynic inheritance	限雌遗传	限雌遺傳
holozygote	全合子	全合子
HOM-C (=homeotic complex)	同源异形复合体	同源異型複合體
homeobox	同源[异形]框	同源框，同源區
homeobox gene	同源[异形]框基因	同源區基因
homeodomain	同源[异形]域	同源域，同源結構區
homeologous chromosome	部分同源染色体	近同源染色體
homeosis	同源异形	同源異型，同源轉化
homeostasis	[体内]稳态，内环境稳定	體内平衡
homeotic complex (HOM-C)	同源异形复合体	同源異型複合體

英　文　名	大　陆　名	台　湾　名
homeotic gene (=homeobox gene)	同源[异形]框基因	同源區基因
homeotic mutation	同源异形突变	同源異型突變
homeotic selector gene	同源异形选择者基因	同源異型選擇者基因
homing DNA endonuclease	归巢 DNA 内切酶	自導引 DNA 内切酶
homing intron and intein	归巢内含子和内含肽	自導引内含子和内蛋白子
homoallele	同点等位基因, 同质等位基因	同質對偶基因, 同等位基因
homocaryon (=homokaryon)	同核体	同核體
homoduplex	同源双链	同源雙股
homoeobox (=homeobox)	同源[异形]框	同源框, 同源區
homoeobox sequence	同源框序列	同源框序列
homoeologous chromosome (=homeologous chromosome)	部分同源染色体	近同源染色體
homoeosis (=homeosis)	同源异形	同源異型, 同源轉化
homoeotic mutant	同源异形突变体	同源異型突變體
homogametic sex	同配性别	同配性別
homogamy (=isogamy)	同配生殖	同配生殖
homogeneity	同质性	同質性
homogeneous population	同质群体	同質群體
homogeneous staining region (HSR)	均匀染色区, 均染区	均匀染色區
homogeneric tRNA	同源 tRNA	同源 tRNA
homogenization	均一化作用	均一化作用
homogenotic	同基因子	同基因子
homogenotic merozygote	同质部分合子	同源部份合子
homogenotization	同型基因化	同核基因型
homokaryon	同核体	同核體
homologous chromosome	同源染色体	同源染色體
homologous fragment	同源片段	同源片段
homologous gene	同源基因	同源基因
homologous helper plasmid	同源辅助质粒	同源輔助質體
homologous recombination	同源重组	同源重組
homology	同源性	同源現象
homology cloning	同源克隆	同源無性生殖法
homology-dependent gene silencing	同源依赖基因沉默	同源依賴基因默化
homology segment	同源区段	同源區段
homomorphic bivalent	同形二价体	同形二價體
homomorphic chromosome	同形染色体	同形染色體

英 文 名	大 陆 名	台 湾 名
homoplasy	趋同性	趨同性
homoploid	同倍体	同倍體
homopolymer	同聚物，同聚体	同聚物，同聚體
homopolymeric stretch	同聚序列	同聚序列
homopolymer tail	同聚物尾	同聚物尾
homopolymer tailing	同聚物加尾	同聚物加尾
homotype	同型	同型
homotypic division	同型分裂	同型分裂
homozygosity	纯合度	純合度
homozygote	纯合子	同型合子
homozygous sex	纯合性别	同型合子性別
homozygous variant	纯合变异型	同型合子變異體
hopping library	跳查文库	跳躍文庫，跳躍集合庫，跳查資料庫
horizontal gene transfer	水平基因转移	水平基因傳遞
horizontal transmission	水平传递	水平傳遞
hormogone	连锁体	連鎖體
hormone response element	激素应答元件	激素反應元[件]，激素反應要素
hot spot	热点	熱點
housekeeping gene	持家基因，管家基因	持家基因
Hox (=homeobox)	同源[异形]框	同源框，同源區
Hox gene	Hox 基因	Hox 基因
HPLC (=high performance liquid chromatography)	高效液相层析	高效液相層析
HRT (=hybrid-released translation)	杂交分子释放翻译	雜交釋放轉譯[法]
HSE (=heat shock response element)	热激应答元件	熱休克反應元件
HSP (=heavy-strand promoter)	重链启动子	重鏈啟動子
HSR (=homogeneous staining region)	均匀染色区，均染区	均匀染色區
HTG (=high throughput genome)	高通量基因组	高通量基因體
human artificial chromosome (HAC)	人类人工染色体	人類人工染色體
human genetics	人类遗传学	人類遺傳學
human genome	人类基因组	人類基因體
Human Genome Project (HGP)	人类基因组计划	人類基因體計畫
human leucocyte antigen (HLA)	人[类]白细胞抗原	人類白血球[表面]抗原
Huntington disease (HD)	亨廷顿病	亨丁頓舞蹈症
HVR (=hypervariable region)	高变区，超变区	超變區

英 文 名	大 陆 名	台 湾 名
H-Y antigen (=histocompatibility-Y antigen)	组织相容性 Y 抗原，H-Y 抗原	H-Y 抗原
hybrid	杂种	雜種
hybrid-arrested translation (HART)	杂交分子阻抑翻译	雜交停頓轉譯[法]，阻斷轉譯雜交法
hybrid duplex molecule	杂种双链分子	雙式分子
hybrid dysgenesis	杂种不育	雜種發育不良，雜種性腺發育不全
hybrid gene	杂种基因	雜種基因
hybrid-inbred method	杂交-自交法	雜交-自交法
hybrid inviability	杂种不活性	雜種不活性
hybridization	杂交	雜交
hybridization probe	杂交探针	雜交探針
hybridoma	杂交瘤	雜種瘤，融合瘤
hybrid-released translation (HRT)	杂交分子释放翻译	雜交釋放轉譯[法]
hybrid resistance	杂种抗性	雜種抗性
hybrid-selected translation	杂交分子选择翻译	雜交分子選擇轉譯
hybrid swarm	杂种群[集]	雜種隔離群，雜交群，天然雜種群
hybrid vigor (=heterosis)	杂种优势	雜種優勢
hyparchic gene	下效[等位]基因	下位基因
hyperchromic effect	增色效应	增色效應
hyperdiploid	超二倍体	超二倍體
hypermorph	超效等位基因	超[效]對偶基因，超[效]等位基因
hyperploid	超倍体	超倍體
hyperploidy	超倍性	超倍性
hypervariable minisatellite	超变小卫星	超變小衛星
hypervariable region (HVR)	高变区，超变区	超變區
hypoblast	下胚层，初级内胚层	下胚層
hypochondroplasia	软骨发育不良	軟骨發育不全症
hypochromic effect	减色效应	減色效應
hypodiploid	亚二倍体	亞二倍體
hypohidrotic ectodermal dysplasia	少汗性外胚层发育不良	少汗性外胚層發育不全症，少汗性外胚層發育不良，無汗症
hypomorph (=hypomorphic allele)	亚效等位基因	亞[效]對偶基因，亞[效]等位基因

英　文　名	大　陆　名	台　湾　名
hypomorphic allele	业效等位基因	亞[效]對偶基因，亞[效]等位基因
hypoploid	亚倍体	亞倍體
hypoploidy	亚倍性	亞倍性
hypostasis	下位	下位[性]
hypostatic gene	下位基因	下位基因
hypoxanthine guanine phosphoribosyl transferase deficiency (HGPRT deficiency) (=Lesch-Nyhan syndrome)	莱施-奈恩综合征，自毁性综合征	萊-納二氏綜合症
hysteresis	滞后[现象]	滯後作用

I

英　文　名	大　陆　名	台　湾　名
IBS (=intron-binding site)	内含子结合位点	内含子結合部位
ICM (=inner cell mass)	内细胞团	内細胞團，内細胞群
idealized population	理想群体	理想群體
identical twins (=monozygotic twins)	同卵双生，单卵双生	同卵雙生，單卵雙生
idiochromosome (=sex chromosome)	性染色体	性染色體
idiogram	核型模式图	核型模式圖，染色體模式圖
idling reaction	空载反应	空載反應
iDNA (=initiator DNA)	起始 DNA	起始 DNA
IEF (=isoelectric focusing)	等电聚焦	等電聚焦
I/E region (=integration-excision region)	整合-切离区域	整合-切割區域
IFGT (=irradiation and fusion gene transfer)	放射融合基因转移	放射融合基因轉移
IG (=intergenic region)	基因间区	基因區間
IGS (=internal guide sequence)	内部指导序列	内部引導序列
IHF (=integration host factor)	整合宿主因子	整合宿主因子
I line (=inbred line)	近交系	近交[品]系
illegitimate crossing-over	不正常交换	不正常交換
illegitimate recombination	异常重组，非常规重组	異常重組
illegitimate transcription	异常转录，非常规转录	異常轉錄，不規則性轉錄
immediate early gene	即早期基因	速發早期基因，迅早期基因，即早期基因
immigration	迁入	遷移

英 文 名	大 陆 名	台 湾 名
immigration coefficient	迁移系数	遷移係數
immigration load	迁移负荷	遷移負荷
immigration pressure	迁移压力	遷移壓力
immigration rate	迁移率	遷移率
immigration selection	迁移选择	遷移選擇
immune response	免疫应答	免疫反應
immune response gene (Ir gene)	免疫应答基因	免疫反應基因
immunogenetics	免疫遗传学	免疫遺傳學
immunological distance	免疫距离	免疫距離
immunological genetics (=immunogenetics)	免疫遗传学	免疫遺傳學
impaternate offspring	无父后代	單親後代
imported DNA	引入 DNA	引入 DNA
imprecise excision	不精确切离	不精確切離
imprinted gene	印记基因	印痕基因
imprinting	印记	親教，印製模式，印痕學習
imprinting box	印记框	印痕框
imprinting off	印记失活	印痕失活
inactivation center	失活中心	失活中心，惰化中心
inactive chromatin	失活染色质	失活染色質
inactive X hypothesis	失活 X 假说	惰化 X 假說
inborn error of metabolism	先天性代谢缺陷	先天性代謝障礙，先天性代謝缺陷
inbred line (I line) (=inbred strain)	近交系	近交[品]系
inbred strain	近交系	近交[品]系
inbreeding	近交	近交，近親交配，近親繁殖
inbreeding coefficient	近交系数	近交係數
inbreeding depression	近交衰退	近交衰退
inbreeding effective size	近交有效含量	近交有效量
inclusive fitness	内在适合度	內含適合度，概括適合度，整體適合度
incompatibility	不相容性，不亲和性	不親和性
incompatible group	不相容群	不相容群
incomplete diallel cross	不完全双列杂交	不完全雙對偶雜交
incomplete digestion (=partial digestion)	不完全酶切	不完全酶切
incomplete dominance	不完全显性	不完全顯性

英　文　名	大　陆　名	台　湾　名
incomplete linkage	不完全连锁	不完全連鎖
incompletely linked gene	不完全连锁基因	不完全連鎖基因
incomplete metamorphosis	不完全变态	不完全變態
incomplete penetrance	不完全外显率	不完全外顯率
incomplete redundancy	不完全冗余	不完全冗餘, 不完全豐餘
indel	得失位	插失
independent assortment	自由组合, 独立分配	獨立分配, 獨立組合
independent culling method	独立淘汰法	獨立淘汰法
ρ-independent terminator	不依赖于 ρ 的终止子	ρ 獨立性終止子
indeterminate cleavage	不定型卵裂	不定型卵裂
index case（=propositus）	先证者	先證者, 原發病患
indirect selection	间接选择	間接選擇
individual selection	个体选择	個體選擇
induced mutagenesis（=mutagenesis）	诱变	誘變
induced mutant	诱发突变体	誘發突變種, 誘發突變體
induced mutation	诱发突变	誘發突變
induced variation	诱发变异	誘發變異
inducer	诱导物	誘導物
inducible enzyme	诱导酶	誘導酶, 可誘發酵素
inducible expression	诱导型表达	可誘導表達, 可誘導表現
inducible phage	[可]诱导噬菌体	誘導噬菌體
inducible recombination	诱导性重组	誘導性重組
induction	诱导	誘導
inductive interaction	诱导交互作用	誘導交互作用
industrial melanism	工业黑化现象	工業黑化現象
infection cycle	感染周期	感染週期
infinite population	无限群体	無限群體
information trait	信息性状	資訊性狀
informosome	信息体	資訊體, 信息體
in-frame mutation	整码突变	整碼突變
inheritance（=heredity）	遗传	遺傳
inheritance of acquired character	获得性状遗传	獲得性狀遺傳
inherited disease（=genetic disease）	遗传病	遺傳疾病
inherited translocation	遗传性易位	遺傳性易位
inhibiting gene	抑制基因	抑制[因]子, 抑制基

英　文　名	大　陆　名	台　湾　名
		因，阻遏基因
inhibition	抑制[作用]	抑制[作用]
initiation	起始	引發，起始
initiation codon (=start codon)	起始密码子	起始密碼子
initiation complex	起始复合物	起始複合物，起始複合體
initiation factor	起始因子	起始因子
initiation signal	起始信号	起始訊號，起始訊息
initiation site	起始位点	起始位點
initiator (=start codon)	起始密码子	起始密碼子
initiator DNA (iDNA)	起始 DNA	起始 DNA
initiator RNA	起始 RNA	起始 RNA
initiator tRNA	起始 tRNA	起始 tRNA
inner cell mass (ICM)	内细胞团	內細胞團，內細胞群
insert	插入片段	插入片段
insertion	插入	插入，嵌入
insertional element	插入元件	插入元件，插入元素
insertional inactivation	插入失活	插入失活
insertional mutagenesis	插入诱变	插入誘變
insertional translocation	插入易位	插入易位
insertion mutation	插入突变	插入突變
insertion sequence (IS)	插入序列	插入序列，嵌入序列
insertion site	插入位点	插入位點
insertion vector	插入[型]载体	插入型載體
insertosome	插入体	插入體
in situ chromosomal hybridization	染色体原位杂交	染色體原位雜交
in situ cytohybridization	细胞原位杂交	細胞原位雜交
in situ hybridization	原位杂交	原位雜交
in situ PCR	原位 PCR	原位 PCR
in situ plaque hybridization	噬[菌]斑原位杂交	溶菌斑原位雜交
insulator	绝缘子	絕緣子
insulator site	绝缘位点	絕緣位點
insulin	胰岛素	胰島素
intasome	整合体	整合體
integrant expression	整合表达	整合表達
integrase	整合酶	整合酶，集成酶
integration	整合[作用]	整合
integration-excision region (I/E region)	整合-切离区域	整合-切割區域

英 文 名	大 陆 名	台 湾 名
integration host factor(IHF)	整合宿主因子	整合宿土因子
integration map	整合图	整合圖
integration sequence	整合序列	整合序列
integrative map	综合图	整合圖
integrative suppression	整合阻抑，整合抑制	整合抑制
integron	整合子	整合子
intein	内含肽	蛋白内含子
intensity of selection	选择强度	選擇強度
interaction effect	互作效应	交互作用效應
interallelic complementation	等位基因间互补	對偶基因間互補
interallelic interaction	等位基因间相互作用	對偶基因間交互作用
interallelic recombination	等位基因间重组	對偶基因間重組
interband	间带	間帶
intercalary deletion	中间缺失	中間缺失
intercalating agent	螯合剂	螯合劑
interchromomere	染色粒间区，间带区	帶間
interchromosomal recombination	染色体间重组	染色體間重組
interference	干涉	干擾
interference distance	干扰距离	干擾距離
interference factor	干扰因子	干擾因子
interference range	干扰范围	干擾範圍
intergenic DNA	基因间 DNA	基因間 DNA
intergenic recombination	基因间重组	基因間重組
intergenic region(IG)	基因间区	基因區間
intergenic sequence	基因间序列	基因間序列
intergenic suppression	基因间阻抑，基因间抑制	基因間抑制
intergenic suppressor mutation	基因间阻抑突变	基因間抑制突變
intermediate mesoderm	中段中胚层，间介中胚层	間介中胚層
internal coiling	内螺旋	内螺旋
internal guide sequence(IGS)	内部指导序列	内部引導序列
internal node	内部节点	内部節點
internal promoter	内部启动子	内部啟動子
internal protein fragment(=intein)	内含肽	蛋白内含子
internal resolution site	内部分解位点	内部分辨位點
internal ribosome entry site(IRES)	内部核糖体进入位点	内部核糖體進入位點
internema	间线	間絲

英 文 名	大 陆 名	台 湾 名
interphase	间期	間期
interphase cycle	间期周期	細胞間期循環
interphase nucleus	间期核	間期核
interreduplication	间期复制	間期複製
interrupted gene（=split gene）	割裂基因，断裂基因	斷裂基因，阻斷基因，間斷基因
interrupted mating	中断杂交	間斷雜交，干擾交配，間歇交配
intersex	雌雄间体，间性	雌雄間體
intersexual selection	性别间选择	性別間選擇
interspersed gene family	散在基因家族	散佈基因家族
interspersed repeat sequence	散在重复序列	散佈重複
interstitial chiasma	中间交叉	中間交叉
interstitial deletion（=intercalary deletion）	中间缺失	中間缺失
intervening sequence（IVS）	间插序列	插入序列，介入序列，間隔順序
intracellular mediator	细胞内介导物	細胞内介導物
intrachromosomal aberration	染色体内畸变	染色體内異常
intrachromosomal recombination	染色体内重组	染色體内重組
intracistronic complementation	顺反子内互补	順反子内互補
intracistronic complementation test	顺反子内互补测验	順反子内互補測驗
intraclass correlation coefficient	组内相关系数	組内相關係數
intraembryonic coelomic cavity	胚内体腔	胚内體腔
intragenic complementation	基因内互补	基因内互補
intragenic crossing-over	基因内交换	基因内交換
intragenic deletion	基因内删除	基因内刪除
intragenic promoter	基因内启动子	基因内啟動子
intragenic recombination	基因内重组	基因内重組
intragenic reversion	基因内回复	基因内回復
intragenic suppression	基因内阻抑，基因内抑制	基因内阻遏，基因内抑制
intragenic suppressor mutation	基因内阻抑突变	基因内阻遏突變，基因内抑制突變
intramembranous ossification	膜内成骨	膜内骨化
intrasexual selection	性别内选择	性別内選擇
intrinsic terminator	内在终止子	内在終止子
introgressive crossing（=introgressive hybridization）	渐渗杂交	漸滲雜交，趨中雜交

英　文　名	大　陆　名	台　湾　名
introgressive hybridization	渐渗杂交	漸滲雜交，趨中雜交
intron	内含子	内含子，插入序列
intron-binding site（IBS）	内含子结合位点	内含子結合部位
intron early	内含子早现	内含子早現
intron homing	内含子归巢	内含子返巢
intron lariat	内含子套索	内含子套索
intron late	内含子迟现	内含子遲現
intron mobility	内含子移动	内含子移動
intron transposition	内含子转座	内含子轉位
invagination	内陷	内陷，内褶
inverse transposition	逆向转座	逆向轉位
inversion	倒位	倒位
inversion heterozygote	倒位杂合子	倒位異型合子，倒位異質結合體
inversion loop	倒位环	倒位環
inversion polymorphism	倒位多态现象	倒位多態現象，轉化多形現象
inverted insertion	反向插入	反向插入
inverted repeat（IR）	反向重复[序列]	逆位重複[序列]，反轉重複[序列]，轉化重覆
inverted terminal repeat	末端反向重复	反向末端重複[序列]，反轉末端重複[序列]，末端轉化重覆
in vitro	体外	[生物]體外
in vitro complementation	体外互补	體外互補
in vitro expession cloning（IVEC）	体外表达克隆	離體表達無菌繁殖法
in vitro fertilization（IVF）	体外受精	體外受精
in vitro genetic assay	体外遗传分析	體外遺傳分析
in vitro marker	体外标记基因	體外標誌基因
in vitro mutagenesis	体外诱变	體外誘變
in vitro packaging	体外包装	體外包裝
in vitro transcription	体外转录	體外轉錄
in vitro translation	体外翻译	[活]體外轉譯，試管内轉譯
in vivo	体内	[生物]體内
in vivo footprinting	体内足迹法	體内足跡法
ion exchange chromatography	离子交换层析	離子交換色譜，離子交

英　文　名	大　陆　名	台　湾　名
		換層析法
IR（=inverted repeat）	反向重复[序列]	逆位重複[序列]，反轉重複[序列]，轉化重覆
IRES（=internal ribosome entry site）	内部核糖体进入位点	內部核糖體進入位點
Ir gene（=immune response gene）	免疫应答基因	免疫反應基因
iron-responsive element	铁离子应答元件	鐵離子反應元件，鐵回應元
irradiation and fusion gene transfer（IFGT）	放射融合基因转移	放射融合基因轉移
irregular dominance	不规则显性	不規則顯性
IS（=insertion sequence）	插入序列	插入序列，嵌入序列
island model	岛式模型	島式模型
isoacceptor tRNA	同工 tRNA	同功 tRNA
iso-allele	同等位基因	同對偶基因，同等位基因
isochromatid breakage	等位染色单体断裂	對偶染色分體斷裂，等位染色分體斷裂
isochromatid deletion	等位染色单体缺失	對偶染色單體缺失
isochromosome	等臂染色体	等臂染色體
isoelectric focusing（IEF）	等电聚焦	等電聚焦
isoenzyme	同工酶	同功酶
isofemale line	单雌系	單雌系
isogamy	同配生殖	同配生殖
isogene	等基因	同基因
isogeneity	等基因性	同基因性
isogenic strain	等基因系	同基因系，純系基因系
isograft	同系移植物	同基因移殖物，同種移殖物
isolate	隔离群	隔離群
isolated population	隔离群体	隔離群體
isolation	隔离	隔離
isolation estimate	隔离估计	隔離估計
isolation gene	隔离基因	隔離基因
isolation index	隔离指数	隔離指數
isolation mechanism	隔离机制	隔離機制，分離機制
isometric DNA sequence	同组异序 DNA 序列	同組異序 DNA 序列
isophenogamy	同表型交配	同表型交配
isoschizomer	同切点酶	同切酶，同裂酶

英　文　名	大　陆　名	台　湾　名
isosteric inhibition	等构抑制	等構抑制，同位抑制
isosyndetic (=autosyndetic pairing)	同源[染色体]配对	同源配對
isotype	同种型	同型[抗原]
isotypic exclusion	同种[型]排斥	同型排斥
isozyme (=isoenzyme)	同工酶	同功酶
IVEC (=in vitro expession cloning)	体外表达克隆	離體表達無菌繁殖法
IVF (=in vitro fertilization)	体外受精	體外受精
IVS (=intervening sequence)	间插序列	插入序列，介入序列，間隔順序

J

英　文　名	大　陆　名	台　湾　名
J gene (=joining gene)	J 基因	J 基因
joining gene (J gene)	J 基因	J 基因
joining segment	J 片段	J 片段
jumping gene	跳跃基因	跳躍基因
jumping library (=hopping library)	跳查文库	跳躍文庫，跳躍集合庫，跳查資料庫
junk DNA	无用 DNA	垃圾 DNA

K

英　文　名	大　陆　名	台　湾　名
kappa particle	卡巴粒[子]	卡巴粒
karyogamy	核配	核融合
karyogenetics	核遗传学	核遺傳學
karyogram	核型图	核型圖
karyokinesis	核分裂	核分裂
karyology	细胞核学	細胞核學
karyolysis	核溶解	核解
karyomixis	核融合	核融合
karyomorphology	核形态学	核形態學
karyoplasm (=nucleoplasm)	核质	核質
karyopyknosis	核固缩	核固縮
karyotaxonomy	核型分类学	核型分類學
karyotype	核型，染色体组型	染色體組型，核型
karyotype analysis	核型分析	核型分析

英　文　名	大　陆　名	台　湾　名
karyotyping（=karyotype analysis）	核型分析	核型分析
kb（=kilobasepair）	千碱基对	千鹼基對
KB cell	KB 细胞	KB 細胞
K-homology domain	K 同源结构域	K 同源結構域
kilobasepair（kb）	千碱基对	千鹼基對
kinase	激酶	激酶
kinesin	驱动蛋白	驅動蛋白，傳動素
kinetin（=cytokinin）	细胞分裂素，细胞激动素	細胞分裂素，細胞激動素
kinetochore	动粒	著絲粒，著絲點
kinetoplast	动基体	動基體
kinetoplast DNA	动基体 DNA	動基體 DNA
kinin（=cytokinin）	细胞分裂素，细胞激动素	細胞分裂素，細胞激動素
kin selection	亲属选择	親緣選擇
Klenow fragment	克列诺片段	克萊諾片段
Knudson hypothesis	二次突变假说	努特生雙重打擊假說，努[德]森雙擊假說
Kozak consensus suquence	科扎克共有序列	Kozak 共有序列

L

英　文　名	大　陆　名	台　湾　名
lac operon（=lactose operon）	乳糖操纵子	乳糖操縱子
lactose operon（lac operon）	乳糖操纵子	乳糖操縱子
lagging strand	后随链	延遲股，間歇股
lag phase	滞后期	遲滯期
Lamarckism	拉马克学说	拉馬克學說
lampbrush chromosome	灯刷染色体	刷形染色體，燈刷染色體
landmark	界标	地標
lariat	套索结构	套索結構
lariat intermediate	套索中间体	套索中間體
lariat RNA	套索 RNA	套索 RNA
lariat structure（=lariat）	套索结构	套索結構
late gene	晚期基因	晚期基因
lateral element	侧成分，侧体	側體，側成份
lateral inhibition	侧抑制	旁側抑制，側抑制

英　文　名	大　陆　名	台　湾　名
lateral mesoderm	侧中胚层	側中胚層
late recombination nodule	晚重组结	晚重組節
late replicating X chromosome	迟复制 X 染色体	遲複製 X 染色體,晚複製 X 染色體
law of independent assortment	自由组合定律,独立分配定律	獨立分配律,獨立組合律,自由組合律
law of linkage	连锁定律	連鎖定律
law of segregation	分离定律	分離律
LCR(=①locus control region ②local control region ③ligase chain reaction)	①基因座控制区 ②局部控制区 ③连接酶链[式]反应	①基因座控制區 ②局部控制區 ③連接酶連鎖反應
leader peptide	前导肽	先導肽
leader region	前导区	先導區,前導區
leader sequence	前导序列	先導序列,前導序列
leading strand	前导链	先導股
leading strand-lagging strand model	前导链-后随链模型	先導股-延遲股模型
leaky mutant	渗漏突变体,渗漏突变型	滲漏突變種,滲漏突變體
leaky mutation	渗漏突变	滲漏突變
left-handed DNA	左手螺旋 DNA	左手螺旋 DNA
left splice junction	左剪接点	左剪接點
leptonema(=leptotene)	细线期	細線期,細絲期
leptotene	细线期	細線期,細絲期
Lesch-Nyhan syndrome	莱施-奈恩综合征,自毁性综合征	莱-納二氏綜合症
lethal allele	致死等位基因	致死對偶基因
lethal equivalent	致死当量	致死當量
lethal gene	致死基因	致死基因
lethal mutation	致死突变	致死突變
lethal zygosis	致死接合	致死接合
leucine zipper	亮氨酸拉链	白氨酸拉鏈,亮胺酸拉鏈
liability	易患性,易感性	易患性
licensing factor	许可因子	執照因子
ligand	配体	配體
ligase	连接酶	連接酶
ligase chain reaction(LCR)	连接酶链[式]反应	連接酶連鎖反應
ligation	连接	連接

英　文　名	大　陆　名	台　湾　名
ligation amplification	连接扩增	連接擴增
light chain	轻链	輕鏈
light-strand promoter (LSP)	轻链启动子	輕鏈啟動子，輕股啟動子
limb bud	肢芽	肢芽
limiting factor	限制因子	限制因子
LINE (=long interspersed nuclear element)	长散在核元件	長散佈核內元件
linear arrangement	线性排列	線性排列
linear DNA	线状 DNA	線狀 DNA
linear genome	线性基因组	線性基因體
linear model	线性模型	線性模型
linear tetrad	线性四分子	線性四分體
linkage	连锁	連鎖
linkage analysis	连锁分析	連鎖分析，鏈結分析
linkage disequilibrium	连锁不平衡	連鎖不平衡
linkage equilibrium	连锁平衡	連鎖平衡
linkage group	连锁群	連鎖群
linkage map	连锁图	連鎖圖譜
linkage mapping	连锁作图	連鎖定位
linkage phase	连锁相	連鎖相
linkage value	连锁值	連鎖值
linked gene	连锁基因	連鎖基因，連接基因
linker DNA	接头 DNA，连接 DNA	連接 DNA
linker fragment	接头片段	連接片段，連結子，連接體
linking library	连接文库	連接文庫
linking number	连接数，连环数	連環數，連結數
linking number paradox	连接数悖理，连接数颠倒现象	連接數顛倒現象
linking probe	连点探针	連接探針，連結探針
liposome	脂质体	脂質體
liposome entrapment	脂质体包载	脂質體包載
local control region (LCR)	局部控制区	局部控制區
localization of chiasma	交叉局部化，交叉定位	交叉局部化
localized random mutagenesis	局部随机诱变	局部隨機誘變
locus	基因座	基因座，位點
locus control region (LCR)	基因座控制区	基因座控制區
locus heterogenicity	基因座异质性	基因座異質性

英　文　名	大　陆　名	台　湾　名
locus linkage analysis	基因座连锁分析	基因座連鎖分析
lod	优势对数	優勢對數
LOD score (=logarithm of the odd score)	对数优势比，LOD 记分	對數優勢比
logarithm of the odd score (LOD score)	对数优势比，LOD 记分	對數優勢比
log phase	对数期	對數期
LOH (=loss of heterozygosity)	杂合性丢失	異質性丢失，異質性消失
long interspersed nuclear element (LINE)	长散在核元件	長散佈核内元件
long interspersed repeated sequence	长散在重复序列	長散佈重複序列
long range restriction map	长区域限制图	長區域限制圖
long terminal repeat (LTR)	长末端重复[序列]	長端重複，長端重覆
loop	环	環
loop domain	环状结构域	環狀結構域
loss-of-function mutation	功能失去突变	功能喪失突變
loss of heterozygosity (LOH)	杂合性丢失	異質性丢失，異質性消失
loss of variation mutation	变异丢失突变	變異丢失突變
low-copy-number plasmid	低拷贝数质粒	低套數質體
lowly repetitive sequence	低度重复序列	低度重複序列
LSP (=light-strand promoter)	轻链启动子	輕鏈啟動子，輕股啟動子
LTR (=long terminal repeat)	长末端重复[序列]	長端重複，長端重覆
luxury gene	奢侈基因	旺勢基因，奢侈基因，非必需基因
Lyon hypothesis	莱昂假说	萊昂氏假說
Lyonization	莱昂作用	萊昂氏作用
lysogenic phage	溶原性噬菌体	溶原性噬菌體
lysogenization	溶原化	溶原化
lysogeny	溶原性	溶原性
lysozyme	溶菌酶	溶菌酶
lytic cycle	裂解周期	溶解性週期，溶菌週期，裂解循環
lytic infection	裂解性感染	裂性感染，溶裂感染，溶解性感染
lytic response	裂解反应	溶解反應，溶菌反應

M

英 文 名	大 陆 名	台 湾 名
MAC(=mammalian artificial chromo-some)	哺乳类人工染色体	哺乳類人工染色體
macroevolution	宏观进化，越种进化	巨演化，宏觀演化，廣進化
macromutation	大突变	大突變
macrorestriction map	宏观限制性图谱	巨觀限制圖，巨觀限制酶圖譜
main effect	主效应	主效應
maintainer line	保持系	保持系
major gene(=master gene)	主基因	主[效]基因
major histocompatibility antigen	主要组织相容性抗原	主組織相容性抗原
major histocompatibility complex(MHC)	主要组织相容性复合体	主組織相容性複合基因，主組織相容性複合體
major-polygene mixed inheritance	主-多基因混合遗传	主-多基因混合遺傳
malegamete(=androgamete)	雄配子	雄配子
male specific phage	雄性专一噬菌体	雄性專一噬菌體
male sterility	雄性不育	雄性不孕
male sterility line	雄性不育系	雄性不孕系
male strain	雄性菌株	雄性菌株
malformation	畸形	畸形，畸型
mammalian artificial chromosome(MAC)	哺乳类人工染色体	哺乳類人工染色體
manifesting heterozygote	显示杂合子	顯性異型合子
map distance	图距	圖距
mapping function	作图函数，定位函数	定位函數
map unit	图距单位	圖距單位
MAR(=matrix attachment region)	[核]基质附着区	基質附著區
Marfan syndrome	马方综合征	馬方氏症候群
marker-assisted introgression	标记辅助导入	標記輔助導入
marker-assisted selection	标记辅助选择	標記輔助選擇
marker chromosome	标记染色体	標記染色體
marker gene	标记基因	標記基因，標誌基因
marker rescue	标记获救	標記獲救，標誌拯救
masked mRNA	隐蔽 mRNA	隱蔽 mRNA
mass extinction	集群灭绝	動物相滅絕

英　文　名	大　陆　名	台　湾　名
mass selection	混合选择	混合選擇
master control gene	主控基因	主控基因
master gene	主基因	主[效]基因
MAT（=mating type）	交配型，接合型	交配型，接合型
matching probability	匹配概率	匹配機率，配對概率
maternal age effect	母体年龄效应	母體年齡效應
maternal effect	母体效应	母體效應
maternal effect gene	母体效应基因	母體效應基因
maternal grandsire model	外祖父模型	母體外祖父模型
maternal influence	母体影响	母體遺傳
maternal inheritance	母体遗传	母體遺傳，母本遺傳
mathematical expectation	[数学]期望	數學期望
mating	交配	交配
mating continuum	交配群	交配群
mating system	交配系统	交配系統
mating type（MAT）	交配型，接合型	交配型，接合型
mating type switching	交配型转换	交配型轉換
MAT locus	MAT 基因座	交配型座位，接合型座位
matrix attachment region（MAR）	[核]基质附着区	基質附著區
matroclinal inheritance（=matrocliny）	偏母遗传	母系遺傳
matrocliny	偏母遗传	母系遺傳
maturation division	成熟分裂	成熟分裂
maturation-promoting factor（MPF）	促成熟因子	促成熟因子，成熟促進因子
Maxam-Gilbert method	化学测序法	Maxam-Gilbert 法
maximum likelihood method	最大似然法	最大近似法
M13 bacteriophage	M13 噬菌体	M13 噬菌體
MCS（=multiple cloning site）	多克隆位点	多選殖位點
mean fitness	平均适合度	平均適合度
medical genetics	医学遗传学	醫學遺傳學
medicolegal genetics	法医遗传学，法医物证学	法醫遺傳學
megachromosome	大型染色体	大染色體，巨染色體
megaplasmid	巨质粒	巨大質體
megaspore competition	大孢子竞争	大孢子競爭
meiosis	减数分裂	減數分裂
meiosis Ⅰ	减数分裂Ⅰ	減數分裂Ⅰ

英　文　名	大　陆　名	台　湾　名
meiosis Ⅱ	减数分裂Ⅱ	減數分裂Ⅱ
meiotic drive	减数分裂驱动	減數分裂驅動
meiotic mapping	减数分裂作图	減數分裂作圖
meiotic recombination	减数分裂重组	減數分裂重組
melting temperature	解链温度	解鏈溫度
Mendelian character	孟德尔性状	孟德爾性狀
Mendelian inheritance	孟德尔遗传	孟德爾遺傳
Mendelian locus	孟德尔基因座	孟德爾基因座
Mendelian population	孟德尔式群体	孟德爾群體
Mendelian ratio	孟德尔比率	孟德爾比率
Mendelian sampling	孟德尔抽样	孟德爾抽樣
Mendelian sampling deviation	孟德尔抽样离差	孟德爾抽樣離差
Mendel's first law	孟德尔第一定律	孟德爾的第一定律
Mendel's law of inheritance	孟德尔遗传定律	孟德爾遺傳定律
Mendel's second law	孟德尔第二定律	孟德爾的第二定律
merodiploid(=partial diploid)	部分二倍体	部份二倍體
merozygote	部分合子	部份合子
mesenchyme	间充质	間質
mesenchyme cell	间充质细胞	間質細胞
mesoblast(=mesoderm)	中胚层	中胚層
mesoderm	中胚层	中胚層
messenger ribonucleoprotein(mRNP)	信使核糖核蛋白	信使核糖核蛋白
messenger RNA(mRNA)	信使 RNA	信使 RNA
metacentric chromosome	中着丝粒染色体	中央著絲點染色體, 等臂染色體, 中位中節染色體
metallothionein(MT)	金属硫蛋白	金屬巰基蛋白, 金屬結合蛋白, 金屬硫蛋白
metal response element(MRE)	金属应答元件	金屬反應元[件], 金屬反應要素
metamorphosis	变态	變態
metaphase	中期	中期
metaphase arrest	中期停顿	中期停頓
metaphase chromosome	中期染色体	中期染色體
metaphase of cell division	细胞分裂中期	細胞分裂中期
metaphase plate(=equatorial plate)	赤道板	赤道板, 中期板
metaplasia	组织转化, 化生	組織轉化, 化生
metaxenia	果实直感	果實直感

英 文 名	大 陆 名	台 湾 名
methylase	甲基化酶	甲基化酶
methylation	甲基化[作用]	甲基化
metric trait	度量性状	度量性狀
MHC(=major histocompatibility complex)	主要组织相容性复合体	主組織相容性複合基因，主組織相容性複合體
microarray	微阵列	微陣列，微矩陣
microbial genetics	微生物遗传学	微生物遺傳學
microcell	微细胞	微細胞
microcloning	微克隆	微選殖
microdissection	显微切割术	顯微切割技術
microevolution	微观进化，种内进化	微小演化
microinjection	[显]微注射	顯微注射
micromanipulation	显微操作	顯微操作
micromutation	微突变	微突變
micronucleus	微核	微核
micronucleus effect	微核效应	微核效應
microRNA	微 RNA	微 RNA
microsatellite DNA	微卫星 DNA	微衛星 DNA
microsatellite instability(MIN)	微卫星不稳定性	微衛星不穩定性
microsatellite marker	微卫星标记	微衛星標記
microsatellite polymorphism	微卫星多态性	微衛星多態性
microtubule organizing center(MTOC)	微管组织中心	微管組織中心
midparent value	双亲中值	兩親本平均值
migration	迁移	遷移，遷棲
mimic mutant	模拟突变体	模擬突變種，模擬突變體
MIN(=microsatellite instability)	微卫星不稳定性	微衛星不穩定性
mini-chromosome	微型染色体	微型染色體
mini-exon	小外显子	小外顯子
minigene	小基因	小基因
mini-gene(=minigene)	小基因	小基因
minimum norm quadratic unbiased estimator	最小范数二次无偏估计	最小範數二次不偏估計量
minimum variance quadratic unbiased estimator	最小方差二次无偏估计	最小變異數二次不偏估計量
minisatellite DNA	小卫星 DNA	小衛星 DNA
minisatellite region	小卫星区	小衛星區

英　文　名	大　陆　名	台　湾　名
mini-Ti plasmid	小型 Ti 质粒	小型 Ti 質體
minor gene	微效基因	微效基因
minor histocompatibility antigen	次要组织相容性抗原	小組織相容性抗原
minority advantage	少数优势	少數優勢
minus strand（=negative strand）	负链	負股
minus strand DNA	负链 DNA	負股 DNA
minute chromosome	微小染色体	微小染色體
miscegenation	异族通婚	種族混合，雜婚，異族通婚
mischarging	错载	錯載
miscoding	[密码]错编	錯誤編碼
misdivision haploid	错分单倍体	錯分單倍體
misexpression	异常表达，错误表达	異常表達
misincorporation	错参	錯誤參入
misinsertion	错插	錯誤差入，錯誤插入
mismatching	错配	錯配
mismatch repair	错配修复	錯配修復
mispairing（=mismatching）	错配	錯配
misreading（=mistranslation）	错译	錯譯，誤義轉譯
missense	错义	錯義
missense codon	错义密码子	錯義密碼子
missense mutant	错义突变体，错义突变型	錯義突變種，錯義突變體
missense mutation	错义突变	錯義突變
missense suppression	错义阻抑，错义抑制	錯義抑制，誤義阻遏
missense suppressor	错义阻抑因子	錯義抑制因子，誤義阻遏基因
mistranslation	错译	錯譯，誤義轉譯
mitochondrial DNA（mtDNA）	线粒体 DNA	粒線體 DNA
mitochondrial gene	线粒体基因	粒線體基因
mitochondrial genome	线粒体基因组	粒線體基因體
mitochondrial inheritance	线粒体遗传	粒線體遺傳
mitochondrial RNA（mtRNA）	线粒体 RNA	粒線體 RNA
mitochondrion	线粒体	粒線體
mitodepression	有丝分裂减退	有絲分裂減退
mitogen	促分裂原	有絲分裂原，促細胞分裂素
mitosis	有丝分裂	有絲分裂

英　文　名	大　陆　名	台　湾　名
mitosis-promoting factor	有丝分裂促进因子	有絲分裂促進因子
mitotic apparatus	有丝分裂器	有絲分裂胞器
mitotic center	有丝分裂中心	有絲分裂中心
mitotic chromosome loss	有丝分裂染色体消减	有絲分裂染色體丟失
mitotic crossover	有丝分裂交换	有絲分裂互換
mitotic index	有丝分裂指数	有絲分裂指數
mitotic inhibition	有丝分裂抑制	有絲分裂抑制
mitotic nondisjunction	有丝分裂不分离	有絲分裂不分離
mitotic phase（M phase）	有丝分裂期，M 期	有絲分裂期，M 期
mitotic recombination	有丝分裂重组	有絲分裂重組
mitotype	线粒体单倍型	粒線體單倍型
mixed family	混合家系	混合家系
mixed infection	混合感染	混合感染
mixed model	混合模型	混合模型
mixed model equations（MME）	混合模型方程组	混合模型方程式
mixoploid	混倍体	混倍體
mixoploidy	混倍性	混倍性
MME（=mixed model equations）	混合模型方程组	混合模型方程式
mobile genetic element	可动遗传因子	流動遺傳成份，流動遺傳元件
mobility（=immigration rate）	迁移率	遷移率
mobility shift assay	迁移率变动分析	位移[遲滯]分析法
model of chromatin packing	染色质压缩模式	染色質壓縮模式
model organism	模式生物	模式生物
moderately repetitive DNA	中度重复 DNA	中度重複性 DNA
moderately repetitive sequence	中度重复序列	中度重複性序列
modification	修饰	修飾
modifier	修饰基因	修飾基因
modifier gene（=modifier）	修饰基因	修飾基因
modifier screen	修饰基因筛选	調節基因篩選
modulating codon	调谐密码子	調節密碼子
modulator	调谐子	調節基因
molecular chaperone	分子伴侣	分子伴護蛋白
molecular clock	分子钟	分子鐘
molecular cloning	分子克隆	分子選殖
molecular cytogenetics	分子细胞遗传学	分子細胞遺傳學
molecular disease	分子病	分子病
molecular evolution	分子进化	分子演化

英　文　名	大　陆　名	台　湾　名
molecular evolutionary engineering	分子进化工程	分子演化工程
molecular genetics	分子遗传学	分子遺傳學
molecular hybridization	分子杂交	分子雜交
molecular marker	分子标记	分子標記，分子標誌
molecular phylogenetics	分子系统发生学	分子系統發生學
molecular recognition	分子识别	分子識別
molecular sieve filtration	分子筛过滤	分子篩過濾
monoallelic expression	单等位基因表达	單對偶基因表達，單對偶基因表現
monocentric chromosome	单着丝粒染色体	單著絲粒染色體
monocistron	单顺反子	單順反子
monocistronic mRNA	单顺反子 mRNA	單順反子 mRNA
monogenic character	单基因性状	單基因性狀
monogenic disease	单基因病	單基因病
monogenism	单祖论	單祖論
monohaploid	单元单倍体	單元單倍體
monohybrid	单[基因]杂种	單性雜種，一對基因雜種
monohybrid cross	单[基因]杂种杂交	單性雜種雜交，單基因雜交
monokine	单核因子	單核激素
monolepsis	单亲遗传	片親遺傳，單親傳遞
monomorphism	单态性，单态现象	單型性，單態現象
monophyletic	单系	單源的，單系的
monophyletic species	单源种	單源種
monophyly (=monophyletic)	单系	單源的，單系的
monoploid	一倍体	單倍體
monoploid number	一倍体数	單倍體數
monosome	单体[染色体]生物	單染色體，單體[染色體]
monosomic	单体	單染色體的，單體[染色體]的
monosomy	单体性	單體性
monospermy	单精入卵，单精受精	單精受精
monovalent (=univalent)	单价体	單價體
monozygotic twins	同卵双生，单卵双生	同卵雙生，單卵雙生
morgan unit	摩尔根单位	摩根單位
morphogen	形态发生素	形態發生素

英　文　名	大　陆　名	台　湾　名
morphogenesis	形态发生	形態發生
morphogenetic furrow	形态发生沟	形態發生溝
morphological determinant	形态发生决定子	形態發生決定子
morphological mutation	形态突变	形態突變
morphological variation	形态变异	形態變異
morphosis	形态形成	形態形成
morula	桑椹胚	桑椹胚
mosaic	[同源]嵌合体	鑲嵌體
mosaic dominance	镶嵌显性	鑲嵌顯性
mosaicism	镶嵌现象	鑲嵌現象
movable gene	可移动基因	可移動基因
MPF（＝maturation-promoting factor）	促成熟因子	促成熟因子，成熟促進因子
M13 phage（＝M13 bacteriophage）	M13 噬菌体	M13 噬菌體
M phase（＝mitotic phase）	有丝分裂期，M 期	有絲分裂期，M 期
M phase-promoting factor	M 期促进因子	M 期促進因子
MRE（＝metal response element）	金属应答元件	金屬反應元[件]，金屬反應要素
mRNA（＝messenger RNA）	信使 RNA	信使 RNA
mRNA capping	mRNA 加帽	mRNA 加帽
mRNA editing	mRNA 编辑	mRNA 編輯
mRNA interfering complementary RNA	mRNA 干扰互补 RNA	mRNA 之干擾互補 RNA
mRNA polyadenylation	mRNA 多腺苷酸化	mRNA 聚腺苷酸化
mRNA processing	mRNA 加工	mRNA 加工
mRNA splicing	mRNA 剪接	mRNA 剪接
mRNA splicing factor	mRNA 剪接因子	mRNA 剪接因子
mRNP（＝messenger ribonucleoprotein）	信使核糖核蛋白	信使核糖核蛋白
MT（＝metallothionein）	金属硫蛋白	金屬巰基蛋白，金屬結合蛋白，金屬硫蛋白
mtDNA（＝mitochondrial DNA）	线粒体 DNA	粒線體 DNA
MTOC（＝microtubule organizing center）	微管组织中心	微管組織中心
mtRNA（＝mitochondrial RNA）	线粒体 RNA	粒線體 RNA
Mu bacteriophase	Mu 噬菌体	Mu 噬菌體
multicistronic mRNA（＝polycistronic mRNA）	多顺反子 mRNA	多順反子 mRNA
multicopy	多拷贝	多拷貝
multicopy inhibition	多拷贝抑制	多拷貝抑制

英 文 名	大 陆 名	台 湾 名
multifactorial disorder	多因子病	多因素異常疾病
multifactorial inheritance	多因子遗传	多重因子遺傳，多基因遺傳
multiforked chromosome	多叉染色体	多叉染色體
multigene family	多基因家族	多基因族系
multigenic deletion	多基因缺失	多基因缺失
multiple allele	复等位基因	複對偶基因，多重對偶基因，複等位基因
multiple chiasma	复交叉	複交叉
multiple choice mating	复选择交配	複選交配
multiple cloning site（MCS）	多克隆位点	多選殖位點
multiple crossover	多次交换	多次互換
multiple-factor hypothesis	多因子假说	多因素假說，多基因假說
multiple regression	多元回归	多元迴歸
multiple selection index	综合选择指数	多選擇指數
multiple sequence alignment	多序列比对	多序列比對
multiple start site	多起始位点	多起始位點
multiple trait across country evaluation	多性状全球评估法	多性狀全球評估法
multiple trait selection	多性状选择	多性狀選擇
multiplex PCR	多重 PCR	多重 PCR
multipotency（=pluripotency）	多能性	多能性
multiprimer	多引物	多引子
multiregional evolution	多地域进化	多區域演化，多地區[連續]演化，多地域演化
multireplicon	多复制子	多複製子
multivalent	多价体	多價體
mu orientation	μ 取向	μ 取向
mutability	可突变性	可突變性
mutable gene	易变基因	可[突]變基因
mutagen	诱变剂	誘變劑
mutagenesis	诱变	誘變
mutant	突变体，突变型	突變種，突變體，突變型
mutant allele	突变体等位基因	突變型對偶基因
mutant character	突变性状	突變性狀
mutant gene	突变基因	突變基因

英　文　名	大　陆　名	台　湾　名
mutant sector	突变区	突變區
mutatest	诱变测验	誘變測驗
mutation	突变	突變
mutational lag	突变延迟	突變延遲，突變遲滯
mutational load	突变负荷	突變負荷
mutational spectrum	突变谱	突變譜
mutational synergism	突变协同作用	突變協同作用
mutation breeding	突变育种	突變育種
mutation distance	突变距离	突變距離
mutation fixation	突变固定	突變固定
mutation frequency	突变频率	突變頻率
mutation hotspot	突变热点	突變熱點
mutation induction	突变诱导	突變誘導
mutationism（=mutation theory）	突变[学]说	突變說
mutation pressure	突变压[力]	突變壓力
mutation rate	突变率	突變率
mutation screening	突变筛选	突變篩選
mutation site	突变[位]点	突變位置
mutation theory	突变[学]说	突變說
mutator gene	增变基因	增變基因
mutein	突变蛋白	突變蛋白
muton	突变子	突變子
myoblast	成肌细胞	成肌細胞，肌母細胞
myoglobin	肌红蛋白	肌紅蛋白，肌紅素
myotonic dystrophy	强直性肌营养不良	强直性肌失養症，强直性肌肉萎縮症
myotube	肌管	肌[小]管

N

英　文　名	大　陆　名	台　湾　名
nail-patella syndrome	指甲髌骨综合征	指甲-膝症候群
narrow groove	小沟	窄溝
narrow heritability	狭义遗传率，狭义遗传力	狹義遺傳率
natural selection	自然选择	天擇，自然選擇
natural synchronization	自然同步化	自然同步化
N-band	N 带	N 帶

英　文　名	大　陆　名	台　湾　名
NCR (=non-coding region)	非编码区	非編碼區
nebenkern (=accessory nucleus)	副核	副核，附核
necrosis	坏死	壞死
negative assortative mating	异型交配，负选型交配	負選型配種，非選型交配
negative complementation	负互补作用，负基因互补	負互補作用
negative control	负控制	負控制
negative enhancer	负增强子	負強化子
negative eugenics	消极优生学	消極優生學
negative heteropycnosis	负异固缩	負向異固縮，負異常凝縮
negative inbreeding	负近交	負近交
negative interference	负干涉	負干擾
negative regulation	负调控	負調控
negative regulatory element (NRE)	负调控元件	負調控元件
negative regulatory sequence	负调控序列	負調控序列
negative selection	负选择	負選擇
negative strand	负链	負股
negative supercoil (=negative supercoiling)	负超螺旋	負超螺旋
negative supercoiling	负超螺旋	負超螺旋
neighbor-joining method	邻接法	鄰近連接法
neocentromere	新着丝粒	新著絲點
neo-Darwinism	新达尔文学说	新達爾文說，新達爾文主義
neo-Lamarckism	新拉马克学说	新拉馬克學說
neomorph	新效[等位]基因	新[效]等位基因
neonatal screening (=newborn screening)	新生儿筛查	新生兒篩檢
neoteny	幼态延续	幼態延續
NER (=nucleotide excision repair)	核苷酸切除修复	核苷酸切除修復
nested gene	套叠基因	巢式基因
nested PCR	巢式 PCR	巢式 PCR
nested primer	巢式引物	巢式引子
neural crest	神经嵴	神經嵴
neural plate	神经板	神經板
neural tube	神经管	神經管
neurogenetics	神经遗传学	神經遺傳學

英　文　名	大　陆　名	台　湾　名
neurula	神经胚	神經胚
neutral DNA variation	中性 DNA 变异	中性 DNA 變異
neutral gene	中性基因	中性基因
neutral mutation	中性突变	中性突變
neutral mutation hypothesis (=neutral mutation theory)	中性突变[学]说，中性突变假说	中性突變假說
neutral mutation theory	中性突变[学]说，中性突变假说	中性突變假說
neutral [passive] equilibrium	中性[被动]平衡	中性[被動]平衡
neutral polymorphism	中性多态性	中性多態現象，中性多型性，中性多態型
neutral theory of molecular evolution	分子进化中性学说	分子演化中性學說
newborn screening	新生儿筛查	新生兒篩檢
NHP (=nonhistone protein)	非组蛋白型蛋白质，非组蛋白	非組蛋白蛋白質
nick	切口	切口，切割
nick translation	切口平移，切口移位	切口移位
NLS (=nuclear localization sequence)	核定位序列	核定位序列
nod gene (=nodulation gene)	结瘤基因，nod 基因	結瘤基因，nod 基因
nodulation gene	结瘤基因，nod 基因	結瘤基因，nod 基因
non-additive [allelic] effect	非加性[等位基因]效应	非加成性[對偶基因]效應
non-additive genetic variance	非加性遗传方差	非加成性遺傳變方
non-allele	非等位基因	非對偶基因
nonallelic interaction	非等位基因间相互作用	非對偶基因間交互作用
nonautonomous allele	非自主基因	非自主基因
nonautonomous element	非自主元件	非自主元件
non-cell autonomous	非细胞自主性	非細胞自主性
nonchromosome	非同源染色体	非同源染色體
non-coding DNA strand	非编码 DNA 链	非編碼股 DNA，非密碼股 DNA，非譯碼股 DNA
non-coding functional sequence	非编码功能序列	非編碼功能序列
non-coding region (NCR)	非编码区	非編碼區
non-coding regulatory region	非编码调控区	非編碼調控區
non-coding regulatory RNA	非编码调控 RNA	非編碼調控 RNA
non-coding sequence	非编码序列	非編碼序列

英　文　名	大　陆　名	台　湾　名
non-coding strand	非编码链	非編碼股，未編碼股
nonconditional mutation	非条件性突变	非條件性突變
nonconservative mutation	非保守突变	非保守性突變
nonconservative substitution	非保守性替代	非保守性取代
non-Darwinian evolution	非达尔文进化	非達爾文演化，非達爾文進化
nondisjunction	不分离	不分離，未分離
nonfunctional gene	无功能基因	無功能基因
nonfunctional repetitive gene sequence	无功能重复基因序列	無功能重覆基因序列
nonhistone protein（NHP）	非组蛋白型蛋白质，非组蛋白	非組蛋白蛋白質
non-isotope labling	非同位素标记	非同位素標記
non-Mendelian inheritance	非孟德尔式遗传	非孟德爾式遺傳
non-Mendelian ratio	非孟德尔比率	非孟德爾比率
non-overlapping triplet	非重叠三联体	非重疊三聯體
non-parental ditype（NPD）	非亲双型，非亲二型	非親型二型，非親本雙型
non-parental ditype tetrad	非亲[代]双型四分子，非亲二型四分子	非親型二型四分子
non-penetrance	不外显	[基因]不完全外顯
nonpermissive cell	非允许细胞	非許可細胞，非允許細胞，非容許性細胞
nonpermissive condition	非允许条件	非許可條件，非允許條件，非容許性條件
nonradioactive probe	非放射性[基因]探针	非放射性探針
nonrandom assortment	非随机分配	非隨機分配
nonrandom mating	非随机交配	非隨機配對
nonreciprocal recombination	非复制型重组	非相互重組
non-recurrent parent	非轮回亲本，非回归亲本	非回歸親本，非輪回親本
nonrepetitive DNA	非重复 DNA	非重複 DNA
nonrepetitive sequence	非重复序列	非重複序列
nonreplicative transposition	非复制型转座	非複製型轉位
nonsense codon	无义密码子	無意義密碼子
nonsense mutant	无义突变体	無意義突變體
nonsense mutation	无义突变	無意義突變
nonsense suppression	无义阻抑，无义抑制	無意義抑制，無意義阻遏

英　文　名	大　陆　名	台　湾　名
nonsense suppressor	无义阻抑因子	無意義抑制因子，無意義阻遏基因
non-sister chromatid	非姐妹染色单体	非姐妹染色分體
non-sister label exchange	非姐妹标记交换	非姐妹標記交換
non-specific pairing	非专一性配对	非專一性配對
nonsynonymous mutation	非同义突变	非同義突變
nontemplate strand	非模板链	非模板股
nontranscribed spacer	非转录间隔区	非轉錄間隙區
non-translated sequence	非翻译序列	非轉譯序列
non-translational region (=untranslated region)	非翻译区	非轉譯區，未轉譯區，不轉譯區
non-translational region of gene	基因非翻译区	基因非轉譯區
NOR (=nucleolar organizing region)	核仁组织区	核仁組織區
normal distribution	正态分布	常態分佈
normal extinction	常规灭绝	自然滅絕
normalized cDNA library	均一化 cDNA 文库，规范化 cDNA 文库	標準化 cDNA 基因庫，正規化 cDNA 文庫
normalized identity of gene	均一化基因一致度，规范化基因一致度	正規化基因一致性
normalizing selection	正态化选择，保常态选择	常態選擇
norm of reaction (=reaction norm)	反应规范	反應範圍
Northern blotting	RNA 印迹法	北方墨點法
Northwestern screen	RNA-蛋白质筛选	Northwestern 篩選
NPD (=non-parental ditype)	非亲双型，非亲二型	非親型二型，非親本雙型
NRE (=negative regulatory element)	负调控元件	負調控元件
N-terminal end	N 端，氨基端	N 端，氨基端
N-terminus (=N-terminal end)	N 端，氨基端	N 端，氨基端
nuclear cap	核帽	核蓋
nuclear dimorphism	核双型现象，核双型性	核的雙型性
nuclear disruption	核中裂	核中裂
nuclear division (=karyokinesis)	核分裂	核分裂
nuclear DNA	核 DNA	核 DNA
nuclear duplication	核复制	核複製
nuclear fragmentation	核碎裂	核斷裂
nuclear genome	核基因组	核基因體
nuclear intron	核内含子	核内含子

英　文　名	大　陆　名	台　湾　名
nuclear localization sequence (NLS)	核定位序列	核定位序列
nuclear matrix	核基质	核基質
nuclear membrane	核膜	核膜
nuclear phenotype	核表型	核表型
nuclear pore	核孔	核孔
nuclear pore complex	核孔复合体	核孔複合體, 核孔複合物
nuclear receptor	核受体	核受體
nuclear receptor family	核受体家族	核受體家族
nuclear RNA	核 RNA	核 RNA
nuclear run-off assay	核内流量测定	核內流量測定
nuclear segregation	核分离现象	核分離
nuclear sex	核性别	核性別
nuclear sexing	核性别鉴定	核性別鑑定
nuclear transplantation	核移植	核移殖
nuclease	核酸酶	核酸酶
nuclease mapping	核酸酶作图	核酸酶定位
nucleation site	成核位置	成核位置
nucleic acid	核酸	核酸
nucleic acid chip	核酸芯片	核酸晶片
nucleic acid hybridization	核酸分子杂交	核酸[分子]雜交
nucleic acid probe	核酸探针	核酸探針
nucleic acid sequence analysis	核酸序列分析	核酸序列分析
nuclein	核素	核素
nucleo-cytoplasmic hybrid cell	核质杂种细胞	核質雜種細胞
nucleo-cytoplasmic incompatibility	核质不亲和性	核質不親和性
nucleo-cytoplasmic interaction	核质相互作用	核質相互作用
nucleo-cytoplasmic ratio	核质比	核質比[率]
nucleohistone	核酸组蛋白	核組織蛋白
nucleoid	拟核, 类核	擬核, 核心
nucleolar DNA	核仁 DNA	核仁 DNA
nucleolar organizing region (NOR)	核仁组织区	核仁組織區
nucleolar ribonucleoprotein particle	核仁核糖核蛋白颗粒	核仁核糖核酸蛋白粒子
nucleolus	核仁	核仁
nucleolus associated chromatin	核仁旁染色质	核仁旁染色質
nucleolus organizer	核仁组织者	核仁組成者
nucleolus organizing region (=nucleolar	核仁组织区	核仁組織區

英　文　名	大　陆　名	台　湾　名
organizing region)		
nucleoplasm	核质	核質
nucleosome	核小体	核小體，染色質單體
nucleosome core	核小体核心	核小體核心
nucleosome core particle	核小体核心颗粒	核小體核心顆粒
nucleosome phasing	核小体分相	核小體分相
nucleotide	核苷酸	核苷酸
nucleotide deletion	核苷酸缺失	核苷酸缺失
nucleotide excision repair（NER）	核苷酸切除修复	核苷酸切除修復
nucleotide insertion	核苷酸插入	核苷酸插入
nucleotide inversion	核苷酸倒位	核苷酸倒位
nucleotide pair	核苷酸对	核苷酸對
nucleotide-pair substitution	核苷酸对置换	核苷酸對取代
nucleotide replacement（=nucleotide sub-stitution）	核苷酸置换	核苷酸取代
nucleotide substitution	核苷酸置换	核苷酸取代
nucleotide transversion	核苷酸颠换	核苷酸置換
null allele	无效等位基因	無效對偶基因
null DNA	无效 DNA	無效 DNA
nulliplex	无显性组合	無顯性組合
nulliploid	缺倍体	缺倍體
nullisome	缺对[染色体]生物	缺對生物
nullisomic	缺体	缺對體，缺對染色體[的]
nullisomic haploid	缺体单倍体	缺對單倍體
nullisomy	缺对性	缺對性
nulli-tetra compensation	缺体四体补偿现象	缺對四體補償現象
nullizygote	无效纯合子	無效同型合子
null mutation	无效突变	無效突變
numerator relationship matrix	分子亲缘矩阵	分子親緣矩陣

O

英　文　名	大　陆　名	台　湾　名
OA-PCR（=one-armed PCR）	单臂 PCR	單臂 PCR
objective trait（=target trait）	目标性状	標的性狀
ochre codon	赭石密码子	赭石型密碼子
ochre mutation	赭石突变	赭石型突變

英　文　名	大　陆　名	台　湾　名
ochre suppressor	赭石阻抑基因	赭石型抑制基因
octermer element	八聚核苷酸元件	八聚核苷酸元件
octoploid	八倍体	八倍體
ODN（=oligodeoxynucleotide）	寡脱氧核苷酸	寡[聚]去氧核苷酸
odontoblast	成牙本质细胞	成牙質細胞
Okazaki fragment	冈崎片段	岡崎片段
OLA（=oligonucleotide ligation assay）	寡核苷酸连接测定，寡核苷酸连接分析	寡核苷酸連接測定法
oligodendrocyte	少突胶质细胞	少突神經膠質細胞
oligodeoxynucleotide（ODN）	寡脱氧核苷酸	寡[聚]去氧核苷酸
oligogene	寡基因	寡基因
oligonucleotide	寡核苷酸	寡[聚]核苷酸
oligonucleotide-directed mutagenesis	寡核苷酸定点诱变[作用]	寡核苷酸定點突變
oligonucleotide ligation assay（OLA）	寡核苷酸连接测定，寡核苷酸连接分析	寡核苷酸連接測定法
oligonucleotide mutagenesis	寡核苷酸诱变	寡核苷酸誘變
oligonucleotide probe	寡核苷酸探针	寡核苷酸探針
oncogene	癌基因	致癌基因
oncogene activation	癌基因激活	致癌基因活化
oncornavirus	致癌 RNA 病毒	致癌 RNA 病毒
one-armed PCR（OA-PCR）	单臂 PCR	單臂 PCR
one-gene one-enzyme hypothesis	一基因一酶假说	一基因一酶假說，單基因單酶假說
one-gene one-enzyme model	一基因一酶模型	一基因一酶模型
one-gene one-polypeptide hypothesis	一基因一多肽假说	一基因一多胜肽鏈假說
one-operon one-messenger hypothesis	一操纵子一信使假说	一操縱子一資訊假說，一操縱子一信息假說
one-plane theory of chiasma	交叉单面说	交叉單面說
ontogenesis（=ontogeny）	个体发生，个体发育	個體發生
ontogeny	个体发生，个体发育	個體發生
oogamy	卵式生殖，卵配	異配生殖
oogenesis	卵子发生	卵生成，卵子發生
oogonium	卵原细胞	卵原細胞
oosperm（=fertilized ovum）	受精卵	受精卵
opal codon	乳白密码子	乳白密碼子

英　文　名	大　陆　名	台　湾　名
opal mutation	乳白型突变	乳白型突變
open circle	开环	開環
open reading frame (ORF)	可读框	開放讀碼區
operator	操纵基因	操縱基因
operator constitutive mutation	操纵基因组成突变	操縱基因組成突變
operator gene (=operator)	操纵基因	操縱基因
operator zero mutation	操纵基因零点突变	操縱基因零點突變
operon	操纵子	操縱子
operon fusion	操纵子融合	操縱子融合
operon network	操纵子网	操縱子網
operon theory	操纵子学说	操縱子學說
oppositional allele	对立等位基因	對立對偶基因
optimum-model selection	最宜模型选择	最佳模式選擇
optimum selection	最宜选择	最佳選擇
optimum selection index	最宜选择指数	最佳選擇指數
ORC (=origin recognition complex)	复制起始识别复合体，起始点识别复合体	起點辨識複合物
ordered tetrad	顺序四分子	順序四分子
ordered tetrad analysis	顺序四分子分析	順序四分子分析
ORF (=open reading frame)	可读框	開放讀碼區
organelle	细胞器	[細胞]胞器
organelle DNA	细胞器 DNA	[細胞]胞器 DNA
organelle genetics	细胞器遗传学	胞器遺傳學
organelle genome	细胞器基因组	胞器基因體
organelle plasmid	细胞器质粒	胞器質體
organizer	组织者	組織者
organogenesis	器官发生	器官發生
orientation	定向	定向
η orientation (=eta orientation)	η 取向	η 取向
μ orientation (=mu orientation)	μ 取向	μ 取向
oriented meiotic division	定向减数分裂	定向減數分裂
origin of replication	复制起点	複製起點
origin of species	物种起源	物種起源
origin recognition complex (ORC)	复制起始识别复合体，起始点识别复合体	起點辨識複合物
orphan gene	孤独基因	孤生基因
orphon (=orphan gene)	孤独基因	孤生基因
orthogenesis	直生说，定向进化	直系發生，定向演化

英　文　名	大　陆　名	台　湾　名
		[學說]，直生論
orthologous gene	种间同源基因，直系同源基因	異物種同源基因
orthologous sequence	种间同源序列	異物種同源序列
orthology	种间同源，直向同源	異物種同源
orthoselection	定向选择，正选择	定向選擇，直向選擇，正選擇
ossification	骨化，成骨	骨化作用
osteoblast	成骨细胞	骨原細胞，成骨細胞
osteoclast	破骨细胞	破骨細胞
osteocyte	骨细胞	骨細胞
osteogenesis	骨发生	骨質生成
outbreeding	远交	異系交配，異交，遠親雜交
outcross	异型杂交	異型雜交
overdominance	超显性	超顯性
overdominance hypothesis	超显性假说	超顯性假說
overdominant gene	超显性基因	超顯性基因
overexpression	超表达	過度表達
overlapping cloning map	克隆叠连群图，克隆重叠图谱	選殖重疊圖
overlapping gene	重叠基因	重疊基因
overlapping generation	重叠世代	重疊世代
overlapping set of cloning	重叠克隆群	重疊選殖群
ovum	卵	卵

P

英　文　名	大　陆　名	台　湾　名
P（=promoter）	启动子	啟動子，發動子，促進子
PAC（=phage artificial chromosome）	噬菌体人工染色体	噬菌體人工染色體
pachynema（=pachytene）	粗线期	粗絲期
pachytene	粗线期	粗絲期
package defective mutant	包装缺陷突变体	包裝缺陷突變種
packaging cell line	包装细胞株	包裝細胞株
packaging ratio	包装率，包装比	[DNA]包裝係數
packaging signal	包装信号	包裝訊號

英　文　名	大　陆　名	台　湾　名
packing extract	包装抽提物	包裝萃取物
packing ratio (=packaging ratio)	包装率，包装比	[DNA]包裝係數
padlock probe	挂锁探针	掛鎖探針
paedogamy	幼体配合	幼體配合，幼體結合
paedogenesis	幼体生殖	幼體生殖
PAGE (=polyacrylamide gel electrophoresis)	聚丙烯酰胺凝胶电泳	聚丙烯醯胺凝膠電泳
paired box (Pax)	配对框	配對框
paired sib method	同胞对照法	同胞對照法，同胞對聯法
pairing	配对	配對
pair-rule gene	成对规则基因	配對法則基因
palindrome	回文序列，回文对称	迴文[序列]，旋轉對稱序列
palindromic sequence (=palindrome)	回文序列，回文对称	迴文[序列]，旋轉對稱序列
panmixis (=random mating)	①随机交配　②随机婚配	①隨機交配，逢機交配　②隨機婚配
paracentric inversion	臂内倒位	臂內倒位
parachromatin	副染色质	副染色質
paracodon	副密码子	副密碼子
parallel evolution	平行进化	平行演化
paralogous chromosome segment	平行进化同源染色体片段	平行演化同源染色體片段
paralogous gene	种内同源基因，旁系同源基因	同種同源基因
paralogous sequence	种内同源序列	同種同源序列
paralogs (=paralogous gene)	种内同源基因，旁系同源基因	同種同源基因
paralogy	种内同源	同種同源
paramutation	副突变	副突變
paranemic coiling	平行螺旋	平行螺旋
paranemic spiral (=paranemic coiling)	平行螺旋	平行螺旋
parapatric speciation	邻域物种形成，邻地物种形成	鄰域種化
paraphyletic group	并系群	並系群
parasegment	副体节	擬體節，副體節
parasexuality	准性生殖	擬有性生殖，準性生殖

英　文　名	大　陆　名	台　湾　名
paraxial mesoderm	轴旁中胚层	軸旁中胚層
parental combination	亲本组合	親代組合
parental ditype（PD）	亲代双型，亲二型	親型二型，親本雙型
parental ditype tetrad	亲代双型四分子，亲二型四分子	親型二型四分子
parental generation	亲代	親代
parental imprinting	亲本印记	親代印痕，親本印痕
parietal mesoderm（=somatic mesoderm）	体壁中胚层	體壁中胚層
parsimony	简约法	高度節省原理，最簡約原則
parsimony principle（=parsimony）	简约法	高度節省原理，最簡約原則
parthenogenesis	孤雌生殖，单性生殖	孤雌生殖，單性生殖
partial digestion	不完全酶切	不完全酶切
partial diploid	部分二倍体	部份二倍體
partial redundancy	部分丰余，部分冗余	部份冗餘，部份豐餘
particulate inheritance	颗粒遗传	顆粒遺傳
PAS（=primosome assembly site）	引发体组装位点	引發體組裝位點
PASA（=PCR amplification of specific allele）	特定等位基因 PCR 扩增	特定對偶基因 PCR 放大，特定對偶基因 PCR 增量法
passenger DNA	过客 DNA	過客 DNA
passive transposition	被动转座	被動轉位
Patau syndrome（=trisomy 13 syndrome）	13 三体综合征	13-三體綜合症，13-三體症候群
patch recombination	补丁型重组	補丁型重組
paternal age effect	父体年龄效应	父親年齡效應
paternal effect gene	父体效应基因	父體效應基因
paternal inheritance	父性遗传，父系遗传	父系遺傳
paternal sex ratio	父系性比	父系性比
paternity	亲子关系	親子關係
paternity test	亲权认定	親子鑑定
path analysis	通径分析	通徑分析
path coefficient	通径系数	通徑係數
pathogenetics	病理遗传学	病理遺傳學
pathway of selection	选择途径	選擇途徑
pathway of transmission	传递途径	傳遞途徑
patroclinal inheritance	偏父遗传	偏父遺傳

英 文 名	大 陆 名	台 湾 名
patrogenesis	孤雄生殖，雄核发育，单雄生殖	雄性生殖，孤雄生殖
pattern formation	图式形成	模型結構，模式形成
pauperization	杂交弱势	雜種減勢
Pax (=paired box)	配对框	配對框
PCC (=prematurely condensed chromosome)	超前凝聚染色体	早熟凝集染色體，過早染色體濃縮
PCR (=polymerase chain reaction)	聚合酶链[式]反应	聚合酶連鎖反應
PCR amplification of specific allele (PASA)	特定等位基因 PCR 扩增	特定對偶基因 PCR 放大，特定對偶基因 PCR 增量法
PCR mutagenesis	PCR 诱变	PCR 誘變
PCR products cloning	PCR 产物克隆	PCR 產物選殖
PD (=parental ditype)	亲代双型，亲二型	親型二型，親本雙型
pedigree	系谱，家谱	譜系
pedigree analysis	系谱分析，家谱分析	譜系分析
pedigree diagram	系谱图	系譜圖
P element	P 因子	P 因子
P element mutagenesis	P 因子诱变	P 因子誘變
penetrance	外显率	外顯率
penicillin enrichment technique	青霉素富集法	青黴素增殖法
α-peptide (=alpha peptide)	α 肽	α 肽
pericentric inversion	臂间倒位	臂間倒位
permanent environmental effect	永久性环境效应	永久性環境效應
permanent hybrid	永久杂种	永久雜種
permissive cell	允许细胞	許可細胞
permissive condition	允许条件	許可條件
permissive mutation	允许突变	許可突變
persisting modification	持续饰变	持續飾變
PFGE (=pulsed field gel electrophoresis)	脉冲电场凝胶电泳	脈衝電場凝膠電泳
phage (=bacteriophage)	噬菌体	噬菌體
λ phage	λ 噬菌体	λ 噬菌體
phage artificial chromosome (PAC)	噬菌体人工染色体	噬菌體人工染色體
phage display	噬菌体展示	噬菌體展示
phage display library	噬菌体展示文库	噬菌體展示文庫
phagemid (=phasmid)	噬[菌]粒	噬質體
pharmacogenetics	药物遗传学	藥理遺傳學
pharmacogenomics	药物基因组学	藥理基因體學

英　文　名	大　陆　名	台　湾　名
phasmid	噬[菌]粒	噬質體
Ph chromosome（=Philadelphia chromosome）	费城染色体	費城染色體
phenetics	表型系统学	表徵系統學
phenocopy	拟表型	擬表型
phenomics	表型组学	表型組學
phenon	同型种	同型種
phenotype	表型	表[現]型
phenotype distribution	表型分布	表型分佈
phenotype mapping	表型作图，表型定位[法]	表型定位
phenotypic assortative mating	表型选型交配，表型同型交配	表型同型交配
phenotypic correlation	表型相关	表型相關
phenotypic disassortative mating	表型异型交配	表型異型交配
phenotypic expression	表型表达	表型表達
phenotypic lag	表型延迟	表型遲滯，表現延遲
phenotypic masking	表型伪饰	表型偽飾
phenotypic mixing	表型混杂	表型混雜
phenotypic plasticity	表型可塑性	表型可塑性
phenotypic selection differential	表型选择差	表型選擇差異
phenotypic stability	表型稳定性	表型穩定性
phenotypic value	表型值	表型值
phenotypic variance	表型方差	表型變方
phenylketonuria（PKU）	苯丙酮尿症	苯酮尿症
phenylthiocarbamide testing	苯硫脲[尝味]试验	苯硫碳醯胺測試
Philadelphia chromosome（Ph chromosome）	费城染色体	費城染色體
photoreactivation repair	光复活修复	光致活化修復
phyletic evolution	种系进化	線系演化，種系演化
phylogenesis（=phylogeny）	系统发生，种系发生	系統發生
phylogenetics	系统发生学	系統發生學
phylogenetic tree	[进化]系统树	系統樹
phylogeny	系统发生，种系发生	系統發生
phylogeography	系统发生生物地理学，系统地理学	親緣地理學
physical map	物理图	物理圖
physical mapping	物理作图	物理定位

英　文　名	大　陆　名	台　湾　名
physical selection	物埋选择	物理選擇
physiological genetics	生理遗传学	生理遺傳學
physiome	生理[基因]组	生理基因體
PIC(=①preinitiation complex　②polymorphism information content)	①前起始复合体　②多态信息含量	①前起始複合體　②多態信息含量
pilot protein	[噬菌体]先导蛋白	先導蛋白質
PKU(=phenylketonuria)	苯丙酮尿症	苯酮尿症
plant genetics	植物遗传学	植物遺傳學
plaque	噬[菌]斑	噬菌斑，溶菌斑
plaque hybridization	噬[菌]斑杂交	噬菌斑雜交
plasma cell	浆细胞	漿細胞
plasma gene	[细]胞质基因	[細]胞質基因
plasmid	质粒	質體
plasmid cloning vector	质粒克隆载体	質體選殖載體
plasmid incompatibility	质粒不相容性，质粒不亲和性	質體不相容性，質體不親合性
plasmid mobilization	质粒迁移作用	質體遷移作用
plasmid partition	质粒分配	質體分配
plasmid phenotype	质粒表型	質體表型
plasmid replication	质粒复制	質體複製，絲噬體複製
plasmid rescue	质粒获救，质粒拯救	質體救援
plasmogamy	质配，胞质融合	胞質配合
plasmon	[细]胞质基因组	卵胞體漿遺傳因子，細胞質基因
plastid DNA	质体 DNA	質體 DNA
plastid inheritance	质体遗传	質體遺傳
plastidome	质体系	質體系
plastogene	质体基因	質體基因
plectonemic coil	相缠螺旋	相纏螺旋
pleiotropic gene	多效基因	多效基因
pleiotropism(=pleiotropy)	多效性	基因多效性
pleiotropy	多效性	基因多效性
plesiomorphy	祖征	祖徵
ploidy	倍性	倍數性
pluripotency	多能性	多能性
plus and minus screening	正负筛选法	正負篩檢法
plus strand(=positive strand)	正链	正股
plus strand DNA	正链 DNA	正股 DNA

英　文　名	大　陆　名	台　湾　名
PNS（=positive-negative selection）	正负双向选择	正負篩選
poikiloploid	混合多倍体	混合多倍體
point mutation	点突变	點突變
Poland sequence	波伦序列	波倫氏序列
polar body	极体	極體
polar cap	极帽	極帽
polarity mutant	极性突变体，极性突变型	極性突變型，極性突變體
polarity mutation	极性突变	極性突變
polaron	极化子	極化子
pole cell	极细胞	極細胞
poly（A）（=polyadenylic acid）	多腺苷酸	多腺苷酸，聚腺苷酸
poly（A）addition signal（=polyadenylation signal）	多腺苷酸化信号，加 A 信号	多腺苷酸化訊號
polyacrylamide gel	聚丙烯酰胺凝胶	聚丙烯醯胺凝膠
polyacrylamide gel electrophoresis（PAGE）	聚丙烯酰胺凝胶电泳	聚丙烯醯胺凝膠電泳
polyadenylate polymerase	多腺苷酸聚合酶	多腺苷酸化聚合酶
polyadenylation	多腺苷酸化[作用]	多腺苷酸化
polyadenylation signal	多腺苷酸化信号，加 A 信号	多腺苷酸化訊號
polyadenylic acid	多腺苷酸	多腺苷酸，聚腺苷酸
polyallele-cross	多列杂交	多對偶基因雜交
polyandry	一雌多雄，多雄性	多雄性
poly（A）polymerase（=polyadenylate polymerase）	多腺苷酸聚合酶	多腺苷酸化聚合酶
poly（A）tail	多腺苷酸尾	多腺苷酸尾巴
polycentric chromosome	多着丝粒染色体	多著絲點染色體
polycentromere	多着丝粒	多著絲粒，多中節
polychronism	多次起源说	多次起源說
polycistron	多顺反子	多順反子
polycistronic mRNA	多顺反子 mRNA	多順反子 mRNA
polyembryony	多胚性	多胚現象，多胚性
polygene	多基因	多基因
polygene hypothesis	多基因假说	多基因假說
polygene mixed inheritance	多基因混合遗传	多基因混合遺傳
polygenic disease	多基因病	多基因病
polygenic system	多基因系统	多基因系統

英　文　名	大　陆　名	台　湾　名
polygenic theory	多基因学说	多基因學說
polygenism	多源发生说，多祖论	多元發生說
polygyny	一雄多雌，多雌性	多雌現象，多雌性
polyhaploid	多元单倍体	多倍單倍體
polylinker	多接头	多接頭
polymerase	聚合酶	聚合酶
polymerase chain reaction（PCR）	聚合酶链[式]反应	聚合酶連鎖反應
polymeric gene	等效异位基因	等效異位基因
polymerization	聚合作用	聚合作用
polymorphic index	多态指数	多態指數
polymorphic locus	多态基因座	多型基因座，多型位點
polymorphic marker	多态性标记	多態性標記
polymorphism	多态性，多态现象	多態性，多型性
polymorphism information content（PIC）	多态信息含量	多態信息含量
polynucleotide	多核苷酸	多核苷酸
polynucleotide kinase	多核苷酸激酶	多核苷酸激酶
polyphyly	复系，多系	複系群，多系
polyploid	多倍体	多倍體
polyploidy	多倍性	多倍性
polysome	多核糖体	多核糖體，多核醣體
polysomic inheritance	多体遗传	多染色體遺傳
polysomy	多体性	多體性
polyspermy	多精入卵	多精入卵
polytene chromosome（=polytenic chromosome）	多线染色体	多線染色體，多絲染色體
polytene stage	多线期	多線期，多絲期
polytenic chromosome	多线染色体	多線染色體，多絲染色體
polytypism	多型现象	多型現象
population	群体	群體，族群，種群
population cytogenetics	群体细胞遗传学	族群細胞遺傳學，種群細胞遺傳學
population dynamics	群体动态	族群動態，種群動態
population genetics	群体遗传学	群體遺傳學，族群遺傳學，種群遺傳學
population parameter	总体参数	總體參數
porphyria	卟啉症	紫質症
positional candidate cloning	定位候选克隆	定位預測選殖

英　文　名	大　陆　名	台　湾　名
positional cloning	定位克隆	定位選殖
positional information	位置信息	位置信息
positional value	位置值	位置值
position effect	位置效应	位置效應
positioning factor	定位因子	定位因子
positive assortative mating	同型交配，正选型交配	正選型交配
positive control	正控制	正控制
positive control element	正控制元件	正控制元件
positive correlation	正相关	正相關
positive effector	正效应物	正效應物
positive heteropycnosis	正异固缩	正向異固縮，正異常凝縮
positive interference	正干涉	正干擾
positive-negative selection（PNS）	正负双向选择	正負篩選
positive regulation	正调节	正調控
positive regulator	正调节物	正調節因子，正調節者
positive regulatory element（PRE）	正调节元件	正調控元件
positive strand	正链	正股
positive supercoil	正超螺旋	正超螺旋
posterior marginal zone	后缘区	後緣區
posterior probability	后验概率	後概率
postmeiotic division	后减数分裂	減數後分裂
postmeiotic fusion	减数[分裂]后融合	減數後融合
postmeiotic segregation	减数后分离	減數後分離
post-replication repair	复制后修复	複製後修復
post-replicative mismatch repair	复制后错配修复	複製後錯配修復
postsplit aberration	分裂后异常	分裂後異常
postsynthetic gap$_2$ period（=postsynthetic phase）	合成后期，G$_2$ 期	合成後期
postsynthetic phase	合成后期，G$_2$ 期	合成後期
post-transcriptional control	转录后控制	轉錄後調控，轉錄後控制
post-transcriptional gene silence（PTGS）	转录后基因沉默	轉錄後基因默化
post-transcriptional maturation	转录后成熟	轉錄後成熟
post-transcriptional processing	转录后加工	轉錄後加工
post-transcriptional regulation	转录后调节	轉錄後調控
post-translational cleavage	翻译后切割	轉譯後切割
post-translational import	翻译后输入	轉譯後輸入

英　文　名	大　陆　名	台　湾　名
post-translational modification	翻译后修饰	轉譯後修飾
post-translational processing	翻译后加工	轉譯後加工
post-translational transport	翻译后转运	轉譯後傳遞
postzygotic isolation	合子后隔离	合子後隔離
potency	潜能	潛能
P1 phage	P1 噬菌体	P1 噬菌體
P1 phage artificial chromosome	P1 噬菌体人工染色体	P1 噬菌體人工染色體
P protein	P 蛋白	P 蛋白
PRE（=positive regulatory element）	正调节元件	正調控元件
preadaptation	前适应	預先適應
precise excision	精确切离	精確切離
precision	精确性	精確性
precocious division	过早分裂	過早分裂
precocity theory	先熟说	先熟說
precursor mRNA（=pre-messenger RNA）	前信使 RNA，前［体］mRNA	前信使 RNA，前 mRNA，信息前 RNA
precursor RNA	前体 RNA，RNA 先驱物	RNA 先驅物
precursor rRNA（=pre-ribosomal RNA）	前核糖体 RNA，前［体］rRNA	前核醣體 RNA，前 rRNA
predetermination	预决定	前決定
predicted gene	预测基因	預測基因
predivision	前分裂	前分裂
preferential segregation	优先分离，偏向分离	優先分離，偏向分離
preformation theory	先成说，先成论	先成說
pregenome	前基因组	前基因體
pregenomic mRNA	前基因组 mRNA	前基因體 mRNA
preinitiation complex（PIC）	前起始复合体	前起始複合體
premature chromosome condensation（=prematurely condensed chromosome）	超前凝聚染色体	早熟凝集染色體，過早染色體濃縮
prematurely condensed chromosome（PCC）	超前凝聚染色体	早熟凝集染色體，過早染色體濃縮
premature senility（=progeria）	早老症	早老症
premature transcription termination	转录提前终止	轉錄提前終止
premeiotic mitosis	成熟前有丝分裂	減數分裂前有絲分裂
pre-messenger RNA（pre-mRNA）	前信使 RNA，前［体］mRNA	前信使 RNA，前 mRNA，信息前 RNA
pre-mRNA（=pre-messenger RNA）	前信使 RNA，前［体］	前信使 RNA，前 mRNA，

英　文　名	大　陆　名	台　湾　名
	mRNA	信息前 RNA
premutation	前突变	前突變
prenatal diagnosis (=antenatal diagnosis)	产前诊断	產前診斷
prepotency	优先遗传	優勢遺傳
preprimosome	引发体前体，预引发体	引發前體
prereductional division	前减数分裂	前減數分裂
pre-ribosomal RNA (pre-rRNA)	前核糖体 RNA，前 [体]rRNA	前核醣體 RNA，前 rRNA
pre-rRNA (=pre-ribosomal RNA)	前核糖体 RNA，前 [体]rRNA	前核醣體 RNA，前 rRNA
prespliceosome	剪接前体，前剪接体	前剪接體
presynapsis	前联会	前聯會
presynthetic gap₁ period (=presynthetic 　phase)	合成前期，G₁ 期	合成前期
presynthetic phase	合成前期，G₁ 期	合成前期
pre-transfer RNA	前转移 RNA	運轉前 RNA
prezygotic isolation	合子前隔离，生殖前隔 离	生殖前隔離
Pribnow box	普里布诺框	普里布諾區
primary constriction	主缢痕，初缢痕	初[級]缢痕
primary oocyte	初级卵母细胞	初級卵母細胞
primary sex ratio	初级性比	初級性比
primary spermatocyte	初级精母细胞	初級精母細胞
primary transcript	初级转录物	原始轉錄物
primase	引发酶	引發酶
primer	引物	引子
primer extension	引物延伸	引子延伸
primer RNA	引物 RNA	引子 RNA
primer walking	引物步查，引物步移	引子步移
priming strategy	引发策略	引發策略
primitive cell (=archeocyte)	原始细胞，祖细胞	原始細胞，祖細胞
primitive groove	原沟	原溝
primitive knot	原结	原節
primitive node (=primitive knot)	原结	原節
primitive streak	原条	原條
primordial germ cell	原始生殖细胞	原始生殖細胞
primosome	引发体	引發體
primosome assembly site (PAS)	引发体组装位点	引發體組裝位點

英　文　名	大　陆　名	台　湾　名
prion	普里昂，朊病毒，蛋白感染粒	病原性蛋白顆粒，普里昂蛋白
prior probability	先验概率，前概率	前概率
proband (=propositus)	先证者	先證者，原發病患
probe	探针	探針
processed pseudogene	已加工假基因	已加工的偽基因，已修飾的偽基因
processing	加工	加工
processing protease	加工蛋白酶	加工蛋白酶
processing signal	加工信号	加工訊號
proerythroblast	原红细胞	原紅細胞
progenote	原生命	原生命
progeny	后代	後代，後裔
progeny testing	后代测验	後代測驗，後代檢測，後裔測驗
progeria	早老症	早老症
programmed cell death	程序性细胞死亡	程序性細胞死亡
programmed misreading	程序性错读	程序性錯讀
programmed mutation	程序性突变	程序性突變
progressive evolution	渐进式进化	漸進式演化
prokaryocyte (=prokaryotic cell)	原核细胞	原核細胞
prokaryon (=pronucleus)	原核	原核
prokaryote	原核生物	原核生物
prokaryotic cell	原核细胞	原核細胞
prokaryotic gene	原核基因	原核基因
promiscuous plasmid	泛主质粒	泛主質體
promoter (P)	启动子	啟動子，發動子，促進子
promoter accessibility	启动子可及性	啟動子可及性
promoter clearance	启动子清除	啟動子清除
promoter damping	启动子减弱[作用]	啟動子減弱作用
promoter element	启动子元件	啟動子元件
promoter mutation	启动子突变	啟動子突變
promoter occulsion	启动子封堵	啟動子封堵
promoter-proximal element	启动子近侧元件	啟動子近側元件
promoter-proximal sequence	启动子近侧序列	啟動子近側序列
promoter-proximal transcript	启动子近侧转录物，近启动子转录物	啟動子近側轉錄物

英　文　名	大　陆　名	台　湾　名
promoter suppression	启动子阻抑，启动子抑制	啟動子抑制
promoter trap	启动子捕获	啟動子捕捉，啟動子捕獲
pronucleus	原核	原核
proofreading	校正，校读	校讀
prophage	原噬菌体	前噬菌體
prophase	前期	前期
propositus	先证者	先證者，原發病患
protease	蛋白[水解]酶	蛋白酶
protein	蛋白质	蛋白質
proteinaceous infectious particle（=prion）	普里昂，朊病毒，蛋白感染粒	病原性蛋白顆粒，普里昂蛋白
protein-nucleic acid interaction	蛋白质-核酸相互作用	蛋白質-核酸交互作用
proteinoid	类蛋白质	類蛋白質
protelomere	原端粒	原端粒
proteome	蛋白质组	蛋白質體
proteomics	蛋白质组学	蛋白質體學
protogene	原基因	原基因
proto-oncogene	原癌基因	原癌基因
protoplast	原生质体	原生質體
protoplast fusion	原生质体融合	原生質體融合
prototroph	原养型	原養型
protruding terminus	突出末端	突出末端
provirus	原病毒，前病毒	前病毒
proximal region	近侧区	近端區
proximal sequence element（PSE）	近侧序列元件，近端序列元件	近侧序列元件
proximate interaction	邻近相互作用	鄰近交互作用
PSE（=proximal sequence element）	近侧序列元件，近端序列元件	近侧序列元件
pseudoallele	拟等位基因	擬對偶基因，偽等位基因
pseudoautosomal inheritance	假染色体遗传	假染色體遺傳
pseudoautosomal region	假常染色体区	假常染色體區
pseudoautosomal segment	假常染色体区段，拟常染色体区段	假常染色體區段
pseudobivalent	假二价体	假二價體

英　文　名	大　陆　名	台　湾　名
pseudodicentric chromosome	假双着丝粒染色体	假雙著絲點染色體
pseudodiploid	假二倍体	假二倍體，偽二倍體
pseudodominance	假显性，拟显性	擬顯性，偽顯性
pseudogene	假基因，拟基因	偽基因
pseudohaploid	假单倍体	偽單倍體
pseudo-hermaphroditism	假两性同体，假两性畸形	假兩性畸形
pseudoisochromosome	假同臂染色体	假同臂染色體
pseudolinkage	假连锁	假連鎖，偽連鎖
pseudomultivalent	假多价体	偽多價體
pseudo-overdominant	假超显性	假超顯性
pseudopolarity	假极性	假極性
pseudopolyploid	假多倍体	假多倍體，擬多倍體
pseudopregnancy	假孕	假懷孕
pseudoreversion	拟回复突变	擬回復突變
pseudovirus	假病毒	假病毒，偽病毒
P site	P 位点	P 位點
5p syndrome (=cri du chat syndrome)	猫叫综合征	貓叫綜合症，貓哭症
PTGS (=post-transcriptional gene silence)	转录后基因沉默	轉錄後基因默化
puff zone	[唾腺染色体]疏松区	疏鬆區
pulsed field gel electrophoresis (PFGE)	脉冲电场凝胶电泳	脈衝電場凝膠電泳
punctuated equilibrium	间断平衡	間斷平衡，中斷平衡
punctuated equilibrium theory	间断平衡说，中断平衡进化说	中斷平衡演化說
Punnett square method	庞纳特方格法，棋盘法	龐尼特方格法
purebred (=pure breed)	纯种	純種
pure breed	纯种	純種
pure breeding	纯系繁育	純系繁育
pure line	纯系	純系
pure line theory	纯系[学]说，纯系理论	純系理論
pycnosis	固缩	固縮現象
pyknosis (=pycnosis)	固缩	固縮現象

Q

英　文　名	大　陆　名	台　湾　名
Q-band	Q 带	Q 帶
Q-banding	Q 显带	Q 顯帶

英　文　名	大　陆　名	台　湾　名
qRT-PCR（=quantitative reverse transcriptase-mediated PCR）	定量反转录 PCR	定量反轉錄 PCR
QTL（=quantitative trait locus）	数量性状基因座	數量性狀基因座
quadriplex	四显性组合	四顯性[基因]組合
quadrivalent	四价体	四價體
quadruple chromosome	四分染色体	四分染色體
quadruplex（=quadriplex）	四显性组合	四顯性[基因]組合
qualitative character	质量性状	質量性狀
qualitative trait（=qualitative character）	质量性状	質量性狀
quantitative character	数量性状	數量性狀
quantitative genetics	数量遗传学	數量遺傳學
quantitative inheritance	数量遗传	數量遺傳
quantitative reverse transcriptase-mediated PCR（qRT-PCR）	定量反转录 PCR	定量反轉錄 PCR
quantitative trait（=quantitative character）	数量性状	數量性狀
quantitative trait locus（QTL）	数量性状基因座	數量性狀基因座
quantum evolution	量子式进化	量子[式]演化,快速進化
quantum speciation	量子式物种形成,爆发式物种形成	量子式物種形成
quasibivalent	准二价体	擬二價體
quasidiploid	准二倍体	擬二倍體
quasidominance	准显性,类显性	類顯性
quasi-linkage	准连锁,拟连锁	類連鎖,擬連鎖
quasi-linkage equilibrium	准连锁不平衡,拟连锁不平衡	類連鎖不平衡,擬連鎖不平衡

R

英　文　名	大　陆　名	台　湾　名
RACE（=rapid amplification of cDNA end）	cDNA 末端快速扩增法	cDNA 端點快速增量法，cDNA 端點快速放大法
rachischisis（=spina bifida）	脊柱裂	脊柱裂
radiation genetics	辐射遗传学	輻射遺傳學
radiation hybrid（RH）	辐射杂种细胞	放射線雜合細胞
radiation hybrid cell line（RH cell line）	辐射杂种细胞系	放射線雜合細胞系
radiation hybrid map（RH map）	辐射杂种细胞图	放射線雜合細胞圖

英　文　名	大　陆　名	台　湾　名
radiation hybrid mapping	辐射杂种细胞作图	放射線雜合細胞定位
random assortment	随机分配	隨機分配
random drift	随机漂变	隨機漂變
random effect	随机效应	隨機效應
random fixation	随机固定	隨機固定，逢機固定
random fluctuation of selection coefficient intensity	选择系数强度随机波动	選擇系數強度之隨機波動
random genetic drift	随机遗传漂变	隨機遺傳漂變，逢機遺傳漂變
random integration	随机整合	隨機整合
randomly amplified polymorphic DNA（RAPD）	随机扩增多态性 DNA	隨機放大核酸多態性 DNA
random mating	①随机交配 ②随机婚配	①隨機交配，逢機交配 ②隨機婚配
random mating population	随机交配群体	隨機交配群體，逢機交配集團
random model	随机模型	隨機效應模型
random mutagenesis	随机诱变	隨機誘變
random primer	随机引物	隨意引子，隨機引子
random sample	随机取样	隨機取樣，逢機取樣
random variable	随机变量	隨機變量
RAPD（=randomly amplified polymorphic DNA）	随机扩增多态性 DNA	隨機放大核酸多態性 DNA
RAPD marker	RAPD 标记	隨機放大核酸多態性 DNA 標記
rapid amplification of cDNA end（RACE）	cDNA 末端快速扩增法	cDNA 端點快速增量法，cDNA 端點快速放大法
rapid lysis mutant	速溶突变体，速溶突变型	速溶突變種，速溶突變體
rate of amino acid substitution	氨基酸置换率	氨基酸取代[速]率
rate of gene substitution	基因置换率	基因取代[速]率
rate of mutation（=mutation rate）	突变率	突變率
R-band	R 带，反带	R 帶
RBS（=ribosome binding sequence）	核糖体结合序列	核糖體結合序列
RDA（=representational difference analysis）	差异显示分析，代表性差别分析	代表性差異分析
rDNA（=ribosomal DNA）	核糖体 DNA	核糖體 DNA

英　文　名	大　陆　名	台　湾　名
rDNA amplification	rDNA 扩增	rDNA 放大，rDNA 擴大作用
rDNA compensation	rDNA 补偿作用	rDNA 補償作用
reaction norm	反应规范	反應規範
reading	解读	解讀
reading frame	读框	讀碼區，閱讀框構
reading-frame displacement	读框移位	讀碼區移位，[閱讀]框構轉移
reading-frame mutation	读框突变	讀碼區突變，閱讀框構突變
reading-frame overlapping	读框重叠	讀碼區重疊
reading-frame shift (=reading-frame displacement)	读框移位	讀碼區移位，[閱讀]框構轉移
readthrough	连读，通读	通讀
readthrough mutation	连读突变	通讀突變
realized genetic correlation	实现遗传相关	實現遺傳相關
realized heritability	实现遗传率，实现遗传力	實現遺傳力
real-time fluorescence PCR	实时荧光[标记]PCR	實時螢光標定 PCR
reannealing	重退火	再黏合
rearrangement	重排	重排
reassociation kinetics	复性动力学	復性動力學
recapitulation	重演	重演
receptor	受体	受體
recessive (=recessiveness)	隐性	隱性
recessive character	隐性性状	隱性性狀
recessive epistasis	隐性上位	上位隱性
recessive gene	隐性基因	隱性基因
recessive lethal	隐性致死	隱性致死
recessiveness	隐性	隱性
reciprocal backcross	相互回交	相互回交
reciprocal chiasmata	相互交叉	相互交叉
reciprocal cross	反交	反交
reciprocal crosses	正反交	互交
reciprocal interchange	相互交换	相互交換
reciprocal translocation	相互易位	相互易位
recognition sequence	识别序列	識別序列
recognition site	识别位点	識別位點

英　文　名	大　陆　名	台　湾　名
recombinant	重组体	重組體
recombinant chromosome	重组染色体	重組染色體
recombinant DNA	重组 DNA	重組 DNA
recombinant DNA technology	重组 DNA 技术	重組 DNA 技術
recombinant gamete	重组体配子	重組體配子
recombinant plasmid	重组质粒	重組質體
recombinant protein	重组蛋白质	重組蛋白質
recombinant RNA	重组 RNA	重組 RNA
recombination	重组	重組
recombination aneusomy	重组异倍体	重組異倍體
recombination circle PCR	重组环 PCR	重組環 PCR
recombination error	重组错误	重組錯誤
recombination fraction	重组片段	重組片段
recombination frequency	重组[频]率	重組頻率
recombination intermediate	重组中间体	重組中間體
recombination nodule	重组结	重組節
recombination repair	重组修复	重組修復
recombination selection	重组选择	重組選擇
recombination signal sequence	重组信号序列	重組訊號序列
recombination stage	重组期	重組期
recombination system	重组系统	重組系統
recombination value	重组值	重組值
recon	重组子	重組子，交換子
recurrence risk	再现风险，复发风险	再現風險，重現機率
recurrent parent	轮回亲本，回归亲本	輪迴親本
redifferentiation	再分化	再分化
reduction division(=meiosis)	减数分裂	減數分裂
reduction division phase	减数分裂期	減數分裂期
reduction separation	减数分离	減數分離
redundant DNA	丰余 DNA，冗余 DNA	冗餘 DNA，豐餘 DNA
reference marker	参照标记	參照標記
regeneration	再生	再生
regional map	区域定位图	區域定位圖
regression analysis	回归分析	回歸分析
regression coefficient	回归系数	回歸係數
regression equation	回归方程	回歸方程
regressive evolution	退行演化	退行性演化

英　文　名	大　陆　名	台　湾　名
regressive species	退化种	退化種
regulator gene (=regulatory gene)	调节基因	調節基因
regulatory element	调节元件	調節元件
regulatory gene	调节基因	調節基因
regulatory site	调节位点	調節位點
regulon	调节子	調節子，調節元
reinitiation site	再起始位点	再起始位點
reiterated gene	重复基因	重複基因
rejuvenescence	复壮	復壯，回春
relational coiling	相关螺旋	相關螺旋
relationship coefficient	亲缘系数，血缘系数	親緣係數，血緣係數，近親係數
relative breeding value	相对育种值	相對孕種值
relative character	相对性状	相對性狀
relative frequency	相对频率	相對頻率
relative sexuality	相对性别	相對性別
relaxation of selection	选择松弛	選擇放鬆
relaxed circular DNA	松环 DNA	鬆環 DNA
relaxed control	松弛控制	放鬆控制
relaxed DNA	松弛 DNA	鬆弛 DNA
relaxed mutant	松弛型突变体	鬆弛型突變體，鬆弛型突變種
relaxed plasmid	松弛型质粒	鬆弛型質體
release factor	释放因子	釋放因子，釋放基因
renaturation	复性	復性
Renner effect	伦纳效应	倫納氏效應，雷納氏效應
Rensch rule	伦施法则	倫施法則
repair deficiency	修复缺陷	修復缺陷
repair difficiency syndrome	修复缺陷综合征	修復缺陷綜合症
repairosome	修复体	修復體
repair recombination	修复重组	修復重組
repair replication	修复复制	修復複製
repair synthesis	修复合成	修復合成
repeatability	重复率	重複率
repeated DNA (=repetitive DNA)	重复 DNA	重複 DNA
repeated sequence (=repetitive sequence)	重复序列	重複序列
repeat sequence length polymorphism	重复序列长度多态性	重複序列長度多態性

英　文　名	大　陆　名	台　湾　名
repetitive DNA	重复 DNA	重複 DNA
repetitive DNA sequence	重复 DNA 序列	重複 DNA 序列
repetitive sequence	重复序列	重複序列
replacement rate	替换率	替換率
replacement vector	置换型载体	置換型載體
replicase	复制酶	複製酶
replicating fork	复制叉	複製叉
replication	复制	複製
replication band	复制带	複製帶
replication banding	复制结合	複製結合
replication bubble	复制泡	複製泡
replication-deficient mutant	复制缺陷突变体	複製缺陷突變種，複製缺陷突變體
replication error（=copy error）	复制错误	複製錯誤
replication factor C（RFC）	复制因子 C	複製因子 C
replication fork（=replicating fork）	复制叉	複製叉
replication form	复制型	複製型
replication licensing factor	复制许可因子	複製許可因子
replication origin（=origin of replication）	复制起点	複製起點
replication protein A（RPA）	复制蛋白 A	複製蛋白 A
replication slippage（=replication slipping）	复制滑移，复制跳格	複製滑移，複製跳格
replication slipping	复制滑移，复制跳格	複製滑移，複製跳格
replication strategy	复制策略	複製策略
replication terminator protein（RTP）	复制终止蛋白	複製終止蛋白
replication time zone	复制时区	複製時區
replicative eye	复制眼	複製眼
replicative intermediate	复制中间体	複製中間體，複製中間物
replicative synthesis	复制合成	複製合成
replicative transposable element	复制性可转座因子	複製性可轉位因子
replicative transposition	复制型转座	複製轉位
replicative unit	复制单位	複製單位
replicator	复制因子	複製因子，複製基因
replicon	复制子	複製子
replisome	复制体	複製體
reporter gene	报道基因	報導基因，通訊基因
reporter vector	报道载体	報導載體
representational difference analysis（RDA）	差异显示分析，代表性	代表性差異分析

英　文　名	大　陆　名	台　湾　名
	差别分析	
repressible promoter	阻抑型启动子	抑制型啟動子
repression	阻遏	抑制
repressor	阻遏物	抑制[因]子，阻遏物，抑制物
repressor-operator interaction	阻遏蛋白-操纵基因相互作用	抑制[因]子-操縱子交互作用
reproduction isolating mechanism	生殖隔离机制	生殖隔離機制
reproduction isolation	生殖隔离	生殖隔離
reprogramming	重编程	重編程
repulsion phase	互斥相，反式相	互斥相
resident DNA	常居 DNA，居民 DNA	居民 DNA
residual value	剩余值	剩餘值
resistance plasmid（R plasmid）	R 质粒，抗性质粒	R 質體，抗藥質體
resistant gene	抗性基因	抗性基因
resistant mutation	抗性突变	抗性突變
resistant transfer factor（RTF）	抗性转移因子，R 因子	抗性轉移因子
resolvase	解离酶	分解酶，解離酶，分辨酶
resolvation site	解离位点	解離位點
response element	应答元件	反應元件
response element binding protein	应答元件结合蛋白	反應元件結合蛋白
restorer	恢复系	恢復系，回復系
restoring gene	育性恢复基因	恢復基因，修復性基因
restricted maximum likelihood	约束最大似然法	限制最大概度法，限制最大概似法，限制性最大似然法
restricted selection	约束选择	限制性選擇
restricted selection index	约束选择指数	限制性選擇指數
restricted transduction	局限[性]转导	限制性轉導
restriction allele	限制性等位基因	限制性對偶基因
restriction endonuclease	限制性内切核酸酶，限制酶	限制性核酸内切酶，限制酵素
restriction enzyme（=restriction endonuclease）	限制性内切核酸酶，限制酶	限制性核酸内切酶，限制酵素
restriction fragment	限制[性]片段	限制酶切割片段
restriction fragment length polymorphism（RFLP）	限制性片段长度多态性	限制性片段長度多型性

英　文　名	大　陆　名	台　湾　名
restriction landmark genomic scanning （RLGS）	限制性标记的基因组扫描	限制性地標基因體掃描
restriction map	限制[性酶切]图	限制圖
restriction-modification system	限制修饰系统	限制修飾系統
restriction site	限制[酶切]位点	限制位點
restrictive host	限制性宿主	限制性宿主
restrictive mutation	限制性突变	限制性突變
restrictive temperature	限制性温度	限制性溫度
retinoblastoma	视网膜母细胞瘤	視網膜母細胞瘤
retrieval system	挽回系统	修復系統，檢索系統
retriever vector	挽回载体	修正載體，檢索載體
retroelement	反转录因子，逆转录因子	反轉錄因子
retron	反转录子	反轉錄子
retroposition（=retrotransposition）	反转录转座[作用]	反轉錄轉位作用
retroposon（=retrotransposon）	反转录转座子，逆转座子	反轉錄子，逆轉位子
retropseudogene	反转录假基因	反轉錄偽基因
retroregulation	反向调节	反向調節
retrotransposition	反转录转座[作用]	反轉錄轉位作用
retrotransposon	反转录转座子，逆转座子	反轉錄子，逆轉位子
retrovirus	反转录病毒，逆转录病毒	反轉錄病毒
reunion	[断裂]重接	重接
reverse band（=R-band）	R 带，反带	R 帶
reverse genetics	反求遗传学，替代遗传学	反向遺傳學，反轉遺傳學
reverse hybridization	反向分子杂交	反向分子雜交
reverse loop pairing	反环配对	反環配對
reverse mutation（=back mutation）	回复突变，反突变	回復突變
reverse splicing	反向剪接，逆剪接	反向剪接
reverse transcriptase	反转录酶，逆转录酶	反轉錄酶，逆轉錄酶
reverse transcription	反转录，逆转录	反轉錄，逆轉錄
reverse transcription PCR（RT-PCR）	反转录 PCR	反轉錄 PCR
reversible mutant（=revertant）	回复[突变]体	回復突變種，回復突變體
reversion（=back mutation）	回复突变，反突变	回復突變

英　文　名	大　陆　名	台　湾　名
revertant	回复[突变]体	回復突變種, 回復突變體
R factor (=resistant transfer factor)	抗性转移因子, R 因子	抗性轉移因子
RFC (=replication factor C)	复制因子 C	複製因子 C
RFLP (=restriction fragment length polymorphism)	限制性片段长度多态性	限制片段長度多型性
RH (=radiation hybrid)	辐射杂种细胞	放射線雜合細胞
Rh antigen	Rh 抗原	Rh 抗原
RH cell line (=radiation hybrid cell line)	辐射杂种细胞系	放射線雜合細胞系
Rh factor	Rh 因子	Rh 因子
RH map (=radiation hybrid map)	辐射杂种细胞图	放射線雜合細胞圖
ribonuclease (RNase)	核糖核酸酶	核糖核酸酶
ribonuclease protection assay	核糖核酸酶保护测定	核糖核酸酶保護檢驗
ribonucleic acid (RNA)	核糖核酸	核糖核酸
ribonucleoprotein (RNP)	核糖核蛋白	核糖核蛋白
ribonucleoside	核糖核苷	核糖核苷
ribose	核糖	核糖, 核醣
ribosomal DNA (rDNA)	核糖体 DNA	核糖體 DNA
ribosomal protein	核糖体蛋白	核糖體蛋白
ribosomal RNA (rRNA)	核糖体 RNA	核糖體 RNA
ribosomal RNA gene	核糖体 RNA 基因	核糖體 RNA 基因
ribosome	核糖体, 核蛋白体	核糖體, 核醣體
ribosome binding sequence (RBS)	核糖体结合序列	核糖體結合序列
ribosome binding site	核糖体结合位点	核糖體結合位點
ribosome DNA (=ribosomal DNA)	核糖体 DNA	核糖體 DNA
ribosome recognition site	核糖体识别位点	核糖體識別位點
ribosome releasing factor (RRF)	核糖体释放因子	核糖體釋放因子
ribozyme	核酶, 酶性核酸	核[糖]酶, 核糖酵素
ridge count	嵴数	皮脊紋數, 紋數
ridge line	嵴线	紋線
right-handed DNA	右手螺旋 DNA	右手螺旋 DNA
right splice junction	右剪接点	右剪接點
ring chromosome	环状染色体	環狀染色體, 環形染色體
Ri plasmid (=root inducing plasmid)	Ri 质粒, 毛根诱导质粒	Ri 質體
RLGS (=restriction landmark genomic scanning)	限制性标记的基因组扫描	限制性地標基因體掃描
R loop	R 环	R 環

英　文　名	大　陆　名	台　湾　名
R loop mapping	R 环作图	R 環定位
RNA (=ribonucleic acid)	核糖核酸	核糖核酸
RNA capping	RNA 加帽	RNA 加帽
RNA-dependent DNA polymerase	依赖于 RNA 的 DNA 聚合酶	依賴 RNA 之 DNA 聚合酶，需 RNA 之 DNA 聚合酶
RNA-dependent RNA polymerase	依赖于 RNA 的 RNA 聚合酶	依賴 RNA 之 RNA 聚合酶，需 RNA 之 RNA 聚合酶
RNA editing	RNA 编辑	RNA 編輯
RNA encoding gene	RNA 编码基因	RNA 編碼基因
RNA export	RNA 输出	RNA 輸出
RNAi (=RNA interference)	RNA 干扰	RNA 干擾
RNA interference (RNAi)	RNA 干扰	RNA 干擾
RNA ligase	RNA 连接酶	RNA 連接酶
RNA polymerase	RNA 聚合酶	RNA 聚合酶
RNA polymerase I	RNA 聚合酶 I	RNA 聚合酶 I
RNA polymerase II	RNA 聚合酶 II	RNA 聚合酶 II
RNA polymerase III	RNA 聚合酶 III	RNA 聚合酶 III
RNA primer	RNA 引物	RNA 引子
RNA probe	RNA 探针	RNA 探針
RNA processing	RNA 加工	RNA 加工
RNA puff	RNA 疏松	RNA 疏鬆
RNA recombination	RNA 重组	RNA 重組
RNA replicase	RNA 复制酶	RNA 複製酶
RNA replication	RNA 复制	RNA 複製
RNase (=ribonuclease)	核糖核酸酶	核糖核酸酶
RNase protection assay (=ribonuclease protection assay)	核糖核酸酶保护测定	核糖核酸酶保護檢驗
RNA silencing	RNA 沉默	RNA 沈默
RNA splicing	RNA 剪接	RNA 剪接
RNA splicing factor	RNA 剪接因子	RNA 剪接因子
RNA targeting	RNA 靶向	RNA 標的
RNA terminal riboadenylate transferase	RNA 末端腺苷酸转移酶	RNA 末端腺苷酸轉移酶
RNA tumor virus	RNA 肿瘤病毒	RNA 腫瘤病毒
RNA virus	RNA 病毒	RNA 病毒
RNP (=ribonucleoprotein)	核糖核蛋白	核糖核蛋白

英 文 名	大 陆 名	台 湾 名
Robertsonian fission	罗伯逊裂解	羅伯遜裂解
Robertsonian translocation	罗伯逊易位	羅伯遜易位
rolling-circle replication	滚环复制	滾環複製
root inducing plasmid (Ri plasmid)	Ri 质粒, 毛根诱导质粒	Ri 質體
RPA (=replication protein A)	复制蛋白 A	複製蛋白 A
R plasmid (=resistance plasmid)	R 质粒, 抗性质粒	R 質體, 抗藥質體
RRF (=ribosome releasing factor)	核糖体释放因子	核糖體釋放因子
rRNA (=ribosomal RNA)	核糖体 RNA	核糖體 RNA
RTF (=resistant transfer factor)	抗性转移因子, R 因子	抗性轉移因子
RTP (=replication terminator protein)	复制终止蛋白	複製終止蛋白
RT-PCR (=reverse transcription PCR)	反转录 PCR	反轉錄 PCR
runaway plasmid vector	失控质粒载体	失控質體載體
runaway replication	失控复制	失控複製

S

英 文 名	大 陆 名	台 湾 名
SAGE (=serial analysis of gene expression)	基因表达系列分析	基因表達系列分析
salivary gland chromosome	唾腺染色体	唾腺染色體
saltetory replication	跳跃复制	跳躍式複製
samesense mutation	同义突变	同義突變
sample	样本	樣本
sampling distribution	抽样分布	抽樣分佈
sampling variance	抽样方差	抽樣變方, 抽樣變異數
sampling variance of heterozygosity	杂合度取样方差	雜合度取樣變方
sandwich hybridization	夹心法杂交	夾心雜交
Sanger-Coulson method	桑格-库森法	桑格-庫森法
SAP (=specific amplified polymorphism)	专一扩增多态性	專一放大多態性
SAR (=scaffold attachment region)	支架附着区	支架附著區域
SAT-chromosome (=satellite chromosome)	随体染色体	隨體染色體
satellite	①随体 ②卫星	①隨體 ②衛星
satellite association	随体联合	隨體聯合
satellite chromosome (SAT-chromosome)	随体染色体	隨體染色體
satellite DNA	卫星 DNA	衛星 DNA, 從屬 DNA
α-satellite DNA family (=alpha satellite DNA family)	α 卫星 DNA 家族	α 衛星 DNA 家族
satellite nucleic acid	卫星核酸	衛星核酸

英　文　名	大　陆　名	台　湾　名
satellite region	卫星区域	衛星區域
satellite virus	卫星病毒	衛星病毒
satellite zone（SAT-zone）	随体区	隨體區
saturation mutagenesis	饱和诱变	飽和誘變
SAT-zone（=satellite zone）	随体区	隨體區
SBH（=sequencing by hybridization）	杂交测序	雜交定序
SC（=synaptonemal complex）	联会复合体	聯會複合體
scaffold attachment region（SAR）	支架附着区	支架附著區域
SCE（=sister chromatid exchange）	姐妹染色单体交换	姐妹染色分體互換
scRNA（=small cytoplasmic RNA）	[胞]质内小 RNA	小分子細胞質 RNA
SD（=segregation distortion）	分离变相	分離變相，分離異常
SD sequence（=Shine-Dalgarno sequence）	SD 序列	薩思-達爾加諾序列
seasonal isolation	季节隔离，时间隔离	季節隔離
secondary attachment site	次级附着位点	第二附著點
secondary constriction	次缢痕，副缢痕	次級縊縮，次級收縮，二級縊痕
secondary oocyte	次级卵母细胞	次級卵母細胞
secondary sex ratio	次级性比	次級性比
secondary spermatocyte	次级精母细胞	次級精母細胞
second division segregation	第二次分裂分离	第二次分裂分離
second filial generation	子二代，杂种二代	子二代
second messenger	第二信使	第二信使，第二信息
second site mutation	第二位点突变	第二位點突變
sedimentation coefficient	沉降系数	沈降係數
segment	体节	體節
segmental allopolyploid	节段异源多倍体	節段異源多倍體
segmental haploidy	节段单倍性	節段單倍性
segmentation gene	分节基因	分節基因
segment polarity gene	体节极性基因	體節極性基因
segregation	分离	分離
segregation distortion（SD）	分离变相	分離變相，分離異常
segregation index	分离指数	分離指數
segregation lag	分离滞后	分離遲滯，分離延遲
segregation load	分离负荷	分離負荷
segregation ratio	分离比率	分離比率
segregation ratio distortion	分离比偏离	分離比變相，分離比偏離
selection	选择	選擇

英　文　名	大　陆　名	台　湾　名
selection advantage	选择优势	選擇優勢
selection coefficient	选择系数	選擇係數
selection criterion	选择指标	選擇指標
selection differential	选择差	選擇差異，選擇差數
selection index	选择指数	選擇指數
selection limit	选择极限	選擇限制，選擇極限
selection pressure	选择压[力]	選擇壓力
selection response	选择反应，选择响应	選擇反應
selection theory	选择学说	選擇學說
selective advance	选择进展	選擇進展
selective neutrality	选择中性	選擇中性
selector	选择子	選擇子
selector gene	选择者基因	選擇者基因
self-assembly	自[我]装配	自我裝配
self-cleavage	自[我]切割	自我切割
self-cleaving RNA	自切割 RNA	自切割 RNA
self-fertilization	自体受精	自體受精
self-incompatibility	自交不亲和性	自交不親和性
self-infertility	自交不育性	自交不育性，自交不稔性
selfing line	自交系	自交系
selfish DNA	自在 DNA，自私 DNA	自私 DNA
self-ligation	自身连接[作用]	自身連接
self-splicing	自[我]剪接	自剪接
self-splicing intron	自[我]剪接内含子	自剪接内含子
self-sterility gene	自体不育基因，自交不育基因	自交不育基因
semi-allele	半等位基因	半對偶基因，半等位基因
semiconservative	半保留	半保留
semiconservative replication	半保留复制	半保留複製
semidiscontinuous replication	半不连续复制	半不連續複製
semidominant	半显性	半顯性
semidominant allele	半显性等位基因	半顯性對偶基因
semidominant gene	半显性基因	半顯性基因
semigamy	半配生殖，半配合	半配合
semi-lethal gene	半致死基因	半致死基因
semi-processed retrogene	半加工反转录基因	半加工反轉錄基因

英　文　名	大　陆　名	台　湾　名
semispecies	半分化种	半種，超亞種
semisterility	半不育[性]	半不育
sense codon	有义密码子	有義密碼子
sense strand	有义链	有義股
sensitive period	敏感期	敏感期
sensitized cell	致敏细胞	致敏細胞
sensitizing mutation	敏感突变	敏感突變
sequence	序列	序列
χ sequence（=chi sequence）	chi 序列	chi 序列
δ sequence（=delta sequence）	δ序列	δ序列
sequence analysis	序列分析	序列分析，順序分析
sequence family	序列家族	序列家族
sequence hypothesis	序列假说	序列假說，順序假說
sequence identity	序列一致性，序列同一性	序列一致性
sequence polymorphism	序列多态性	序列多態性
sequence-specific oligonucleotide probe（SSO probe）	序列特异的寡核苷酸探针	序列專一之寡核苷酸探針
sequence-tagged microsatellite（STMS）	序列标签微卫星	序列標記微衛星
sequence-tagged site（STS）	序列标签位点	序列標記位點，序列標誌點，特定序列位點
sequence-tagged site map	序列标签位点图	序列標記位點圖，序列標誌點圖譜，特定序列位點圖譜
sequencing	序列测定，测序	定序
sequencing by hybridization（SBH）	杂交测序	雜交定序
sequidiploid	倍半二倍体	倍半二倍體
serial analysis of gene expression（SAGE）	基因表达系列分析	基因表達系列分析
serial homology	系列同源	系列同源
serum response element（SRE）	血清应答元件	血清反應要素
sex-average map	性别平均[连锁]图	性別平均圖
sex chromatin	性染色质	性染色質
sex chromatin body	性染色质体	性染色質小體
sex chromosome	性染色体	性染色體
sex-chromosome theory	性染色体学说	性染色體學說
sex-conditioned character（=sex-influenced character）	从性性状	從性性狀，從性特質，性別影響性狀
sex determination	性别决定	性別決定

英　文　名	大　陆　名	台　湾　名
sex-determining region of Y	Y 染色体性别决定区	Y 染色體性別決定區
sex differentiation	性[别]分化	性別分化
sex dimorphism	性二态现象	性二態現象
sex duction	性导	性導
sex factor	性因子	性因子
sex index	性指数	性指數
sex-influenced character	从性性状	從性性狀，從性特質，性別影響性狀
sex-influenced inheritance	从性遗传	從性遺傳
sex-limited inheritance	限性遗传	限性遺傳
sex linkage	性连锁，伴性	性連[鎖]，伴性
sex-linked character	性连锁性状，伴性性状	性聯性狀
sex-linked dominant inheritance (XD inheritance)	伴性显性遗传	性聯顯性遺傳
sex-linked gene	性连锁基因，伴性基因	性聯基因，伴性基因
sex-linked inheritance	性连锁遗传	性聯遺傳
sex-linked lethal	性连锁致死，伴性致死	性聯致死
sex-linked recessive inheritance (XR inheritance)	伴性隐性遗传	性聯隱性遺傳
sex ratio	性比	性別比率
sex reversal	性逆转	性轉逆，性轉換
sexual hybridization	有性杂交	有性雜交
sexual isolation	性隔离	性隔離
sexual reproduction	有性生殖	有性生殖
sexual selection	性选择	性別選擇
shear	剪切	剪切
β-sheet (=beta sheet)	β 片层	貝他摺板，β 片層，β 摺板
shift	移位	移位，轉移
shifting balance theory	动态平衡说	移位平衡說
shift translocation	移位易位	移位易位
Shine-Dalgarno sequence (SD sequence)	SD 序列	薩思-達爾加諾序列
short-cut method	简捷法	簡捷法
short interspersed nuclear element (SINE)	短散在核元件	短散佈核元件
short interspersed repeated sequence	短散在重复序列	短散佈重覆序列
short patch	短补丁	短補丁
short tandem repeat (STR)	短串联重复	短串聯重複
short tandem repeat polymorphism	短串联重复序列多态	短串聯重複[序列]多

英　文　名	大　陆　名	台　湾　名
（STRP）	性	態性
shotgun sequencing method	鸟枪[测序]法	霰彈槍定序法
shuttle vector	穿梭载体	穿梭載體
sib（=sibling）	同胞	同胞
sib analysis	同胞分析	同胞分析
sib group	同胞群	同胞群
sibling	同胞	同胞
sibling species	同胞种，姊妹种	隱蔽種，同胞種
sib mating	同胞交配	同胞交配
sib-pair analysis	同胞对分析	同胞對分析
sib-pair method	同胞配对法	同胞配對法
sib selection	同胞选择	同胞選擇
sibship（=sib group）	同胞群	同胞群
sickle cell anemia	镰状细胞贫血	鐮刀形細胞貧血症
sickle cell trait	镰状细胞性状	鐮刀形細胞特徵，鐮刀形細胞性狀
side-chain hypothesis	侧链假说	側鏈假說
signaling molecule（=signal molecule）	信号分子	訊號分子
signal molecule	信号分子	訊號分子
signal peptidase	信号肽酶	訊號肽酶
signal peptide	信号肽	訊號肽
signal recognition particle（SRP）	信号识别颗粒	訊號識別顆粒
signal recognition protein（SRP）	信号识别蛋白	訊號識別蛋白
signal sequence	信号序列	訊號序列
signal transduction	信号转导	訊號轉導
signal transduction and activator of transcription（STAT）	信号转导及转录激活因子	訊號轉導與轉錄活化因子
signature sequence	特征序列	特徵序列
silencer	沉默子，沉默基因	沈默子
silencer element	沉默子元件	沈默子元件
silencer sequence	沉默子序列	沈默子序列
silent allele	沉默等位基因	默化對偶基因
silent cassette	沉默盒	默化盒
silent gene（=silencer）	沉默子，沉默基因	沈默子
silent mutation	沉默突变	默化突變
simple inheritance	简单遗传	簡單遺傳
simple regression	一元回归，单回归	單元迴歸
simple repeated sequence（SRS）	简单重复序列	簡單重覆序列

英　文　名	大　陆　名	台　湾　名
simple sequence DNA	简单序列 DNA	簡單序列 DNA，單一順序 DNA
simple sequence length polymorphism（SSLP）	简单序列长度多态性	簡單序列長度多態性
simple sequence length polymorphism map（SSLP map）	简单序列长度多态图	簡單序列長度多態圖
simple sequence repeat polymorphism（SSRP）	简单重复序列多态性	簡單序列重覆多態性
simple translocation	简单易位	簡單易位
simplex	单显性组合	單顯性組合
SINE（=short interspersed nuclear element）	短散在核元件	短散佈核元件
single cell variant	单细胞变异体	單細胞變異體
single-copy DNA	单拷贝 DNA	單一拷貝 DNA，單一複製 DNA
single-copy integration method	单拷贝整合法	單複製整合法
single-copy sequence	单拷贝序列	單拷貝序列，單複製序列
single cross over	单交换	單交換
single exchange（=single cross over）	单交换	單交換
single-nucleotide polymorphism（SNP）	单核苷酸多态性	單核苷酸多態性
single-strand break（SSB）	单链断裂	單股斷裂
single-strand conformation polymorphism（SSCP）	单链构象多态性	單股構象多態性
single-stranded DNA（ssDNA）	单链 DNA	單股 DNA
single-stranded DNA binding protein	单链 DNA 结合蛋白	單股 DNA 結合蛋白
single-stranded DNA virus	单链 DNA 病毒	單股 DNA 病毒
single-stranded RNA（ssRNA）	单链 RNA	單股 RNA
single-strand exchange	单链交换	單股交換
singleton	单碱基差异	單鹼基差異
single-trait selection	单性状选择	單性狀選擇
sister chromatid	姐妹染色单体，姊妹染色单体	姐妹染色分體，姊妹染色分體
sister chromatid exchange（SCE）	姐妹染色单体交换	姐妹染色分體互換
site	位点	位點，位置
site-directed mutagenesis（=site-specific mutagenesis）	位点专一诱变，定点诱变	定點誘變
site-specific mutagenesis	位点专一诱变，定点诱	定點誘變

英　文　名	大　陆　名	台　湾　名
	变	
site-specific recombination	位点专一重组，位点特异性重组	定點重組
site-specific recombination system	位点专一重组系统，位点特异性重组系统	定點重組系統
skipped generation	隔代遗传	隔代遺傳
slave gene	从属基因	從屬基因
sliding clamp	滑卡，滑动钳	滑動鉗
slippery sequence	不稳定序列	不穩定序列
slot blot hybridization	狭缝印迹杂交，狭线印迹杂交	狹縫點墨雜交，點墨雜交
slow-stop mutant	慢停突变体	慢停突變種，慢停突變體
small cytoplasmic RNA (scRNA)	[胞]质内小 RNA	小分子細胞質 RNA
small nuclear ribonucleoprotein (snRNP)	核[内]小核糖核蛋白	微小核酸核糖蛋白
small nuclear RNA (snRNA)	核内小 RNA	核内小 RNA
small nucleolar RNA (snoRNA)	核仁内小 RNA	核仁內小 RNA
small regulatory RNA	调控小 RNA	調控小 RNA
S1 mapping	S1 作图	S1 定位
snoRNA (=small nucleolar RNA)	核仁内小 RNA	核仁內小 RNA
SNP (=single-nucleotide polymorphism)	单核苷酸多态性	單核苷酸多態性
snRNA (=small nuclear RNA)	核内小 RNA	核内小 RNA
snRNP (=small nuclear ribonucleoprotein)	核[内]小核糖核蛋白	微小核酸核糖蛋白
S1 nuclease	S1 核酸酶	S1 核酸酶
S1 nuclease mapping	S1 核酸酶作图	S1 核酸酶定位
snurposome	核[内]小核糖核蛋白体	核内小核糖核蛋白體
SOD (=superoxide dismutase)	超氧化物歧化酶	超氧化物歧化酶
solenoid model	螺线管模型	螺線管模型
solenoid structure	螺线管结构	螺線管結構
somaclonal variation	体细胞克隆变异，体细胞无性系变异	體細胞選殖變異
somatic acquired chromosome mutation	体细胞获得性染色体突变	體細胞獲得性染色體突變
somatic cell	体细胞	體細胞
somatic cell fusion	体细胞融合	體細胞融合
somatic cell gene therapy	体细胞基因治疗	體細胞基因治療
somatic cell genetics	体细胞遗传学	體細胞遺傳學

英　文　名	大　陆　名	台　湾　名
somatic cell hybrid	体细胞杂种	體細胞雜種
somatic crossing over	体细胞[染色体]交换	體細胞互換，體細胞交換
somatic hybridization	体细胞杂交	體細胞雜交
somatic hypermutation	体细胞超变	體細胞超變
somatic mesoderm	体壁中胚层	體壁中胚層
somatic mutation	体细胞突变	體細胞突變
somatic pairing	体细胞[染色体]配对	體細胞染色體配對
somatic recombination	体细胞重组	體細胞重組
somatic segregation	体细胞[染色体]分离	體細胞染色體分離
somatic synapsis	体细胞[染色体]联会	體細胞染色體聯會
SOS inducer	SOS 诱导物	SOS 誘導物
SOS induce test	SOS 诱导测验	SOS 誘導測驗
SOS inductest (=SOS induce test)	SOS 诱导测验	SOS 誘導測驗
SOS mutagenesis	SOS 诱变	SOS 誘變
SOS pathway	SOS 途径	SOS 途徑
SOS response	SOS 应答	SOS 響應
Southern blotting	DNA 印迹法，萨慎法	南方墨點法，瑟慎墨點法
Southwestern screen	DNA-蛋白质筛选	Southwestern 篩選
spacer DNA	间隔 DNA	間隔 DNA，間隙 DNA
space region	间隔区	間隔序列區
spacer region (=space region)	间隔区	間隔序列區
spatial isolation	空间隔离	空間隔離
specialized transduction (=restricted transduction)	局限[性]转导	限制性轉導
speciation	物种形成	物種演變，物種形成
species	物种	種
species hybridization	种间杂交	種間雜交
specific amplified polymorphism (SAP)	专一扩增多态性	專一放大多態性
specification	特化	特化
specific combining ability	特殊配合力	特殊配合力
specific modifier	特异性修饰因子	特殊修飾因子
sperm	精子	精子
spermatid	精子细胞	精[子]細胞
spermatocyte	精母细胞	精母細胞
spermatogenesis	精子发生	精子生成
spermatogonium	精原细胞	精原細胞

英　文　名	大　陆　名	台　湾　名
spermiogenesis	精子形成	精子形成
S phase	S 期，合成期	S 期
spheroplast	原生质球，圆球质体	球狀原生質體，球形質體
spina bifida	脊柱裂	脊柱裂
spindle	纺锤体	紡錘體
spindle attachment region	纺锤体着生区	紡錘絲附著區
splice acceptor	剪接受体，剪接接纳体	剪接受體
splice acceptor site	剪接受体位，剪接接纳位	剪接受體位點
spliced leader (=spliced leader sequence)	剪接前导序列	剪接先導序列
spliced leader RNA	剪接前导序列 RNA	剪接先導序列 RNA
spliced leader sequence	剪接前导序列	剪接先導序列
spliced mRNA	已剪接 mRNA	已剪接 mRNA
splice donor	剪接供体	剪接供體
splice junction	剪接接头，剪接[衔接]点	剪接接頭
spliceosome	剪接体	剪接體
spliceosome cycle	剪接体周期，剪接体循环	剪接體週期
splice recombination	剪接型重组	剪接型重組
splice variant	剪接变体	剪接變異體
splicing	剪接	剪接
splicing complex	剪接复合体	剪接複合體
splicing enhancer	剪接增强子	剪接強化子
splicing enzyme	剪接酶	剪接酶
splicing factor	剪接因子	剪接因子
splicing mutation	剪接突变	剪接突變
splicing signal	剪接信号	剪接訊號
splicing site	剪接位点	剪接位點
splicing vector	剪接载体	剪接載體
split gene	割裂基因，断裂基因	斷裂基因，阻斷基因，間斷基因
SPM system (=suppressor-promoter-mutator system)	SPM 系统	SPM 系統
spontaneous aberration	自发畸变	自發畸變
spontaneous generation (=abiogenesis)	自然发生说，无生源说	自然發生說，無生源說
spontaneous lesion	自发损伤	自發損傷

英　文　名	大　陆　名	台　湾　名
spontaneous mutagenesis	自发诱变	自發誘變
spontaneous mutant	自发突变体	自發突變種，自發突變體
spontaneous mutation	自发突变	自發突變
spore	孢子	孢子
spore mother cell	孢子母细胞	孢子母細胞
sporocyte (=spore mother cell)	孢子母细胞	孢子母細胞
sporogenesis	孢子发生	孢子發生
sporogony (=sporogenesis)	孢子发生	孢子發生
sporophyte	孢子体	孢子體
sporulation	孢子形成	孢子形成
spreading position effect	扩散性位置效应	散佈位置效應
SRE (=serum response element)	血清应答元件	血清反應要素
SRP (=①signal recognition protein ②signal recognition particle)	①信号识别蛋白 ②信号识别颗粒	①訊號識別蛋白 ②訊號識別顆粒
SRS (=simple repeated sequence)	简单重复序列	簡單重覆序列
SSB (=single-strand break)	单链断裂	單股斷裂
SSCP (=single-strand conformation polymorphism)	单链构象多态性	單股構象多態性
ssDNA (=single-stranded DNA)	单链 DNA	單股 DNA
SSH (=suppression subtractive hybridization)	阻抑消减杂交，抑制消减杂交	抑制相減式雜交，抑制性扣減雜交，抑制性雜交扣除法
SSLP (=simple sequence length polymorphism)	简单序列长度多态性	簡單序列長度多態性
SSLP map (=simple sequence length polymorphism map)	简单序列长度多态图	簡單序列長度多態圖
SSO probe (=sequence-specific oligonucleotide probe)	序列特异的寡核苷酸探针	序列專一之寡核苷酸探針
ssRNA (=single-stranded RNA)	单链 RNA	單股 RNA
SSRP (=simple sequence repeat polymorphism)	简单重复序列多态性	簡單序列重覆多態性
stabilizing selection	稳定[化]选择	穩定[化]選擇
stable integration	稳定整合	穩定整合
stable nuclear RNA	稳定核 RNA	穩定核 RNA
stable polymorphism	稳定多态性，稳定多态现象	穩定多態性
stable transfection	稳定转染	穩定轉染

英　文　名	大　陆　名	台　湾　名
stable type position effect	稳定型位置效应	穩定型位置效應
staggered cut	交错切口，交错切割	錯開切割
standard deviation	标准差	標準[離]差
standard error	标准误[差]	標準誤，標準機差
standard error of prediction	预估标准误	預估標準誤
start codon	起始密码子	起始密碼子
STAT (=signal transduction and activator of transcription)	信号转导及转录激活因子	訊號轉導與轉錄活化因子
statistic	统计量	統計量，統計數字
statistical genetics	统计遗传学	統計遺傳學
steady-state mRNA	稳态 mRNA	穩態 mRNA
steady-state RNA	稳态 RNA	穩態 RNA
steady-state transcription	稳态转录	穩態轉錄
stem cell	干细胞	幹細胞
stem line	干[细胞]系	幹[細胞]系
step allele	阶梯等位基因	階梯對偶基因
step allelomorph (=step allele)	阶梯等位基因	階梯對偶基因
sterility	不育性	不育性，不稔性
sticky end	黏性末端，黏端	黏性末端，黏著端
STMS (=sequence-tagged microsatellite)	序列标签微卫星	序列標記微衛星
stochastic change of gene frequency	基因频率随机变化	基因頻率的隨機變化
stock	原种	原種
stop codon (=termination codon)	终止密码子	終止密碼子
STR (=short tandem repeat)	短串联重复	短串聯重複
strain	①品系 ②菌株	①品系 ②菌株
strand-slippage	链滑动	股滑動
streptavidin	链霉抗生物素蛋白，链霉亲和素	鏈黴卵白素
stringent control	严紧控制，应急控制	嚴緊控制
stringent factor	严紧因子，应急因子	嚴緊因子
stringent plasmid	严紧型质粒	嚴緊型質體
stringent response	严紧反应	嚴緊反应
strong promoter	强启动子	強啟動子
STRP (=short tandem repeat polymorphism)	短串联重复序列多态性	短串聯重複[序列]多態性
structural aberration	结构畸变	結構畸變
structural domain	结构域	結構域
structural gene	结构基因	結構基因

英　文　名	大　陆　名	台　湾　名
structural genomics	结构基因组学	結構基因體學
structural heterozygote	结构杂合子	結構異型合子
structural homozygote	结构纯合子	結構同型合子
structural hybrid	[染色体]结构杂种	結構雜種
θ-structure	θ 结构	θ 結構
structure gene (=structural gene)	结构基因	結構基因
struggle for existence	生存竞争	生存競爭
STS (=sequence-tagged site)	序列标签位点	序列標記位點, 序列標誌點, 特定序列位點
stuffer fragment	填充片段	填充片段
subchromatid	亚染色单体	亞染色分體
sub-clone	亚克隆	次選殖
sub-gene	亚基因	次基因
subgenome	亚基因组	次基因體
sublethal gene	亚致死基因	次致命基因
submetacentric chromosome	近中着丝粒染色体, 亚中着丝粒染色体	亞中央著絲點染色體, 近中位中節染色體
subpopulation	亚群体	次族群, 次群體
subquantitative gene	亚量基因	次[數]量基因
subspecies	亚种	亞種
substitution	置换, 取代	取代
substitutional load	置换负荷, 替换负荷	取代負荷
substitution haploid	置换单倍体, 替代单倍体	取代單倍體
substitution vector (=replacement vector)	置换型载体	置換型載體
subtelocentric chromosome	近端着丝粒染色体, 亚端着丝粒染色体	近端著絲點染色體
subtracting hybridization (=subtractive hybridization)	消减杂交, 扣除杂交	減差雜交, 相減式雜交
subtractive cDNA library	消减 cDNA 文库	減差反 DNA 集合庫, 相減式 cDNA 文庫
subtractive cloning	消减克隆, 扣除克隆	減差選殖, 相減式選殖
subtractive [gene] library	消减[基因]文库	減差[基因]庫, 相減式[基因]文庫
subtractive hybridization	消减杂交, 扣除杂交	減差雜交, 相減式雜交
successional speciation	连续物种形成	連續性物種形成
suicide gene	自杀基因	自殺基因
suicide method	自杀法	自殺法

英 文 名	大 陆 名	台 湾 名
supercoil (=superhelix)	超螺旋	超螺旋
supercoiled DNA	超螺旋 DNA	超螺旋 DNA
superdominance (=overdominance)	超显性	超顯性
superfamily	超家族	超族
superfemale (=super-female)	超雌[性]	超雌性
super-female	超雌[性]	超雌性
supergene (=super-gene)	超基因	超基因
super-gene	超基因	超基因
supergene family	超基因家族	超基因家族
superhelix	超螺旋	超螺旋
superhelix density	超螺旋密度	超螺旋密度
superinfecting phage	超感染噬菌体	超感染噬菌體
superinfection	超感染	超感染
supermale (=super-male)	超雄[性]	超雄性
super-male	超雄[性]	超雄性
supernumerary chromosome	超数染色体	超額染色體
superoxide dismutase (SOD)	超氧化物歧化酶	超氧化物歧化酶
super secondary structure	超二级结构	超二级結構
supersex	超性	超性
suppression	阻抑	阻遏作用
suppression PCR	阻抑 PCR, 抑制 PCR	抑制 PCR
suppression subtractive hybridization (SSH)	阻抑消减杂交, 抑制消减杂交	抑制相减式雜交, 抑制性扣减雜交, 抑制性雜交扣除法
suppressor	阻抑基因	抑制[因]子, 抑制基因, 阻遏基因
suppressor mutation	阻抑基因突变, 抑制基因突变	阻遏[因]子突變, 抑制[因]子突變
suppressor-promoter-mutator system (SPM system)	SPM 系统	SPM 系統
suppressor tRNA	阻抑型 tRNA, 抑制型 tRNA	抑制型 tRNA, 阻遏因子 tRNA
supracomploptype	超补体单元型	超補体單元型
supratype	超单元型	超單元型
surrogate genetics (=reverse genetics)	反求遗传学, 替代遗传学	反向遺傳學, 反轉遺傳學
survival factor	存活因子	存活因子
survival of the fittest	适者生存	適者生存

英 文 名	大 陆 名	台 湾 名
survival rate	生存率	存活率
survival value	生存值	生存值
susceptibility gene	易患基因，易感基因	易患基因
switch gene	开关基因	開關基因，轉換基因
sympatric distribution	同域分布，同地分布	同域分佈
sympatric hybridization	同域杂交	同域雜交
sympatric speciation	同域物种形成，同地物种形成	同域種化，同域物種形成
sympatric species	同域种	同域種
sympatry (=sympatric distribution)	同域分布，同地分布	同域分佈
symplesiomorphy	共同祖征	共同祖徵
synapomorphy	共同衍征	共同衍徵
synapsis	联会	聯會
synaptonemal complex (SC)	联会复合体	聯會複合體
syncaryon (=synkaryon)	①合核体，融合体 ②合核	①合核體 ②合[子]核，結合核
synchronization	同步化	同步化
syncytia (复)(=syncytium)	合胞体	合胞體
syncytial specification	合胞特化	合胞特化
syncytium	合胞体	合胞體
syngeneic graft (=syngraft)	同系移植，同基因移植	同型移殖
syngenetics	群落遗传学	演替生態學
syngraft	同系移植，同基因移植	同型移殖
synizesis (=diakinesis)	终变期，浓缩期	終變期
synkaryon	①合核体，融合体 ②合核	①合核體 ②合[子]核，結合核
synonym (=synonymous codon)	同义密码子	同義密碼子
synonymous codon	同义密码子	同義密碼子
synonymous mutation (=samesense mutation)	同义突变	同義突變
syntenic gene	同线基因	同線基因
syntenic test	同线检测	同線檢測
synteny	同线性	同線性

T

英　文　名	中　文　名	台　湾　名
tachytelic evolution（＝quantum evolution）	量子式进化	量子[式]演化，快速進化
TAF（＝TBP-associated factor）	TBP 相关因子	TBP 結合因子
tailer sequence	尾随序列	尾隨序列
tailing	加尾	加尾
tandem array	串联排列	縱線排列，縱列排列
tandem inversion	串联倒位	串聯倒位
tandem repeat	串联重复[序列]	串聯重覆
tandem selection	顺序选择法	順序選擇
tandem translocation	串联易位	串聯易位
Taq DNA polymerase	*Taq* DNA 聚合酶	*Taq* DNA 聚合酶
targeted mutation	定向突变	標的突變
target gene	靶基因	標的基因，目標基因
targeting vector	靶向载体	標的載體
target mutation	靶突变	標的突變
target site	靶位点	標的位點
target site duplication	靶位点重复	標的位點重複
target trait	目标性状	標的性狀
TATA-binding protein（TBP）	TATA 框结合蛋白	TATA 序列結合蛋白
TATA box	TATA 框，戈德堡-霍格内斯框	TATA 框
tautomer	互变异构体	異構互變體
tautomeric shift	互变异构移位	轉位異構互變
taxon	分类单位，分类群	分類單元，分類群
T-band	T 带，端粒带	T 帶
TBP（＝TATA-binding protein）	TATA 框结合蛋白	TATA 序列結合蛋白
TBP-associated factor（TAF）	TBP 相关因子	TBP 結合因子
TCR（＝transcription-coupled repair）	转录偶联修复，转录连接修复	轉錄连接修復
T-DNA（＝transfer DNA）	转化 DNA	轉移 DNA，運轉 DNA
T4 DNA polymerase	T4 DNA 聚合酶	T4 DNA 聚合酶
telocentric chromosome	端着丝粒染色体	端著絲點染色體，末端中節染色體
telomerase	端粒酶	端粒酶
telomere	端粒	端粒

英　文　名	中　文　名	台　湾　名
telomere binding protein	端粒结合蛋白	端粒結合蛋白
telomere RNA gene	端粒 RNA 基因	端粒 RNA 基因
telomeric theory of aging	衰老端粒学说	老化端粒學說
telophase	[分裂]末期	[分裂]末期
temperate phage	温和噬菌体	溫和型噬菌體
temperature-regulated expression	温控型表达	溫控型表達
temperature-regulated promoter	温控型启动子	溫控型啟動子
temperature-sensitive gene (ts gene)	温度敏感基因	溫度敏感基因
temperature-sensitive mutant	温度敏感突变体,温度敏感突变型	溫度敏感突變體,溫度敏感突變種
template	模板	模板
template phase	温和相	溫和相
template strand	模板链	模板股
tempo of evolution	进化节奏	演化節奏
temporal gene	时序基因	時序基因
temporal isolation (=seasonal isolation)	季节隔离,时间隔离	季節隔離
temporal regulation	时序调节	時序調節
temporary environmental effect	暂时性环境效应	暫時性環境效應
tented arch	帐弓	帳型紋
teratocarcinoma	畸胎癌	畸胎癌
teratogen	致畸剂,致畸原	畸胎原
teratoma (=teratocarcinoma)	畸胎癌	畸胎癌
terminal banding	T 显带	T 顯帶
terminal deletion	末端缺失	末端缺失
terminal differentiation	终末分化	末端分化
terminal inversion	末端倒位	末端倒位
terminalization	端化作用	端移作用
terminalization of chiasma (=chiasma terminalization)	交叉端化	交叉端化
terminal protein (TP)	末端蛋白	末端蛋白
terminal redundancy	末端丰余,末端冗余	末端冗餘,末端豐餘
terminal transferase	末端转移酶	末端轉移酶
terminal translocation	末端易位	末端易位
termination	终止	終止
termination codon	终止密码子	終止密碼子
termination factor	终止因子	終止因子
terminator	终止子	終止子,終結子
terminator sequence	终止序列	終止[子]序列

英　文　名	中　文　名	台　湾　名
test cross	测交	測交，試交
test of goodness of fit	适合度测验	適合度測驗
test of independence	独立性测验	獨立性測驗
test of significance	显著性测验	顯著性測驗
tetrad	①四分体 ②四分子	①四分體 ②四分子
tetrad analysis	四分子分析	四分體分析，四分子分析法
tetrad segregation type	四分型	四分子分離型式
tetraploid	四倍体	四倍體
tetraploidy	四倍性	四倍性
tetrasome	四体[染色体]生物	四體
tetrasomy	四体性	四體性
tetratype	四型	四型
TGS (=transcriptional gene silencing)	转录基因沉默	轉錄基因默化
thalassemia	珠蛋白生成障碍性贫血，地中海贫血	地中海型貧血
theory of center of origin	起源中心学说	起源中心學說
theory of fixity of species	物种恒定学说	物種恒定學說
theory of neutral selection	中性选择学说	中性選擇學說
theory of pangenesis	泛生说	泛生說
thermal melting profile of DNA	DNA 热解链曲线	DNA 熱解股流程
theta replication	θ 复制	θ 複製
three-point test	三点测交	三點測交
threshold character	阈[值]性状	閾性狀
threshold model	阈[值]模型	閾模型
threshold trait (=threshold character)	阈[值]性状	閾性狀
threshold value	阈值	閾值
thymine	胸腺嘧啶	胸腺嘧啶
thymine dimer	胸腺嘧啶二聚体	胸腺嘧啶二聚體
TIC (=transcription initiation complex)	转录起始复合体	轉錄起始複合物
TIF (=transcriptional intermediary factor)	转录中介因子	轉錄中介因子
Ti plasmid (=tumor inducing plasmid)	Ti 质粒，根癌诱导质粒	Ti 質體
tissue chip	组织芯片	組織晶片
tissue-specific gene knockout	组织特异性基因敲除，组织特异性基因剔除	組織專一性基因剔除
tissue-specific knockout	组织特异性敲除	組織專一性剔除
tissue-specific transcription	组织特异性转录	組織專一性轉錄

英　文　名	中　文　名	台　湾　名
Ti vector	Ti 载体	Ti 載體
Tn (=transposon)	转座子	轉位子
top cross	顶交	頂交
totipotency	全能性	全能性
toxicogenomics	毒理基因组学	毒理基因體學
toxicological genetics	毒理遗传学	毒理遺傳學
TP (=terminal protein)	末端蛋白	末端蛋白
T4 polynuclotide kinase	T4 多核苷酸激酶	T4 多聚核苷酸激酶
tracer	示踪物	示踪元素
trait (=character)	性状	性狀
trans-acting	反式作用	反式作用
trans-acting factor	反式作用因子	反式作用因子
trans-activation	反式激活[作用]	反式活化
trans-activation domain	反式激活域	反式活化域
trans-activator	反式激活蛋白	反式活化蛋白
trans arrangement	反式排列	反式排列
trans-cleavage	反式切割	反式切割
transcribed spacer	转录间隔区	轉錄間隔
transcribed spacer sequence	转录间隔序列	轉錄間隔序列
transcript	转录物	轉錄物
transcriptase	转录酶	轉錄酶
transcription	转录	轉錄[作用]
transcription activating domain	转录激活域	轉錄活化域
transcription activating protein	转录激活蛋白	轉錄活化蛋白
transcription activator	转录激活因子	轉錄活化因子
transcriptional activation	转录激活	轉錄活化
transcriptional antitermination	抗转录终止[作用]	轉錄抗終止作用
transcriptional arrest	转录停滞	轉錄停滯
transcriptional attenuation	转录弱化[作用]	轉錄弱化
transcriptional attenuator	转录弱化子	轉錄弱化子
transcriptional coactivator	转录辅激活因子	轉錄輔助活化因子
transcriptional control	转录控制	轉錄控制
transcriptional elongation factor	转录延伸因子	轉錄延伸因子
transcriptional elongation regulation	转录延伸调节	轉錄延伸調節
transcriptional enhancer	转录增强子	轉錄強化子
transcriptional gene silencing (TGS)	转录基因沉默	轉錄基因默化
transcriptional intermediary factor (TIF)	转录中介因子	轉錄中介因子

英　文　名	中　文　名	台　湾　名
transcriptional map	转录图	轉錄圖
transcriptional start point	转录起点	轉錄起點
transcriptional start site（=transcription initiation site）	转录起始位点	轉錄起始位點
transcriptional switching	转录开关	轉錄開關
transcription bubble	转录泡	轉錄泡
transcription complex	转录复合体	轉錄複合體
transcription-coupled repair（TCR）	转录偶联修复，转录连接修复	轉錄連接修復
transcription elongation	转录延伸	轉錄延伸
transcription error	转录错误	轉錄錯誤
transcription factor	转录因子	轉錄因子
transcription factor interaction	转录因子相互作用	轉錄因子交互作用
transcription factor synergy	转录因子协同作用	轉錄因子協同作用
transcription fidelity	转录保真性	轉錄精確性
transcription inhibition	转录抑制	轉錄抑制
transcription initiation	转录起始	轉錄起始
transcription initiation complex（TIC）	转录起始复合体	轉錄起始複合物
transcription initiation factor	转录起始因子	轉錄起始因子
transcription initiation site	转录起始位点	轉錄起始位點
transcription machinery	转录装置	轉錄裝置
transcription mapping	转录作图	轉錄定位
transcription pausing	转录暂停	轉錄暫停
transcription polarity	转录极性	轉錄極性
transcription rate	转录速率	轉錄速率
transcription regulation	转录调节	轉錄調節
transcription reinitiation	转录重起始	轉錄重起始
transcription repression	转录阻遏	轉錄抑制
transcription repressor	转录阻遏物	轉錄抑制子
transcription silencing	转录沉默	轉錄默化
transcription termination	转录终止	轉錄終止
transcription termination factor	转录终止因子	轉錄終止因子
transcription termination region	转录终止区	轉錄終止區
transcription terminator	转录终止子	轉錄終止子
transcription unit	转录单位	轉錄單位
transcriptome	转录[物]组	轉錄體
transcriptomics	转录[物]组学	轉錄體學，轉譯質體學
transcripton	转录子	轉錄子

英　文　名	中　文　名	台　湾　名
transcriptosome	转录体	轉錄體
transdetermination	转决[定]	轉決定作用，反決定作用
transdifferentiation	转分化	轉分化[作用]
trans-dominant	反式显性	反式顯性
transducing virus	转导病毒	轉導病毒
transductant	转导子	轉導子
transduction	转导	轉導作用
transfectant	转染子	轉染子
transfection	转染	轉移感染
transferase	转移酶	轉移酶
transfer DNA (T-DNA)	转化 DNA	轉移 DNA，運轉 DNA
transfer RNA (tRNA)	转移 RNA	轉移 RNA，轉運 RNA，運轉 RNA
transfer RNA gene (tRNA gene)	转移 RNA 基因	轉移 RNA 基因，轉運核糖核酸基因
transfer RNA methylase	转移 RNA 甲基酶	轉移 RNA 甲基酶
transfer RNA recognition	转移 RNA 识别	轉移 RNA 之識別
transformant	转化体	轉化體
transformation	转化	轉化作用
transformation efficiency	转化率	轉化率
transformed clone	转化克隆	轉化克隆
transforming factor	转化因子	轉化因子
transforming gene	转化基因	轉化基因
transforming genome	转化基因组	轉化基因體
transforming sequence	转化序列	轉化序列
transgene	转基因	基因轉殖
transgene coplacement	转基因同位插入	基因轉殖同位插入
transgenic animal	转基因动物	基因轉殖動物
transgenic founder	转基因首建者	基因轉殖首建者
transgenic plant	转基因植物	基因轉殖植物
transgenome	转移基因组	基因轉殖體
transgenosis (=gene transfer)	基因转移	基因轉移
transgressive inheritance	超亲遗传	越親遺傳
transgressive segregation	超亲分离	越親分離
trans-heterozygote	反式杂合子	反式異型合子
transient expression	瞬时表达	瞬時表達
transient polymorphism	过渡性多态性，过渡性	過渡性多態現象

英　文　名	中　文　名	台　湾　名
	多态现象	
transient transfection	瞬时转染	瞬時轉染
transition	转换	轉換
transitional type	过渡型	過渡型
transition matrix	转换矩阵	轉換矩陣
transition probability	转换概率	轉換概率
transkaryotic implantation	转核移植	轉核移殖
translation	翻译	轉譯
translational amplification	翻译扩增	轉譯放大，轉譯增幅
translational control	翻译控制	轉譯控制
translational enhancer	翻译增强子	轉譯強化子，轉譯加強子，轉譯促進子
translational frame shifting (=translation frameshift)	翻译移码	轉譯移碼
translational hop	翻译跳步	轉譯跳步
translational intron	翻译内含子	轉譯內含子
translational recoding	翻译重编码	轉譯重編碼
translational suppression	翻译阻抑	轉譯抑制
translation domain	翻译域	轉譯[區]域
translation error	翻译错误	轉譯錯誤
translation factor	翻译因子	轉譯因子
translation frameshift	翻译移码	轉譯移碼
translation function	翻译功能	轉譯功能
translation initiation	翻译起始	轉譯起始
translation initiation codon	翻译起始密码子	轉譯起始密碼子
translation initiation factor	翻译起始因子	轉譯起始因子
translation machinery	翻译装置	轉譯裝置
translation regulation	翻译调节	轉譯調節
translation repression	翻译阻遏	轉譯抑制
translation repressor	翻译阻遏物	轉譯抑制物
translesion synthesis	翻译合成	轉譯合成
translocase	移位酶	轉移酶
translocation	易位	易位
translocation test	易位测验	易位測驗
transposable element	转座因子，转座元件	轉位因子
transposase	转座酶	轉位酶
transposase gene	转座酶基因	轉位酶基因
transposition	转座	轉位，移位

英 文 名	中 文 名	台 湾 名
transposition immunity	转座免疫	轉位免疫性
transposon（Tn）	转座子	轉位子
transposon antigen	转座子抗原	轉位子抗原
transposon silencing	转座子沉默	轉位子默化
transposon tagging	转座子标记法	轉位子標記法
trans-regulation	反式调节	反式調節
trans-regulator	反式调节蛋白	反式調節蛋白
trans-repression	反式阻遏[作用]	反式抑制
trans-repressor	反式阻遏物	反式抑制子
trans-splicing	反式剪接	反式剪接
transversion	颠换	顛換
trend of evolution	进化趋势	演化趨勢
tri-allel cross	三列杂交	三裂雜交
trihybrid cross	三元杂种杂交	三元雜種雜交
trinucleotide expansion	三核苷酸扩展	三核苷酸擴展
triparental cross	三亲杂交	三親交配
triple helix	三股螺旋	三股螺旋
triplet	三联体	三聯體
triplet code	三联体密码	三聯體密碼
triplex	三显性组合	三顯性組合
triploid	三倍体	三倍體
triploidy	三倍性	三倍性
triradius	三叉点	三叉點
trisome	三体[染色体]生物	三[染色]體的
trisomic（=trisome）	三体[染色体]生物	三[染色]體的
trisomy	三体性	三體性
trisomy 13 syndrome	13 三体综合征	13-三體綜合症，13-三體症候群
trisomy 18 syndrome	18 三体综合征	18-三體綜合症，18-三體症候群
trisomy 21 syndrome（=Down syndrome）	唐氏综合征,21 三体综合征	唐氏症候群，唐氏症
trivalent	三价体	三價體
tRNA（=transfer RNA）	转移 RNA	轉移 RNA，轉運 RNA，運轉 RNA
tRNA gene（=transfer RNA gene）	转移 RNA 基因	轉移 RNA 基因，轉運核糖核酸基因
tRNA intron	tRNA 内含子	tRNA 内含子

英 文 名	中 文 名	台 湾 名
T4 RNA ligase	T4 RNA 连接酶	T4 RNA 連接酶
tRNA precursor	tRNA 前体	tRNA 前體
tRNA splicing	tRNA 剪接	tRNA 剪接
trophectoderm	滋养外胚层	滋養外胚層
trophoblast	滋养层[细胞]	滋養層
trophoblastic layer (=trophoblast)	滋养层[细胞]	滋養層
trp operon	色氨酸操纵子	色氨酸操縱子，*trp* 操縱子
trp promotor	色氨酸启动子	色氨酸啟動子，*trp* 啟動子
truncated gene	截短基因	截短基因
truncated gene fragment	截短基因片段	截短基因片段
truncation selection	截断选择	截斷選擇
T's and A's method	TA[克隆]法	TA 選殖法
ts gene (=temperature-sensitive gene)	温度敏感基因	溫度敏感基因
tumor genetics	肿瘤遗传学	腫瘤遺傳學
tumor inducing plasmid (Ti plasmid)	Ti 质粒，根癌诱导质粒	Ti 質體
tumor promoting mutation	肿瘤启动突变	腫瘤啟動突變，腫瘤促進突變
tumor suppressor gene	肿瘤抑制基因	腫瘤抑制基因
tumor virus	肿瘤病毒	腫瘤病毒
Turner syndrome	先天性卵巢发育不全，特纳综合征	透納氏症
T-vector	T 载体	T 載體
twin method	双生子法	孿生[子]研究法
twin spot	孪生斑	孿生斑
twisting number	扭转数	扭轉數，纏繞數
two-dimensional DNA typing	DNA 二维分型	DNA 雙向分型
two-hit hypothesis (=Knudson hypothesis)	二次突变假说	努特生雙重打擊假說，努[德]森雙擊假說
two-hybrid assay	双杂交测试	雙雜交測試
two-hybrid system	双杂交系统	雙雜交系統
two-plane theory of chiasma	交叉双面说	交叉雙面說
two-point test	二点测交	二點測試
two-step ligation	两步连接	兩步連接
Ty element	Ty 因子	Ty 要素
Ty transposon	Ty 转座子	Ty 轉位子

U

英　文　名	大　陆　名	台　湾　名
UAS（=upstream activating sequence）	上游激活序列	上游活化序列
UBF（=upstream binding factor）	上游结合因子	上游結合因子
ubiqutin	泛素，遍在蛋白质	泛素，泛激素
UCE（=upstream control element）	上游控制元件	上游控制元件
UES（=upstream expressing sequence）	上游表达序列	上游表達序列
UIS（=upstream inducing sequence）	上游诱导序列	上游誘導序列
ultraviolet crosslinking（UV crosslinking）	紫外交联	紫外交聯
unassigned reading frame	功能未定读框，非指定读框	功能未定讀碼區，非指定解讀框架
unbalanced translocation	不平衡易位	不平衡易位
unbiased estimate	无偏估计量，无偏估计值	無偏估計值
unequal crossover	不等交换，不等互换	不等互換，不等交換
unequal exchange（=unequal crossover）	不等交换，不等互换	不等互換，不等交換
unequal sister chromatid exchange	不等姐妹染色体单体交换	不等姐妹染色分體互換
unichromosomal gene library	单一染色体基因文库，单条染色体基因文库	單一染色體基因文庫
unidentified reading frame（URF）	产物未定读框，未鉴定读框	產物未定讀碼框，未定義解讀框架
unidirectional replication	单向复制	單向複製
unidirectional selection	单向选择	單向選擇
unilateralism selection	单边选择	單邊選擇
uniparental disomy	单亲二体	單親二體
uniparental homozygote	单亲纯合子	單親同型合子
unipotency	单能性	單能性
unique sequence	单一序列	單一序列
unique-sequence DNA	单一序列 DNA	單一序列 DNA
unit character	单位性状	單位性狀
unit evolutionary period	单位进化时期	單位進化時期
univalent	单价体	單價體
universal code	通用密码	通用密碼
unordered tetrad	非顺序四分子	無順序四分子
unscheduled DNA synthesis	期外 DNA 合成	期外 DNA 合成，不按

英　文　名	大　陆　名	台　湾　名
		時的 DNA 合成
unselected marker	非选择性标记	無選擇性標記，非選擇標誌，未經選擇的標識基因
unstable mutant allele	不稳定突变等位基因	不穩定突變對偶基因
unstable transfection	不稳定转染	不穩定轉染
untranslated region（UTR）	非翻译区	非轉譯區，未轉譯區，不轉譯區
uORF（=upstream open reading frame）	上游可读框	上游開放讀碼區
UPE（=upstream promoter element）	上游启动子元件	上游啟動子元件
up-promoter mutant	启动子增强突变体	啟動子增效突變種，啟動子增效突變體
up-promoter mutation	启动子增效突变，启动子上调突变	啟動子增效突變
upregulation（=up regulation）	增量调节，上调	正調節
up regulation	增量调节，上调	正調節
up regulator	增量调节物，上调物	正調節子
upstream	上游	上游
upstream activating sequence（UAS）	上游激活序列	上游活化序列
upstream binding factor（UBF）	上游结合因子	上游結合因子
upstream control element（UCE）	上游控制元件	上游控制元件
upstream expressing sequence（UES）	上游表达序列	上游表達序列
upstream factor stimulatory activity（USA）	上游因子刺激活性	上游因子刺激活性
upstream inducing sequence（UIS）	上游诱导序列	上游誘導序列
upstream open reading frame（uORF）	上游可读框	上游開放讀碼區
upstream promoter element（UPE）	上游启动子元件	上游啟動子元件
upstream regulator	上游调控子	上游調控子
upstream regulatory sequence	上游调节序列	上游調節序列
upstream repressing sequence（URS）	上游阻遏序列	上游抑制序列
upstream sequence	上游序列	上游序列
upstream stimulating factor（USF）	上游刺激因子	上游活化因子
urcaryote（=urkaryote）	原始真核生物	原始真核生物
URF（=unidentified reading frame）	产物未定读框，未鉴定读框	產物未定讀碼框，未定義解讀框架
urgenome	原始基因组	原始基因體，原染色體組
urkaryote	原始真核生物	原始真核生物
URS（=upstream repressing sequence）	上游阻遏序列	上游抑制序列

英　文　名	大　陆　名	台　湾　名
USA (=upstream factor stimulatory activity)	上游因子刺激活性	上游因子刺激活性
USF (=upstream stimulating factor)	上游刺激因子	上游活化因子
UTR (=untranslated region)	非翻译区	非轉譯區，未轉譯區，不轉譯區
UV crosslinking (= ultraviolet crosslinking)	紫外交联	紫外交聯
UV-induced DNA lesion	紫外线诱导 DNA 损伤	紫外光誘導 DNA 損傷，UV 誘導基因損傷

V

英　文　名	大　陆　名	台　湾　名
variable allele model	可变等位基因模型	可變對偶基因模型
variable expressivity	可变表现度	變異表現度
variable gene (V gene)	V 基因	V 基因
variable number tandem repeat (VNTR)	可变数目串联重复	串聯重覆變數，可變數目串聯重複
variable region	可变区	可變區
variance	方差	①方差，變方 ②變異
variance analysis model	方差分析模型	方差分析模式
variance population size	方差有效含量	方差有效含量
variant	变异体	變異體
variation	变异	變異
variation center	变异中心	變異中心，歧異中心
variegated position effect	花斑位置效应	花斑位置效應，混雜位置效應
variegation	花斑	花斑[現象]
variety	①变种 ②品种	①變種 ②品種
VDJC joining	VDJC 连接	VDJC 連接
vector	载体	載體
vectorette	小载体	小載體
vectorette library	小载体文库	小載體文庫
vegetal plate	植物板	植物板
vegetal pole	植物极	植物極
vehicle (=vector)	载体	載體
vertical transmission	垂直传递	垂直傳遞
V gene (=variable gene)	V 基因	V 基因

英　文　名	大　陆　名	台　湾　名
V gene segment	V 基因片段	V 基因片段，可變區基因片段
viability	生存力	生存力
viral oncogene	病毒癌基因	病毒腫瘤基因
viral vector	病毒载体	病毒載體
virion	病毒颗粒	病毒顆粒
viroid	类病毒	類病毒，擬病毒
virulence phage	烈性噬菌体	烈性噬菌體
virulence region	致毒区	致毒區
virulent phage（=virulence phage）	烈性噬菌体	烈性噬菌體
virus	病毒	病毒
virus-like particle（VLP）	病毒样颗粒	類病毒顆粒
virusoid	拟病毒	擬病毒
visceral mesoderm	脏壁中胚层	臟壁中胚層
visible mutation	可见突变	可見突變
vitality	生活力	生命力，成活力
VJC joining	VJC 连接	VJC 連接
VLP（=virus-like particle）	病毒样颗粒	類病毒顆粒
VNTR（=variable number tandem repeat）	可变数目串联重复	串聯重覆變數，可變數目串聯重複

W

英　文　名	大　陆　名	台　湾　名
Watson-Crick base pairing	沃森-克里克碱基配对	華生-克里克鹼基配對
Watson-Crick model	沃森-克里克模型	華生-克里克模型
W chromosome	W 染色体	W 染色體
Weismannism	魏斯曼学说	魏斯曼主義
Western blotting	蛋白质印迹法	西方墨點法，蛋白質轉漬法
wheat-germ system	麦胚系统	小麥胚系統
whole-arm translocation	整臂易位	整臂易位，整臂移位
wide cross（=distant hybridization）	远缘杂交	遠緣雜交，遠交
wide hybrid（=distant hybrid）	远缘杂种	遠緣雜種
wild type	野生型	野生型
within family selection	家系内选择	科內育種，家系內選擇
wobble hypothesis	摆动假说	搖擺假說
wobble rule	摆动法则	搖擺法則

英　文　名	大　陆　名	台　湾　名
Wolman disease（=acid lipase deficiency）	酸性脂酶缺乏症	酸性脂酶缺乏症
Wright effect	赖特效应	賴特效應
Wright equilibrium	赖特平衡	賴特平衡
writhing number	缠绕数	扭轉數，纏繞數

X

英　文　名	大　陆　名	台　湾　名
X body	X 小体	X 小體
X chromatin	X 染色质	X 染色質
X chromosome	X 染色体	X 染色體
X chromosome inactivation	X 染色体失活	X 染色體失活現象，X 染色體去活性
XD inheritance（=sex-linked dominant inheritance）	伴性显性遗传	性聯顯性遺傳
xenia	直感现象，种子直感	直感現象
xenogeneic graft（=xenograft）	异种移植	異種移殖
xenograft	异种移植	異種移殖
xeroderma pigmentosum	着色性干皮病	著色性乾皮病
XIC（=X inactivation center）	X 失活中心	X 失活中心
X inactivation center（XIC）	X 失活中心	X 失活中心
X inactive specific transcription factor（XIST）	X 染色体失活特异转录因子	X 染色體失活專一轉錄因子
XIST（=X inactive specific transcription factor）	X 染色体失活特异转录因子	X 染色體失活專一轉錄因子
X linkage	X 连锁	X 連鎖
X-linked inheritance	X 连锁遗传	X 連鎖遺傳
X-linked recessive	X 连锁隐性	X 連鎖隱性
XR inheritance（=sex-linked recessive inheritance）	伴性隐性遗传	性聯隱性遺傳

Y

英　文　名	大　陆　名	台　湾　名
YAC（=yeast artificial chromosome）	酵母人工染色体	人造酵母染色體
Y body	Y 小体	Y 小體
Y chromatin	Y 染色质	Y 染色質
Y chromosome	Y 染色体	Y 染色體

英 文 名	大 陆 名	台 湾 名
YCp (=yeast centromeric plasmid)	酵母中心粒质粒	酵母中心粒質體
yeast artificial chromosome (YAC)	酵母人工染色体	人造酵母染色體
yeast centromeric plasmid (YCp)	酵母中心粒质粒	酵母中心粒質體
yeast cloning vector	酵母克隆载体	酵母選殖載體
yeast episomal plasmid (YEp)	酵母附加体质粒	酵母附加型質體
yeast integrative plasmid (YIp)	酵母整合型质粒	酵母整合型質體
yeast-one-hybridsystem	酵母单杂交系统	酵母單雜交系統
yeast replicating plasmid (YRp)	酵母复制型质粒	酵母複製型載體
YEp (=yeast episomal plasmid)	酵母附加体质粒	酵母附加型質體
YIp (=yeast integrative plasmid)	酵母整合型质粒	酵母整合型質體
Y linkage	Y 连锁	Y 連鎖
Y-linked inheritance	Y 连锁遗传	Y 性聯顯性遺傳
Y-located RNA recognition motif gene (YRRM gene)	Y 染色体上 RNA 识别模体基因	Y 染色體上 RNA 識別基序基因
yolk sac	卵黄囊	卵黃囊
YRp (=yeast replicating plasmid)	酵母复制型质粒	酵母複製型質體
YRRM gene (=Y-located RNA recognition motif gene)	Y 染色体上 RNA 识别模体基因	Y 染色體上 RNA 識別基序基因

Z

英 文 名	大 陆 名	台 湾 名
Z chromosome	Z 染色体	Z 染色體
Z-form DNA	Z 型 DNA	Z 型 DNA
zigzag DNA (=Z-form DNA)	Z 型 DNA	Z 型 DNA
zona pellucida	透明带	透明帶
zona reaction	透明带反应	透明帶反應
zone of polarizing activity (ZPA)	极性活性区	極化活動區,極化活性區
ZPA (=zone of polarizing activity)	极性活性区	極化活動區,極化活性區
zygonema (=zygotene)	偶线期,合线期	偶絲期
zygosity diagnosis	双生子卵性诊断	合子型式診斷
zygote	合子	合子
zygotene	偶线期,合线期	偶絲期
zygotically acting gene	合子作用基因	合子代理基因
zygotic gene	合子基因	合子基因
zygotic induction	合子诱导	合子誘導